煤炭行业特有工种职业技能鉴定培训教材

液压支架工

（初级、中级、高级）

河南煤炭行业职业技能鉴定中心　组织编写

主　编　杨青松

中国矿业大学出版社

内 容 提 要

　　本书分别介绍了初级、中级、高级液压支架工的基础知识、职业技能鉴定的知识要求和技能要求。内容主要包括液压元件，液压支架的结构、安装与撤出，液压支架的操作工艺，液压支架输送机防滑及其下滑的处理措施，液压支架的井下维修等。

　　本书适用于液压支架工职业技能鉴定培训和自学，也可作为技术学校相关专业师生的参考用书。

图书在版编目(C I P)数据

液压支架工 ：初级、中级、高级 / 杨青松主编． —

徐州 ：中国矿业大学出版社，2014.4

ISBN 978-7-5646-2296-1

Ⅰ．①液… Ⅱ．①杨… Ⅲ．①液压支架—职业技能—鉴定—教材 Ⅳ．①TD355

中国版本图书馆 CIP 数据核字(2014)第 067519 号

书　　名	液压支架工(初级、中级、高级)
主　　编	杨青松
责任编辑	吴学兵　　何晓明
出版发行	中国矿业大学出版社有限责任公司
	(江苏省徐州市解放南路　邮编 221008)
营销热线	(0516)83885307　83884995
出版服务	(0516)83885767　83884920
网　　址	http://www.cumtp.com　**E-mail**:cumtpvip@cumtp.com
印　　刷	北京兆成印刷有限责任公司
开　　本	850×1168　1/32　**印张** 10.25　**字数** 266 千字
版次印次	2014 年 4 月第 1 版　2014 年 4 月第 1 次印刷
定　　价	30.00 元

(图书出现印装质量问题，本社负责调换)

前　言

　　为了进一步提高煤炭行业职工队伍素质，实现煤炭行业职业技能鉴定工作的标准化、规范化，促进其健康发展，根据国家的有关规定和要求，河南省煤炭工业职业技能鉴定中心组织有关专家、工程技术人员和职业培训教学管理人员编写了这套《煤炭行业特有工种职业技能鉴定培训教材》，作为河南省职业技能鉴定考试的推荐用书。

　　本教材按照初级、中级、高级三个等级编写，每个等级按照知识要求和技能要求组织内容，具体包括：液压元件，液压支架的结构、安装与撤出，液压支架的操作工艺，防滑及其下滑的处理措施，液压支架的井下维修等。在编写方式上有别于以往的问答式教材，保证了知识的系统性和连贯性，着眼于技能操作，力求浓缩精炼，突出针对性、典型性和实用性。

　　本教材由杨青松任主编，申连卫任副主编。具体编写情况为：第一章由杨青松、申连卫、魏晓丽共同编写；第二章由常志亮、陈胜军共同编写；第三章、第四章、第六章由常志亮编写；第七章、第十章由常志亮、李玉花共同编写；第五章、第八章、第十一章、第十二章、第十三章、第十三章、第十四章、第十五章由李玉花、魏晓丽、王伟强共同编写。巩新宏、孟凡平、菅振祥、王红霞、张华宇为本教材审稿。

　　由于时间仓促，知识所限，难免会有不足，敬请各位读者、专家提出宝贵意见。

编　者

2013 年 10 月

目　　录

第一部分　液压支架工基础知识

第二部分　初级液压支架工专业知识和技能要求

第一部分 液压支架工基础知识

第一章　煤矿基础知识

第一节　矿井通风基础知识

一、概述

矿井空气来源于地面空气。一般来说,地面空气中的成分主要由氧气(O_2)、氮气(N_2)和二氧化碳(CO_2)3 种气体组成。按体积百分比来计算,这 3 种气体在空气中所占的比例分别为 20.96%、79% 和 0.04%。除此之外,地面空气中还含有少量的水蒸气、微生物和灰尘等。

《煤矿安全规程》规定,按井下同时工作的最多人数计算,每人每分钟供给的风量不得少于 4 m^3。采掘工作面的进风流中,氧气浓度不得低于 20%。

二、矿井空气中的主要有毒有害气体及其浓度规定

矿井中主要的有害气体有一氧化碳(CO)、二氧化碳(CO_2)、硫化氢(H_2S)、二氧化硫(SO_2)、二氧化氮(NO_2)、氨气(NH_3)、氢气(H_2)、甲烷(CH_4)等。

1. 一氧化碳(CO)

一氧化碳是一种无色、无味、无臭的气体,相对空气的密度为 0.97,微溶于水,能燃烧、爆炸,有强烈的毒性。《煤矿安全规程》规定,井下空气中 CO 浓度不得大于 0.002 4%。

2. 二氧化碳(CO_2)

二氧化碳是一种无色、略带酸味的气体,相对空气的密度为

1.52，易溶于水，略带毒性。《煤矿安全规程》规定，采掘工作面进风流中 CO_2 浓度不得超过 0.5%；矿井总回风或一翼回风巷中，浓度超过 0.75% 时必须立即查明原因进行处理；采区回风巷、采掘工作面回风巷、采掘工作面风流中浓度达到 1.5% 时，都必须停止工作，撤出人员，采取措施，进行处理。

3. 硫化氢（H_2S）

硫化氢是一种无色、微甜、有臭鸡蛋味的气体，相对空气的密度是 1.19，易溶于水。《煤矿安全规程》规定，井下空气中 H_2S 浓度不得大于 0.000 66%。

4. 二氧化硫（SO_2）

二氧化硫是一种无色、有强烈的硫黄气味的气体，易溶于水，相对空气的密度为 2.32，有剧毒。《煤矿安全规程》规定，井下空气中 SO_2 浓度不得大于 0.000 5%。

5. 二氧化氮（NO_2）

二氧化氮是一种红褐色气体，有强烈的刺激作用，相对空气的密度为 1.57，极易溶于水，有剧毒。《煤矿安全规程》规定，井下空气中 NO_2 浓度不得大于 0.000 25%。

6. 氨气（NH_3）

氨气是一种无色气体，相对空气的密度为 0.6，有浓烈的氨臭味，易溶于水，有毒。《煤矿安全规程》规定，井下空气中 NH_3 浓度不得大于 0.004%。

7. 氢气（H_2）

氢气是一种无色、无味、无臭的气体，相对空气的密度为 0.07，具有燃烧爆炸性，难溶于水。《煤矿安全规程》规定，井下空气中 H_2 浓度不得大于 0.5%。

8. 甲烷（CH_4）

甲烷是一种无色、无味、无臭、无毒的气体，相对空气的密度为 0.554，难溶于水。不助燃，有燃烧爆炸性。

三、矿井通风系统及其任务

1. 矿井通风的主要任务

(1) 向井下各工作场所连续不断地供给充足的新鲜空气,保证井下人员生存所需的氧气。

(2) 稀释和排除井下有毒、有害气体及矿尘。

(3) 创造良好的矿井工作环境,保证井下有适宜的气候条件(适宜的温度、湿度与风速),以利于工人劳动和机器运转。

2. 矿井通风系统

矿井通风系统是矿井通风机的工作方式、通风方式和通风网络的总称,是矿井生产系统的重要组成部分。

(1) 矿井主要通风机的工作方式

矿井主要通风机的工作方式主要有抽出式通风、压入式通风、抽压混合式通风,如图 1-1 所示。

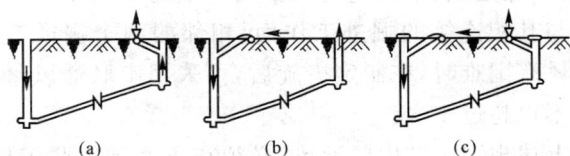

图 1-1 矿井主要通风机的工作方式
(a) 抽出式通风;(b) 压入式通风;(c) 抽压混合式通风

① 抽出式通风——将矿井主要通风机安装在地面,向外抽出井下空气的方式。目前,我国部分矿井采用抽出式通风。

② 压入式通风——将矿井主要通风机安装在地面,以压风的方式向矿井内供新鲜风。一般瓦斯矿井很少采用压入式通风。

③ 抽压混合式——将矿井主要通风机分别安装在地面进风井和回风井,进风井利用通风机向井下压入空气,回风井利用通风机抽出井下空气的通风方式。

(2) 矿井通风方式

按照矿井进风井和回风井在井田的相对位置关系,可把矿井通风方式分中央式、对角式和混合式3种基本形式。

① 中央式。中央式是指矿井进、回风井均大致位于井田走向中央的一种通风方式。按回风井沿煤层倾斜方向的位置不同,中央式可分为中央并列式和中央分列式(中央边界式)。

② 对角式。进风井位于井田的中央,回风井分别布置在井田两翼上部边界的布置方式。这种通风方式的安全性好,使用于井田长度长、开采面积大、煤炭自然发火严重、瓦斯量大、有煤与瓦斯突出危险的矿井。

③ 混合式。这种方式是由上述几种方式混合而成的。用于老矿井的改造和深部开采。

3. 采区通风系统

《煤矿安全规程》规定,采、掘工作面应实行独立通风。同一采区内,同一煤层上、下相连的两个同一风路中的采煤工作面、采煤工作面与其相连接的掘进工作面、相邻的两个掘进工作面,布置独立通风有困难时,在制定措施后,可采用串联通风,但串联通风的次数不得超过1次。

对于上述规定中的串联通风,必须在进入被串联工作面的风流中装设甲烷断电仪,且瓦斯和二氧化碳浓度都不得超过0.5%,其他有害气体浓度都应符合《煤矿安全规程》的其他规定。

第二节　矿井灾害防治基础知识

一、矿井瓦斯防治

1. 瓦斯的概念

矿井瓦斯是指煤矿井下从煤、岩层中涌出的以及生产过程中产生的以甲烷(CH_4)为主的有毒有害气体的总称。

2. 瓦斯爆炸的条件

瓦斯爆炸必备的 3 个条件是：

（1）一定浓度的瓦斯。瓦斯积聚超限且浓度达到 5%～16%。

（2）高温火源的存在。瓦斯的引火温度是 650～750 ℃。

（3）充足的氧气。空气中的氧气浓度大于 12%。

3. 瓦斯爆炸的预防措施

预防爆炸 3 个条件缺一不可，由于《煤矿安全规程》规定井下空气中氧气浓度不能低于 20%，因此，预防瓦斯爆炸的有效措施之一就是要从防止瓦斯积聚和消除火源着手。

（1）防止瓦斯积聚的措施

瓦斯积聚是指瓦斯浓度超过 2%，其体积超过 0.5 m³ 的现象。防止瓦斯积聚的方法有：

① 加强通风。防止瓦斯积聚的最主要的措施就是加强通风。

② 严格检查和监测井下瓦斯浓度。严格检查矿井的通风状况及瓦斯浓度的变化是瓦斯矿井重要的日常管理工作，它是防止瓦斯事故的前提。

③ 及时处理积聚瓦斯。处理局部积聚瓦斯的方法主要有加大风速及风量、密闭隔离和抽放瓦斯 3 种。

④ 抽放瓦斯。对于采用一般通风方法不能解决瓦斯超限的矿井或者工作面，可采用抽放瓦斯的方法将瓦斯抽到地面加以储存利用或排除。

（2）防止瓦斯引燃的措施

① 加强明火管理

《煤矿安全规程》规定，严禁烟火进入井下；井下严禁使用灯泡取暖或使用电炉；井下禁止打开矿灯外壳；井口房、瓦斯抽放站及通风机房周围 20 m 内禁止使用明火；井下焊接时，应严格遵守有关规定，严格井下火区的管理等。任何人发现井下火灾时，应立即采取一切可能的办法直接灭火，并迅速报告矿调度室。

② 消除电气火花

井下使用的电气设备及供电网络,都必须符合《煤矿安全规程》的有关要求。要保证电气设备的防爆性能良好,消除电气设备火花的产生。

③ 防止静电火源

矿井中使用的高分子材料(如塑料、橡胶、树脂)制品,其表面电阻应低于规定值。

④ 防止摩擦火花

为防止产生摩擦火花而发生瓦斯爆炸事故,采取的措施有:在摩擦发热的部件上安装过热保护装置(如液压联轴器上的易熔合金塞)、温度检测报警断电装置,利用难引燃性合金工具在摩擦部件的金属表面溶敷活性小的金属(如铬),使形成的摩擦火花难以引燃瓦斯。

⑤ 严格爆破制度

有瓦斯或爆炸危险的煤层中,采掘工作面只准使用煤矿安全炸药和瞬发雷管,如使用毫秒延时电雷管时,最后一段的延期时间不得超过 130 ms。打眼、爆破和封泥都必须符合《煤矿安全规程》的规定。严禁放糊炮、明火爆破和一次装药分次爆破。

二、矿井火灾防治

1. 矿井火灾的危害

火灾是矿山的五大自然灾害之一。井下发生火灾,不仅会造成资源损失,设备、设施的损坏,导致生产中断,而且更为严重的是会直接威胁矿工的生命安全。

2. 矿井火灾的分类

根据发生火灾的原因不同,一般把矿井火灾分为两类:外因火灾和内因火灾。

(1)外因火灾

外因火灾是指由外部火源引起的火灾。外因火灾的特点是突然发生、火势凶猛、可防性差。

（2）内因火灾

内因火灾又称自燃火灾。由于煤炭或其他易燃物自身氧化积热，发生燃烧引起的火灾。内因火灾的特点是发生在有限的条件下，有预兆，燃烧过程较为缓慢，伴生有害气体，不易早期发现，且火源隐蔽，有些发火地点很难接近，灭火难度大、时间长。

3. 外因火灾的防治

（1）防止火源的产生

① 加强明火管理杜绝火源。严禁将烟火带入井下，严禁井下吸烟。井口房和通风机房附近 20 m 内严禁烟火，也不准用火炉取暖。井下严禁使用灯泡或电炉取暖。

② 井下和井口房内不得从事电焊作业，必须作业时要严格按照《煤矿安全规程》的规定执行。

③ 地面木料场、矸石山、炉灰场与进风井的距离不得小于 80 m。不得将矸石山或炉灰场设在进风井的主导风上风侧，也不得设在表土 10 m 以内有煤层的地面上和设在有漏风的采空区上方的塌陷范围内。

④ 严禁在井下存放用完后剩下的汽油、煤油和变压器油。

（2）采用不燃性材料支护

新建矿井的永久井架和井口房、以井口为中心的联合建筑井筒、平硐与各水平的连接处及井底车场，主要绞车道与主要运输巷、回风巷的连接处，井下机电设备硐室，主要巷道内带式输送机机头前、后两端各 20 m 范围内，都必须使用不燃性材料支护。

（3）防止电气火灾

电气火灾是指发生在各种电气设备上的火灾，因供电超负荷、电气元件接触不良、操作失误而产生电弧火花引起的。

预防电气火灾的措施是：机电设备应正确选用熔断器（片），正确使用检漏继电器，当电流短路、过载或接地时能及时切断电源;电缆接头必须使用防爆接线盒,严禁使用"鸡爪子"和"羊尾巴"、"明接头";严禁违章使用和操作井下电气设备等。

(4) 防止摩擦火花引起火灾

随着煤矿机械化程度的提高,必须做好井下机械运转部分的保养和维护工作,防止摩擦和冲击产生火花,从而引起火灾。

(5) 防止火灾扩大

① 设置消防材料库。

② 设置防火门,防火铁门必须易于关闭严密,一旦发生火灾时能及时关闭。

③ 设置消防水池和井下消防水管系统。

④ 及时发现初起火灾。

(6) 外因火灾的灭火方法

常用的灭火方法有 3 种:直接灭火法、隔绝灭火法和联合灭火法。

① 直接灭火法

直接灭火法包括以下几种:

a. 清除可燃物。将着火带及附近已发热或正燃烧的可燃物挖出并运出井外。

b. 用水灭火。用水灭火应注意的问题:供水量要充足;灭火人员一定要站在火源的上风侧,并应保持正常通风,回风道要通畅,以便将火烟和水蒸气引入回风道排出;当火势旺时,应先将水流射向火源外围,不要直射火源中心;用水扑灭电气设备火灾时,应先切断电源,然后灭火。

c. 用砂子(或岩粉)灭火。把砂子(或岩粉)直接撒在燃烧物体上能隔绝空气,将火扑灭。

d. 用化学灭火器灭火。目前,适合于井下使用的化学灭火器有泡沫灭火器和干粉灭火器。

② 隔绝灭火法

当井下火灾发展到不能直接被扑灭时，应在所有通往火区的巷道内砌筑密闭墙，使火源与外界隔绝，当火区内的氧气消耗完后，大火便会自行熄灭。

③ 综合灭火法

在单独采用一种方法达不到灭火目的或灭火时间太长时，可将直接灭火法和隔绝灭火法联合起来运用，称为综合灭火法。

三、矿井水灾防治

1. 矿进水灾的原因及危害

（1）矿井水灾的概念

凡是影响矿井正常生产、威胁矿井安全生产、增加生产成本和使矿井局部或全部被淹没的矿井涌水事故，称为矿井水灾（也称矿井水害）。

（2）矿井水灾发生的主要原因

造成矿井水灾的原因是多方面的，归纳起来主要有：

① 地面防洪、防水措施不当。

② 水文地质情况不清。对老空积水、充水断层、陷落柱、钻孔、强含水层水量和水压等情况不清楚，因而在施工中造成水害事故。

③ 井巷位置设计不合理，将井巷置于不良的地质条件中或距强含水层太近，导致透水。

④ 乱采乱挖破坏了防水煤柱或岩柱，造成透水。

⑤ 排水设备失修，水仓不按时清挖，突水时，失去排水能力而淹井。

⑥ 没有执行"有疑必探，先探后掘"的探放水原则，或者探放水措施不严密，盲目施工造成突水淹井事故。

⑦ 测量工作失误，导致巷道穿透积水区而造成透水。

⑧ 出现透水征兆未察觉、未重视，或处理方法不当而造成透水。

⑨ 施工措施不力，工程质量低劣，致使井巷严重坍塌冒顶，导致地下水或地表水灌入矿井。

⑩ 在水文地质条件复杂、有突水淹井危险的矿井，需要安设防水闸门而未安设，或防水闸门安设不合格以及年久失修关闭不严而造成淹井。

⑪ 钻孔封闭不合格或没有封孔，成为各水体之间的垂直联络通道。当采掘工作面和这些钻孔相遇时，便会发生透水事故。

2. 井下防治水

矿井水灾的防治方法，可归纳为"查、探、放、截、堵、排"六个字的综合防治措施。

3. 采掘工作面透水事故的预兆

采掘工作面透水前，一般有如下预兆：

（1）挂红。附着在煤岩表面，呈现暗红色水锈。

（2）挂汗。积水区的水，在水压作用下，通过煤岩裂隙而在煤岩壁上凝结成许多水珠，称为"挂汗"。

（3）空气变冷。采掘工作面接近积水区时，空气温度会骤然下降，煤壁发凉，进入工作面有凉爽、阴冷的感觉。

（4）出现雾气。当采掘工作面气温较高时，从煤壁渗出的积水，就会被蒸发而形成雾气。

（5）"嘶嘶"声。一种是高压积水向煤岩裂隙强烈压于两壁摩擦而发出的"嘶嘶"声，另一种是空洞泄水声，这些都是离水源很近的危险预兆。

（6）顶板淋水加大。原有裂隙淋水突然增大。

（7）顶板来压，底板鼓起。在地下水压作用下，顶、底板弯曲变形。

（8）水色发浑、有臭味。老空水一般发红、味涩，断层水一般发黄、味甜，溶洞水常带有臭味，冲击层水呈黄色并夹有沙子。

（9）有毒有害气体增加。工作面有 H_2S、CO_2 等有毒有害气体逸出。

以上征兆不一定同时出现，要认真辨别。当发现工作面出现透水征兆时，说明已接近水体，此时应立即停止作业，并报告矿调度室，采取有效措施，以防止透水事故的发生。

四、顶板事故防治

顶板事故是煤矿生产的主要灾害之一，是指在地下采煤过程中，顶板意外冒落造成人员伤亡、设备损坏、生产中止等的事故。顶板事故按冒顶范围分为局部冒顶和大型冒顶；按力学原因分为压垮型冒顶、漏冒型冒顶和推垮型冒顶。

1. 采区局部冒顶的原因、预兆及防治

（1）采区局部冒顶的原因

采区局部冒顶常发生在上下出口、煤壁线、放顶线、地质构造处及采煤机附近。其原因主要有：

① 采空区顶板支撑不好，悬顶面积过大。

② 顶板中存在断层、裂隙、层理等地质构造，将顶板切割成不连续的岩块，回柱后岩块失稳，推倒支柱造成冒顶。

③ 回柱操作顺序不合理。

④ 工作面支护质量不好，支护密度不够、初撑力低、迎山角不合理等。

⑤ 在遇见未预见的地质构造时，没有及时采取措施。

⑥ 工作面上、下出口连接风巷和运输巷，控顶面积大。两巷掘进时经受压力重新分布的影响，同时由于巷道初撑力一般较小，使直接顶下沉、松动甚至破坏，特别是在工作面超前支撑压力作用下，顶板大量下沉，又在移动设备时反复支撑顶板，结果造成顶板更加破碎。如果又有基本顶来压影响，工作面上、下出口更易冒落。

⑦ 煤壁线附近易形成"人字"、"锅底"、"升斗"等纹理，有游离岩块，易冒落。

（2）采区局部冒顶的预兆

① 发出响声。岩层下沉断裂,顶板压力急剧增大时,木支架有劈裂声;金属支柱活柱下缩、支柱钻底严重都可能发出响声。

② 掉碴。

③ 煤体压酥,片帮煤增多。

④ 顶板裂隙增多,裂缝变大。

⑤ 顶板出现离层。

⑥ 漏顶。

⑦ 瓦斯涌出量突然增大。

⑧ 顶板淋水明显增加。

（3）采区局部冒顶的主要预防措施

① 防止煤壁附近冒顶,应及时支护悬露顶板,加强敲帮问顶。

② 炮采时合理布置炮眼,控制药量,避免崩倒支架。

③ 防止两出口冒顶时,首先支架必须有足够强度,其次系统应具有一定阻力,防止基本顶来压时推倒支架。

④ 防止放顶线附近局部冒顶,要加强地质及观察工作,在大块岩石范围内加强支护,必要时用木支架代替单体金属支架。

⑤ 随时注意地质构造的变化,采取相应措施。

2. 采区大型冒顶的预兆及防治

（1）采区大型冒顶的预兆

采区大型冒顶一般包括基本顶来压时的压垮型冒顶、直接顶导致的压垮型冒顶、大面积漏垮型冒顶、复合顶板推垮型冒顶和大块游离顶板旋转型冒顶等。一般大型冒顶主要预兆表现在以下几个方面:

① 顶板的预兆。顶板连续发出断裂声,这是由于直接顶和基本顶离层或顶板断开而发出的响声。

② 两帮的预兆。由于压力增加,煤壁受压后,煤质变软,片帮增多。

③ 支架的预兆。使用支架时被大量折断；使用金属支柱时活柱快速下沉，连续发出"咯咯"声。

④ 瓦斯涌出量增多，淋水加大。

（2）采区大型冒顶的主要防治措施

① 经常检查巷道支护情况，加强维护，发现有变形或折损的支架，应及时加固修复。

② 维修巷道时，必须保证在发生冒顶时有人员撤退的出口。独头巷道维护时，必须由外向里逐架进行。撤掉支架前，应加固工作地点支架。

3. 巷道冒顶事故防治

（1）掌握地质资料与开采条件。通过地质钻孔、岩层柱状图等多种途径，搞清楚地质构造及顶板结构、岩性变化、水文地质情况；在地质图上标明地质构造、裂隙发育带的位置、产状、层厚等；弄清与采煤工作面相对空间位置与时间的关系，分析受采动的程度等。

（2）严格顶板安全检查制度。巷道掘进施工的全过程要严格执行《煤矿安全规程》，坚持进行敲帮问顶，发现活矸和伞檐要及时处理。

（3）加强支护质量管理。选择合理的支护技术，严格按操作规程施工，是防止冒顶事故的主要措施。

① 检查支架规格尺寸。支架的架型、形状、尺寸、结构件搭接等是否符合设计要求，支架间距、支架间连接是否符合作业规程要求。

② 提高支护质量和保证支护阻力。所有支架必须架设牢固，并有防倒措施。要严格防止支架支设在浮矸上，不见实底不能架设。使用摩擦式金属支柱时，必须使用液压升柱器架设，初撑力不得小于 50 kN。

③ 单体液压支柱的初撑力，柱径为 100 mm 的不得小于

90 kN,柱径为 80 mm 的不得小于 60 kN。

④ 搞好支架与围岩间的充填。支架与围岩间的空间必须及时填严背实,改善支架承载状态,提高其支撑能力,减少围岩变形,提高围岩的稳定性。

⑤ 提高支架的稳定性。在爆破前应加固迎头支架,使靠近迎头 10 m 内支架之间的连接杆联锁稳固,防止爆破崩倒;对围岩裂隙发育较成熟或较松软的地段、受采动影响强烈的地区或掘进倾斜巷道时,应在支架间用连接杆联锁稳固,预防冒顶或片帮范围的扩大。

⑥ 及时支护。根据作业环境和围岩条件,尽可能及时支护,缩小空顶作业面积与延续时间。

(4) 进行临时支护。巷道顶板事故大都是在空顶作业的情况下发生的,因此对掘进迎头新悬露的顶板,应采用及时或超前支护的临时支架,以保证作业安全。

4. 采煤工作面顶板事故防治

(1) 基本顶来压时压垮型冒顶预防措施

① 合理设计采煤工作面支护,使支护具有足够的支撑力和可缩量,当基本顶来压比较强烈时,要选用可缩量较大的支柱,有时要选用具有大流量安全阀的支柱,并加强后排支柱的支撑强度。

② 要进行顶板断层情况的预测预报。遇到平行于工作面的断层时,当断层刚露出煤壁,就要加强该段工作面的支护,并扩大该段工作面的控顶距;如果工作面用的是金属支柱,还要用木支柱替换金属支柱。

(2) 厚煤层难垮顶板大面积冒顶预防措施

① 采用煤柱支撑法(即刀柱采煤法)时,如果煤柱上方顶板需悬露大面积才垮落,则应在刀柱之间的采空区内用钻孔爆破法强制放顶。

② 采用长壁法采煤时,超前工作面用钻孔爆破法、高压注水

法预先松动或弱化顶板,也可在采空区用循环浅孔及步距式深孔法崩落顶板。

（3）直接顶导致的压垮型冒顶预防措施

① 采煤工作面支护强度要能自始至终平衡直接顶或垮落带岩层的重量,力求以支柱的支撑力就能平衡直接顶或垮落带的岩重,以避免直接顶或垮落带离层。

② 开采下分层时不要留煤皮,以免增加支架的载荷,如因条件限制非留煤皮不可,则要相应增加支柱的初撑力或支柱密度。

③ 在构造或采动破坏严重的区域,除应缩小控顶距及加强放顶支柱的初撑强度外,应采用绞车远距离回柱。

（4）大面积漏垮型冒顶预防措施

① 选用合适的支护,使工作面支护有足够的支撑力和可缩量。

② 顶板必须背严接实。

③ 严防爆破、移输送机等工序推倒支架,防止出现局部冒顶。

（5）局部漏冒型冒顶预防措施

① 对每一工作面进行实地观测,根据统计规律分析影响端面顶板冒落稳定性指标,对支护质量与顶板进行动态监测,使顶板在形成冒顶事故前消除其隐患。

② 采用能及时支护悬露顶板并能减小端面距的支架;要使支架处于良好的工作状态,尤其应避免顶梁过分抬头或低头;提高第一排支柱的初撑力,以减小直接顶的下沉量。

③ 炮采时,炮眼布置及装药量应合理,尽量避免崩倒支架。

④ 尽量使工作面与煤层的主节理方向垂直或斜交,避免煤壁片帮,一旦片帮则应超前支护。

⑤ 尽可能保证工作面具有较快的推进速度。

⑥ 机头、机尾应各采用四对八梁支护;巷道与工作面出口相接的一侧要架设一对长钢梁抬棚,托住原巷道支架的梁头;距工

作面煤壁 20 m 范围内的巷道要超前进行处理。

⑦ 在工作面的地质破坏带要特别加强支护。

⑧ 放顶线要支设墩柱。

⑨ 分段回柱回拆最后两根支柱时,如果工作面用的是摩擦支柱,可以在这些柱子的上、下各支一根木支柱作为替柱,然后回拆摩擦支柱,最后用绞车回木替柱;采用单体液压支柱的工作面,工人也可以在有支护的工作空间,用带链条的工具来卸载,并用机械远距离拉柱;如果工作面用的是木支柱,则可以直接用绞车回柱。

5. 掘进片帮、冒顶事故的防治

为防止掘进顶板事故的发生,在认真执行《煤矿安全规程》对掘进工作面和巷道支护的有关规定的基础上,要做好以下工作:① 确切掌握地质资料,认真编制施工作业规程,采取合理的施工方法和顶板管理措施;② 坚持一次成巷,缩小围岩暴露的时间和面积;③ 严格执行爆破规定,保持围岩的稳定性;④ 特殊地段压力大时,采取加强支护等强化支护手段;⑤ 倾斜巷道要采取防止推倒支架的措施;⑥ 加强巷道围岩的观测和工作面的顶板管理,严格执行敲帮问顶制度,发现问题,及时处理;⑦ 严格按质量标准进行检查验收,出现质量问题及时返工处理;⑧ 出现漏顶必须彻底处理,接顶背严,不得留有空顶隐患。

6. 冲击地压的防治

冲击地压是指在矿井开采过程中,引起煤(岩)体内所积聚的弹性变形能释放而产生的以突然、急剧、猛烈的破坏为特征的动力现象。影响冲击地压的主要因素有采深、地质构造、煤(岩)体结构及开采技术。

防治冲击地压主要从两方面着手:一是在大范围内避免形成高应力集中的条件;二是在局部范围内改变煤(岩)体的物理力学性能,减缓已形成的应力集中的程度。前者称为防危措施,后者称为解危措施。

（1）主要防危措施有：开采解放层，合理确定开采方法，无煤柱开采。

（2）主要解危措施有：高压注水，放松动炮，钻孔槽卸压，强制放顶。

生产中应结合实际，加强预测工作，总结冲击地压规律。同时提高支护质量，严禁刚性支护。

第三节　矿山自救互救基础知识

自救，就是矿工在井下遇到意外伤害时，能懂得自己如何进行止血、包扎、撤离危险环境等一套自我保护方法。

互救，就是矿工在有效地进行自救的前提下，如何妥善地救护现场中其他受伤人员，如包扎止血、肢体固定、搬运护送伤员等。

一、现场急救的意义、主要内容和原则

1. 现场急救的概念

现场急救是指在事故创伤发生现场实施的，以紧急挽救伤员的生命或防止伤情恶化或发展（二次损伤）为目的的抢救措施的总称。

2. 现场急救的意义

在煤矿生产过程中，当发生人身损伤的事故时，应当首先抢救伤员。对于机械创伤、触电、气体中毒、溺水等伤员，应当及时地采取现场急救措施，对于挽救伤员的生命或避免伤情恶化具有十分重要的意义，为进一步送往医院治疗赢得了宝贵的时间。

3. 创伤现场急救的主要内容

创伤现场急救主要有通畅呼吸道、人工呼吸、心脏复苏、止血、包扎、骨折临时固定、伤员搬运和抗休克等内容。

4. 创伤现场急救的原则

　　矿井中发生火灾、爆炸、水灾、冒顶等事故后,伤员中会出现中毒、窒息、烧伤、大出血、骨折等现象。救护队到来之前,在现场的人员应对这些伤员进行及时、合适的急救,并必须遵守"三先三后"的原则:

　　(1)对窒息的伤员,先复苏后搬运;对呼吸道完全堵塞或心跳呼吸刚停止不久的伤员先复苏后搬运。

　　(2)对出血的伤员,先止血后搬运。

　　(3)对骨折的伤员,先固定后搬运。

二、伤情的判断与分类

　　在井下事故中,一旦出现大批伤员,一般是先救重伤员后救轻伤员,下面简单介绍如何判断伤员的伤情。

　　首先检查心跳、呼吸和瞳孔三大体征,并观察伤员的神志情况。正常人心跳每分钟60～100次,严重创伤、大出血时,心跳大多增快。正常人呼吸每分钟16～18次,垂危伤员呼吸大多变快、变浅或不规则。正常人两侧的瞳孔等大等圆,遇到光线能迅速收缩变小,医学上称之为对光反应存在。严重颅脑伤的伤员,两侧瞳孔不等大,对光反应迟钝或消失。正常人的神志清楚,对外来刺激有反应,伤势严重的伤员神志模糊或昏迷,对外来刺激没有反应。通过以上简单的检查就可以对伤情的轻重做出初步判断。

　　根据伤情的轻重大致可将伤员分为以下3类:

　　(1)危重伤员

　　外伤性窒息、心脏骤停、深度昏迷、严重休克、大出血等类伤员须立即抢救,并在严密观察或抢救下,迅速送到医院。

　　(2)重伤员

　　骨折及脱位、严重挤压伤、大面积软组织挫伤、内脏损伤等,这类伤员多需手术治疗。对需要进行手术的伤员应迅速送往医院,对可以暂缓手术的应注意预防其休克。

（3）轻伤员

软组织擦伤、裂伤可在医疗站进行处理，不必送医院。

三、人工呼吸

人工呼吸适用于触电休克、溺水、有害气体中毒、窒息或外伤窒息等引起的呼吸停止、假死状态者。如果呼吸停止不久，多数能通过人工呼吸抢救过来。

在施行人工呼吸前，先要将伤员运送到安全、通风良好的地点，将伤员领口解开，松开腰带，注意保持体温。腰背部要垫上软的衣服等。应先清除口中脏物，把舌头拉出或压住，防止堵住喉咙，妨碍呼吸。各种有效的人工呼吸都必须在呼吸道畅通的前提下进行。常用的人工呼吸方法有口对口吹气法、仰卧压胸法和俯卧压背法 3 种。

1. 口对口吹气法

口对口吹气法是效果最好、操作最简单的一种人工呼吸方法。操作前使伤员仰卧，救护者在其头的一侧，一手托起伤员下颌，并尽量使其头部后仰，另一手将其鼻孔捏住，以免吹气时从鼻孔漏气；自己深吸一口气，紧对伤员的嘴将气吹入，使伤员吸气，如图 1-2 所示。然后，松开捏鼻的手，并用一手压其胸部以帮助伤员呼气。如此有节律地、均匀地反复进行，每分钟应吹气 14～16次。注意吹气时切勿过猛、过短，也不宜过长，以占一次呼吸周期的 1/3 为宜。

2. 仰卧压胸法

让伤员仰卧，救护者跪跨在伤员大腿两侧，两手拇指向内，其余四指向外伸开，平放在其胸部两侧乳头之下，借半身重力压伤员胸部。挤出伤员肺内空气；然后，救护者身体后仰，除去压力，伤员胸部依其弹性自然扩张，使空气吸入肺内。如此有节律地进行，要求每分钟压胸 16～20 次，如图 1-3 所示。

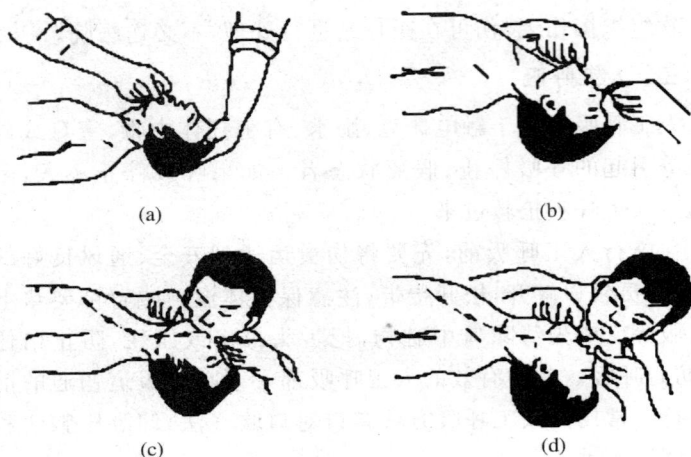

图 1-2 口对口吹气法

此法不适用于胸部外伤或 SO_2、NO_2 中毒者，也不能与胸外心脏按压法同时进行。

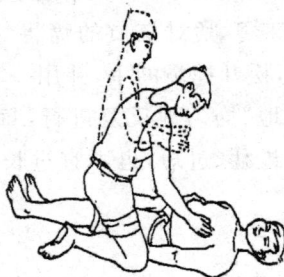

图 1-3 仰卧压胸法

3. 俯卧压背法

俯卧压背法与仰卧压胸法操作法大致相同，只是伤员俯卧，救护者跪跨在伤员大腿两侧，如图 1-4 所示。因为这种方法便于排出肺内水分,因而对溺水者急救较为适合。

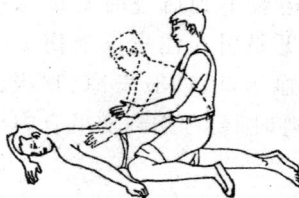

图 1-4　俯卧压胸法

四、止血

1. 概述

创伤会使血管破裂出血,特别是较大的动脉血管损伤会引起大出血,在伤员失血量达全身血液总量的 20% 以上时,生命活动就有困难,会出现面色苍白、出冷汗、口渴、四肢发凉、脉快、血压下降、烦躁不安等症状;伤员失血量达全身血液总量 30% 以上时,就有死亡的危险,急性出血一次达到 800~1 000 mL,就会有生命危险。除上述症状外,还可能出现表情淡漠、意识模糊、紫绀、呼吸困难等,一般情况会迅速恶化,如果抢救不及时或处理不当,就会使伤员出血过多而死亡。因此,要迅速、正确、有效地止血。

2. 出血的种类与判断

通常,把各种出血归纳为以下 3 类:

(1)动脉出血。血色鲜红,血流急,可随心脏的跳动从伤口向外喷射。

(2)静脉出血。血色暗红,徐缓地从伤口流出。

(3)毛细血管出血。血色鲜红,呈水珠样从创面渗出,看不到明显的出血点,可自行凝结。

在估计伤员失血过多的时候,应先判断是外出血还是内出血,是大血管破裂还是中、小血管破裂,以便采取相应的止血措施。

外出血一见可知,不易忽视,然而在紧急情况下,背部伤口出血或被衣服遮盖,外边看不到血迹时常被忽视,应引起急救者的注意,尤其是内出血更要引起注意。当伤员出现面色苍白、出冷汗、口渴、脉快而弱、血压低、四肢发凉、呼吸浅快、意识障碍等情况,而身体表面无血迹时,要考虑到伤员有内出血的可能性。

3. 止血法

止血的方法很多,常用的暂时性止血方法有指压止血法、加垫屈肢止血法、止血带止血法和加压包扎止血法4种。

(1) 指压止血法

指压止血法就是在伤口附近靠近心脏一端的动脉处,用拇指压住出血的血管,以阻断血流。此法是用于头面部及四肢大出血的暂时性止血措施。在指压止血的同时,应立即寻找材料,准备换用其他止血方法。

(2) 加垫屈肢止血法

当前臂和小腿动脉出血不能制止时,如果没有骨折和关节脱位,这时可采用加垫屈肢止血法止血。

在肘窝处或膝窝处放入叠好的毛巾或布卷,然后屈肘关节或屈膝关节,再用绷带或宽布条等将前臂与上臂或小腿与大腿固定,如图1-5所示。

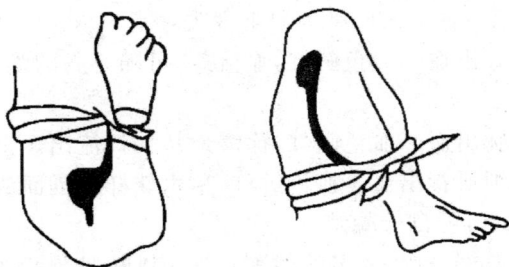

图 1-5　加垫屈肢止血法

（3）止血带止血法

当上肢或下肢大出血时，在井下可就地取材，使用胶管或止血带等，压迫出血伤口的近心端进行止血。

① 止血带的使用方法如下：

a. 在伤口的近心端上方先加垫。

b. 急救者左手拿止血带，上端留 17 cm，紧贴加垫处。

c. 右手拿止血带长端，拉紧环绕伤肢伤口近心端上方两周，然后将止血带交左手中、食指夹紧。

d. 左手中、食指夹止血带，顺着肢体下拉成环。

e. 将上端一头插入环中拉紧固定。

f. 在上肢应扎在上臂的上 1/3 处，在下肢应扎在大腿的中下 1/3 处。

② 在使用止血带时，应注意以下事项：

a. 扎止血带前，应先将伤肢抬高，防止肢体远端因淤血而增加失血量。在下肢应扎在大腿的中部，防止肢体远端因淤血而增加失血量。

b. 扎止血带时要有衬垫，不能直接扎在皮肤上，以免损伤皮下神经。

c. 前臂和小腿不适于扎止血带，因其均有两根平行的骨干，骨间可通血流，所以止血效果差。但在肢体离断后的残端可使用止血带，要尽量扎在靠近残端处。

d. 禁止扎在上臂的中段，以免压伤桡神经，引起腕下垂。

e. 止血带的压力要适中，既不能阻断血流又不能损伤周围组织。

f. 止血带止血持续时间一般不超过 1 h，太长可导致肢体坏死，太短会使出血、休克进一步恶化。因此，使用止血带的伤员必须配有明显标志，并准确记录开始扎止血带的时间，每 0.5～1 h 缓慢放松一次止血带，放松时间为 1～3 min，此时可抬高伤肢压迫局部止血;再扎止血带时应在稍高的平面上绑扎,不可在同一部位反复绑扎。使用止血带以不超过 2 h 为宜,应尽快将伤员送到医院救治。

（4）加压包扎止血法

主要适用于静脉出血的止血。方法是将干净的纱布、毛巾或布料等盖在伤口处,然后用绷带或布条适当加压包扎,即可止血。压力的松紧度以能达到止血而不影响伤肢血循环为宜。

五、创伤包扎

创伤包扎的目的:保护伤口和创面、减少感染、减轻痛苦,加压包扎还有止血的作用。用夹板固定骨折的肢体时需要包扎,以减少继发损伤,也便于将伤员送至医院。

现场进行创伤包扎可就地取材,如毛巾、手帕、衣服撕成的布条等。

包扎的方法有布条包扎法和毛巾包扎法。

1. 布条包扎法

（1）环形包扎法

该法适用于头部、颈部、腕部及胸部环行重叠缠绕肢体数圈后即成。

（2）螺旋包扎法

该法用于前臂、下肢和手指等部位的包扎。先用环形包扎法固定起始端,把布条渐渐地斜旋上缠或下缠,每圈压前圈的 1/2 或 1/3,呈螺旋形,尾部在原位上缠 2 圈后予以固定。

（3）螺旋反折包扎法

该法多用于粗细不等的四肢包扎。开始先进行螺旋形包扎,待到渐粗的地方,以一手拇指按住布条上面,另一手将布条自该点反折向下,并遮盖前圈的 1/2 或 1/3。各圈反折必须排列整齐,反折头不宜在伤口和骨头突出部分。

（4）"8"字包扎法

该法多用于关节处的包扎。先在关节中部环形包扎 2 圈,然后以关节为中心,从中心向两边缠,一圈向上,一圈向下,2 圈在关节屈侧交叉,并压住前圈的 1/2。

2. 毛巾包扎法

(1) 头顶部包扎法

毛巾横盖于头顶部,包住前额,两角拉向头后打结,两后角拉向下颌打结。或者是毛巾横盖于头顶部,包住前额,两前角拉向头后打结,然后两后角向前折叠,左右交叉绕到前额打结。如果毛巾太短可接带子。

(2) 面部包扎法

将毛巾横置,盖住面部,向后拉紧毛巾的两端,在耳后将两端的上、下角交叉后分别打结,眼、鼻、嘴处剪洞。

(3) 下颌包扎法

将毛巾纵向折叠成四指宽的条状,在一端扎一小带,毛巾中间部分包住下颌,两端上提,小带经头顶部在另一侧耳前与毛巾交叉,然后小带绕前额及枕部与毛巾另一端打结。

(4) 肩部包扎法

单肩包扎时,毛巾斜折放在伤侧肩部,腰边穿带子在上臂固定,叠角向上折,一角盖住肩的前部,从胸前拉向对侧腋下,另一角向上包住肩部,从后背拉向对侧腋下打结。

(5) 胸部包扎法

全胸包扎时,毛巾对折,腰边中间穿带子,由胸部围绕到背后打结固定。胸前的两片毛巾折成三角形,分别将角上提至肩部,包住双侧胸,两角各加带过肩到背后与横带相遇打结。

(6) 背部包扎法

背部包扎法与胸部包扎法相同。

(7) 腹部包扎法

将毛巾斜对折,中间穿小带,小带的两部拉向后方,在腰部打结,使毛巾盖住腹部。将上、下两片毛巾的前角各扎一小带,分别绕过大腿根部与毛巾的后角,在大腿外侧打结。

（8）臀部包扎法

臀部包扎法与腹部包扎法相同。

3. 包扎时的注意事项

（1）包扎时,应做到动作迅速敏捷,不可触碰伤口,以免引起出血、疼痛和感染。

（2）不能用井下的污水冲洗伤口,伤口表面的异物（如煤块、矸石等）应去除,但深部异物需运至医院取出,防止重复感染。

（3）包扎动作要轻柔,松紧度要适宜,不可过松或过紧,结头不要打在伤口上,应使伤员体位舒适,包扎部位应维持在功能位置。

（4）脱出的内脏不可纳回伤口,以免造成体腔内感染。

（5）包扎范围应超出伤口边缘 5～10 cm。

六、骨折临时固定

骨折固定可减轻伤员的疼痛,防止因骨折端移位而刺伤邻近组织、血管、神经,也是防止创伤休克的有效急救措施。

1. 操作要点

（1）在进行骨折固定时,应使用夹板、绷带、三角巾、棉垫等物品。手边没有上述物品时,可就地取材,如板劈、树枝、木板、木棍、硬纸板、塑料板、衣物、毛巾等均可代替。必要时也可将受伤肢体固定于伤员健侧肢体上,如伤指可与邻指固定在一起,下肢骨折可与健侧肢体绑在一起。若骨折断端错位,救护时暂不要复位,即使断端已穿破皮肤露在外面,也不可进行复位,而应按受伤原状包扎固定。

（2）骨折固定应包括上、下两个关节,在肩、肘、腕、股、膝、踝等关节处应垫棉花或衣物,以免压破关节处皮肤,固定应以伤肢不能活动为度,不可过松或过紧。

（3）搬运时要做到轻、快、稳。

2. 固定方法

（1）上臂骨折

于患侧腋窝内垫以棉垫或毛巾，在上臂外侧安放垫衬好的夹板或其他代用物，绑扎后，使肘关节屈曲 90°，将患肢捆于胸前，再用毛巾或布条将其悬吊于胸前。

（2）前臂及手部骨折

用衬好的两块夹板或代用物，分别置放在患侧前臂及手的掌侧及背侧，以布带绑好，再以毛巾或布条将臂吊于胸前。

（3）大腿骨折

用长木板放在患肢及躯干外侧，半髋关节、大腿中段、膝关节、小腿中段、踝关节同时固定。

（4）小腿骨折

用长、宽合适的两块木夹板自大腿上段至踝关节分别在内、外两侧捆绑固定。

（5）骨盆骨折

用衣物将骨盆部包扎住，并将伤员两下肢互相捆绑在一起，膝、踝间加以软垫，曲髋、屈膝，要多人将伤员仰卧平托在木板担架上。有骨盆骨折者，应注意检查有无内脏损伤及内出血。

（6）锁骨骨折

以绷带作"∞"形固定，固定时双臂应向后伸。

七、伤员搬运

井下条件复杂，道路不畅，转运伤员时要尽量做到轻、稳、快。没有经过初步固定、止血、包扎和抢救的伤员，一般不应转运。搬运时应做到不增加伤员的痛苦，避免造成新的损伤及合并症。搬运时应注意以下事项：

（1）呼吸、心跳骤停及休克昏迷的伤员应先及时复苏后再搬运。在没有懂复苏技术的人员时，可为争取抢救的时间而迅速向外搬运,去迎接救护人员进行及时抢救。

(2)对昏迷或有窒息症状的伤员,要把肩部稍垫高,使头部后仰,面部偏向一侧或采用侧卧位和偏卧位,以防胃内呕吐物或舌头后坠堵塞气管而造成窒息,注意随时都要确保呼吸道的通畅。

(3)一般伤员可用担架、木板、风筒、刮板输送机槽、绳网等运送,但脊柱损伤和骨盆骨折的伤员应用硬板担架运送。

(4)对一般伤员均应先行止血、固定、包扎等初步救护后,再进行转运。

(5)一般外伤的伤员,可平卧在担架上,伤肢抬高;胸部外伤的伤员可取半坐位;有开放性气胸者,需封闭包扎后,才可转运;腹腔部内脏损伤的伤员,可平卧,用宽布带将腹腔部捆在担架上,以减轻痛苦及出血;骨盆骨折的伤员可仰卧在硬板担架上,曲髋、屈膝,膝下垫软枕或衣物,用布带将骨盆捆在担架上。

(6)搬运胸、腰椎损伤的伤员时,先把硬板担架放在伤员旁边,由专人照顾患处,另有2～3人在保持其脊柱伸直位的同时用力轻轻将伤员推滚到担架上。推动时用力大小、快慢要保持一致,要保证伤员脊柱不弯曲。伤员在硬板担架上取仰卧位,受伤部位垫上薄垫或衣物,使脊柱呈过伸位,严禁坐位或肩背式搬运。

(7)对脊柱损伤的伤员,要严禁让其坐起、站立和行走。也不能用一人抬头、一人抱腿或人背的方法搬运,因为当脊柱损伤后,再弯曲活动时,有可能损伤脊髓而造成伤员截瘫甚至突然死亡,所以在搬运时要十分小心。

在搬运颈椎损伤的伤员时,要专有一人把持伤员的头部,轻轻地向水平方向牵引,并且固定在中立位,不使颈椎弯曲,严禁左右转动。搬运者多人双手分别托住颈肩部、胸腰部、臀部及两下肢,同时用力移上担架,取仰卧位。担架应用硬木板,肩下应垫软枕或衣物,使颈椎呈伸展样(颈下不可垫衣物),头部两侧用衣物固定,防止颈部扭转,且忌抬头。若伤员的头和颈已处于歪曲位置,则需按其自然固有姿势固定,不可勉强纠正,以避免损伤脊髓而造成高位截瘫,甚至突然死亡。

(8)转运时应让伤员的头部在后面,随行的救护人员要时刻注意伤员的面色、呼吸、脉搏,必要时要及时抢救。随时注意观察伤口是否继续出血、固定是否牢靠,出现问题要及时处理。走上、下山时,应尽量保持担架平衡,防止伤员从担架上翻滚下来。

(9)运送到井上,应向接管医生详细介绍伤员受伤情况及检查、抢救经过。

八、不同事故创伤的现场急救方法

1. 有害气体中毒与窒息的急救

(1)迅速将伤员抬离中毒环境,转移到通风良好的地方,取平卧位。

(2)尽快清除中毒者口、鼻内妨碍呼吸的唾液、血块等,伤员仰头抬颌,解除舌根下坠,以通畅呼吸道。

(3)解开伤员的衣扣、腰带,同时注意保暖。

(4)呼吸微弱或已停止,应立即进行人工呼吸。

(5)有条件时应给中毒者吸氧,即使呼吸正常也要吸氧。没得到氧之前,必须进行人工呼吸。

(6)心脏停止跳动者,立即施行胸外心脏按压术进行复苏。

(7)呼吸恢复正常后,用担架将中毒者送往医院治疗,不要让伤员自己行走。

2. 对烧伤人员的急救

人员烧伤的急救要点可概括为"灭、查、防、包、送"五个字。

(1)灭:扑灭伤员身上的火,使伤员尽快脱离热源,缩短烧伤时间。

(2)查:检查伤员呼吸、心跳情况,是否有其他外伤或有害气体中毒;对爆炸冲击烧伤伤员,应特别注意有无颅脑或内脏损伤和呼吸道烧伤。

（3）防：要防止休克、窒息、创面污染。伤员因疼痛和恐惧发生休克或急性喉头梗阻而窒息时，可进行人工呼吸等急救。为了减少创面的污染和损伤，在现场检查和搬运伤员时，伤员的衣服可以不脱、不剪开。

（4）包：用较干净的衣服把伤面包裹起来，防止感染。在现场，除化学烧伤可用大量流动的清水持续冲洗外，对创面一般不作处理，尽量不弄破水泡以保持表皮。

（5）送：把严重伤员迅速送往医院。搬运伤员时，动作要轻柔，行进要平稳，并随时观察伤情。

3. 对溺水人员的急救

呼吸道有水阻塞者可先行控水，但要尽量缩短控水时间，以免耽误抢救时机，控水时尤其要注意防止胃中液体吸入肺中。控水的方法如下：

（1）使溺水者取俯卧位，救护者骑跨于溺水者大腿两侧，用双手抱住伤员腹部向上提，使水流出。

（2）急救者一腿跪地，将溺水者的腹部放在急救者的另一腿的大腿上使溺水者头朝下，并压其背部，使水流出。

（3）将溺水者扛于急救者的肩上，急救者上、下耸肩或快步奔走，使水流出。

（4）对呼吸已停止的溺水者，应立即进行人工呼吸。

（5）进行胸外心脏按压的同时进行口对口人工呼吸。

4. 触电的急救要点

（1）以最快的速度切断电源。

（2）无法切断电源时，应设法使带电体直接接地。

（3）以上两项做不到时，应立即用木棒等绝缘物体将人与带电物体分开。

（4）若呼吸停止，应立即进行人工呼吸，口对口吹气法最好。

（5）发现伤员心跳停止或心音微弱时进行口对口人工呼吸。

（6）局部电击伤的伤口应早期清创处理包扎，以防止伤口腐烂、感染。

第四节　液压支架工岗位描述

一、上岗条件

（1）必须经过专业技术培训，取得安全技术工种操作资格证后，持证上岗。

（2）具有初中以上文化程度，否则不得上岗。

（3）必须熟悉液压支架的性能、结构、原理及液压控制系统和操作规程，能够完成标准维护和保养支架。

（4）熟悉井下各方面安全基础知识，字迹清晰。

（5）熟悉井下避灾路线，了解煤矿瓦斯、煤尘爆炸相关知识。

（6）了解井下各种气体超限的危害及预防知识。

二、工作标准

（1）液压支架工负责检查两顺槽超前支护距离不小于20 m，发现问题及时整改。

（2）液压支架工在推刮板机机尾前，必须检查并确认超前支柱距离刮板运输机机尾电机铲煤板距离不小于1 m。

（3）液压支架工检查并确保超前支护的初撑力不低于规定值的80%。

（4）液压支架工接班后，必须检查工作面是否有倒架、咬架，相邻侧护板高差超过侧护板高度2/3的支架，对于查出的问题，支架工必须立即整改。

（5）液压支架工接班后，必须检查工作面的整体压力情况，认真观察测压计压力显示和煤壁的压力显示情况，检查发现连续10架以上支架压力超过0.6 MPa的，必须采取局部快速推进或降架卸压等措施,快速避开压力。

(6) 液压支架工拉架前,必须检查架前、架间、架内是否有人员工作,发现有人员工作时,必须通知其撤离,当架前、架间、架内人员撤离到安全地点后,方可拉架。

(7) 液压支架工(推溜)推移刮板运输机前,必须通知架前作业人员撤离,待人员撤离到安全地点后,方可推溜。

(8) 液压支架工拉超前支架前,必须通知架前工作人员撤离,待人员撤离到安全地点后,方可拉架。

(9) 液压支架工拉出超前支架后,必须通知采煤机司机前方超前支架拉出,梁端距变小。

(10) 液压支架工拉完支架后,观察支架的梁端距,当梁端距超过 300 mm 或有漏顶迹象时,必须再次拉架减小梁端距。

(11) 液压支架工在拉完架后,必须及时打开护帮板,并沿煤机前进方向超前 3～5 架收回护帮板。

(12) 液压支架工随时观察支架前梁,发现支架前梁接顶不严密时,必须及时调整。

(13) 液压支架工(推溜)进入回风顺槽作业时,至少两人,并指定专人在超前支护内负责监护。

(14) 液压支架工进入回风巷进行超前支护前,必须认真观察回风巷顶板、两帮,发现顶板离层、两帮片帮时,必须立即处理,确认环境安全后,方可操作。

(15) 液压支架工卸载支柱前,必须检查支架周围是否有人员作业,发现人员后必须立即通知其撤离,待人员撤到安全地点后,再降架。

(16) 液压支架工进入回风顺槽支设完超前支护后,必须认真检查超前支柱的初撑力,发现初撑力未达到 73.5 kN 时,必须立即整改。

(17) 液压支架工不得将两架超前支护棚子同时降下。

（18）液压支架工（推溜）在人员进入运输机作业前，闭锁相应范围内的支架。

（19）液压支架工（推溜）在检修完毕收回护帮板前，必须先通知架前作业人员撤离，待人员撤到安全地点后，方可收回护帮板。

（20）液压支架工（推溜）在检修完毕推溜前，应该从采煤机后滚筒10～15架开始逐次将刮板运输机推出，并确保弯曲段不少于15 m。

（21）液压支架工（推溜）挑网时，要保证支架前梁接顶严密，所有支架初撑力达到19.5 MPa以上。

（22）液压支架工拉架前必须将支架前梁下降不少于200 mm后，支架顶梁完全离开顶板后方可拉架。

（23）液压支架工收回护帮板前，必须通知架前人员全部撤离后，方可操作。

（24）液压支架工打护帮板时，距离采煤机后滚筒不得少于10架。

（25）液压支架工推溜前，必须保证工作面所有支架达到初撑力。

（26）支架工在人员架前作业前，必须将架间隙调整到小于200 mm。

（27）液压支架工操作前必须检查架前、架间是否有人员作业，发现有人员作业时，必须要求架前、架间、架内人员撤离，待人员撤到安全地点后，方可拉架。

三、岗位责任

（1）上岗前必须佩戴好安全帽、防尘口罩等劳保防护用品，做好个人防护。

（2）保证在生产作业过程中遵守国家有关安全生产的法律、法规、规章、标准和技术规范。

（3）严格执行交接班制度，坚守工作岗位，严格按照"三大规程"作业,每班开工前必须对采煤工作面进行全面的检查,发现隐患立即进行处理,确保安全。

(4)必须掌握移架和推前部输送机及拉移后部输送机的基础知识,熟悉采煤工作面支架的接顶及支护情况。

(5)必须清楚工作地点的安全状况、瓦斯浓度和发生事故时人员的撤离路线。

(6)要熟练掌握支架的液压系统及工作原理,准确、迅速、无误地操作,保证支护质量。

(7)要熟悉刮板输送机、液压泵的结构、性能和本工作面作业规程对此工种的要求,随时检查工作面顶板及煤帮情况,发现异常立即进行处理。

(8)移支架及推溜必须达到工作面动态质量标准"三直、二平、一净、二畅通"中的要求。

(9)采煤机割煤后必须及时移架,当支架与采煤机之间的悬顶距离超过作业规程规定或发生冒顶、片帮时,应当要求停止采煤机。

(10)必须掌握好支架的合理高度,当采煤工作面实际采高不符合上述规定时,应报告班长采取措施。

(11)必须保证支架接顶严密,初撑力达到规定要求,顶板破碎时,必须超前支护。

(12)经常巡回检查工作面支架支护情况,发现问题及时采取处理措施。

(13)对支架的各部位,特别是液压阀组和胶管要精心爱护,不准任意敲砸,拆卸时需注意保护支柱镀铬层表面,防止各种情况下损伤。正常检修拆下来的液压元件及胶管等要及时封堵,防止污物进入,并妥善保存,不得乱扔、乱放和丢失,严格执行"交旧领新"制度,严禁物件混入煤流中。

(14)与采煤机司机、上下端头维护工等工种搞好配合协作,坚持小改小革,挖掘设备潜力,更好地为安全生产服务。

(15)及时清理支架内和采煤机电缆水管槽内的浮煤矸石,严禁矸石和杂物混入煤流中,工作面停止割煤时,应及时停止支架喷雾。

第二章　基础知识

第一节　机械制图基础知识

一、三视图的形成与投影规律

在机械制图中,通常假设人的视线为一组平行的且垂直于投影面的投影线,这样在投影面上所得到的正投影称为视图。

一般情况下,一个视图不能确定物体的形状。如图 2-1 所示,两个形状不同的物体,它们在投影面上的投影却相同。因此,要反映物体的完整形状,必须增加由不同投影方向所得到的几个视图互相补充,才能将物体表达清楚。工程上常用的是三视图。

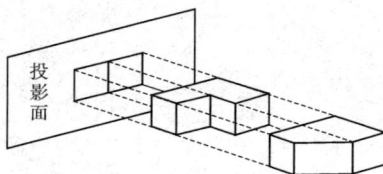

图 2-1　一个视图不能确定物体的形状

1. 三投影面体系与三视图的形成

（1）三投影面体系的建立

三投影面体系由三个互相垂直的投影面所组成,如图 2-2 所示。

在三投影面体系中,三个投影面分别为:

① 正立投影面:简称为正面,用 V 表示;

② 水平投影面:简称为水平面,用 H 表示;

③ 侧立投影面:简称为侧面,用 W 表示。

三个投影面的相互交线,称为投影轴。它们分别是:

① OX 轴:是 V 面和 H 面的交线,它代表长度方向;

② OY 轴:是 H 面和 W 面的交线,它代表宽度方向;

③ OZ 轴:是 V 面和 W 面的交线,它代表高度方向。

三个投影轴垂直相交的交点 O,称为原点。

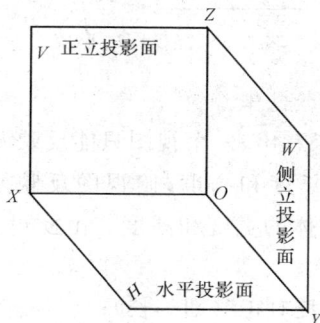

图 2-2　三投影面体系

(2)三视图的形成

将物体放在三投影面体系中,物体的位置处在人与投影面之间,然后将物体对各个投影面进行投影,得到三个视图,这样才能把物体的长、宽、高三个方向,上下、左右、前后六个方位的形状表达出来,如图 2-3 所示。三个视图分别为:

① 主视图:从前往后进行投影,在正立投影面(V 面)上所得到的视图。

② 俯视图:从上往下进行投影,在水平投影面(H 面)上所得到的视图。

③ 左视图:从左往右进行投影,在侧立投影面(W 面)上所得

到的视图。

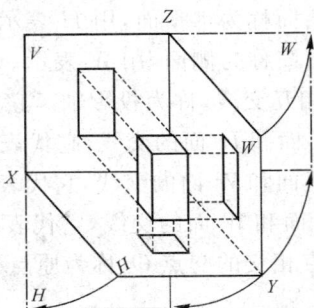

图 2-3　三视图的形成

2. 三视图的投影规律

从图 2-4 中可以看出,一个视图只能反映两个方向的尺寸,主视图反映了物体的长度和高度,俯视图反映了物体的长度和宽度,左视图反映了物体的宽度和高度。由此可以归纳出三视图的投影规律:

① 主、俯视图"长对正"(即等长);

② 主、左视图"高平齐"(即等高);

③ 俯、左视图"宽相等"(即等宽)。

三视图的投影规律反映了三视图的重要特性,也是画图和读图的依据。无论是整个物体还是物体的局部,其三面投影都必须符合这一规律。

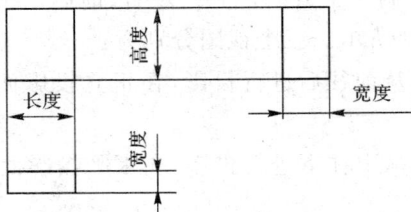

图 2-4　视图间的"三等"关系

3. 三视图与物体方位的对应关系

物体有长、宽、高三个方向的尺寸,有上下、左右、前后六个方位关系,如图 2-5(a)所示。六个方位在三视图中的对应关系如图 2-5(b)所示。

① 主视图反映了物体的上下、左右四个方位关系;

② 俯视图反映了物体的前后、左右四个方位关系;

③ 左视图反映了物体的上下、前后四个方位关系。

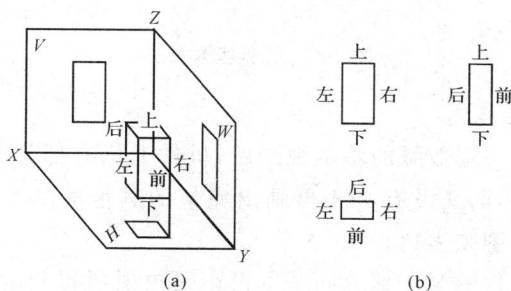

图 2-5　三视图的方位关系

(a) 立体图;(b) 投影图

二、图样的基本表示方式

(一) 机件外部形状的表达——视图

1. 基本视图

为了清晰地表达机件六个方向的形状,可在 H、V、W 三投影面的基础上,再增加三个基本投影面。这六个基本投影面组成了一个方箱,把机件围在当中,如图 2-6(a)所示。在每个基本投影面上的投影,称为基本视图。如图 2-6(b)表示机件投影到六个投影面上后,投影面展开的方法。展开后,六个基本视图的配置关系和视图名称见图 2-6(c)所示。按图 2-6(b)所示位置在一张图纸内的基本视图,一律不注视图名称。

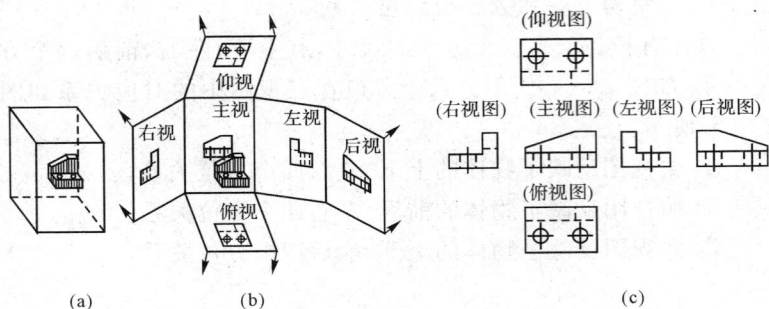

图 2-6 六个基本视图

2. 局部视图

当采用一定数量的基本视图后,机件上仍有部分结构形状尚未表达清楚,而又没有必要再画出完整的其他的基本视图时,可采用局部视图来表达。

只将机件的某一部分向基本投影面投射所得到的图形,称为局部视图。局部视图是不完整的基本视图,利用局部视图可以减少基本视图的数量,使表达简洁,重点突出。如图 2-7(a)所示工件,画出了主视图和俯视图,已将工件基本部分的形状表达清楚,只有左、右两侧凸台和左侧肋板的厚度尚未表达清楚,此时便可像

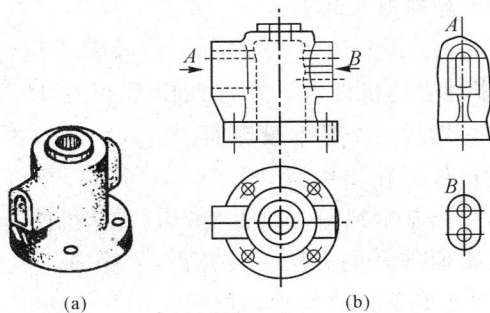

图 2-7 局部视图

图中的 A 向和 B 向那样,只画出所需要表达的部分而成为局部视图,如图 2-7(b)所示。这样重点突出、简单明了,有利于画图和看图。

(二)机件内部形状的表达——剖视图

1. 剖视图的形成

用一剖切平面剖开机件,然后将处在观察者和剖切平面之间的部分移去,而将其余部分向投影面投影所得的图形,称为剖视图(简称剖视)。

2. 全剖视图

用剖切平面将机件全部剖开后进行投影所得到的剖视图,称为全剖视图(简称全剖视)。如图 2-8 中的主视图和左视图均为全剖视图。

全剖视图一般用于表达外部形状比较简单,内部结构比较复杂的机件。

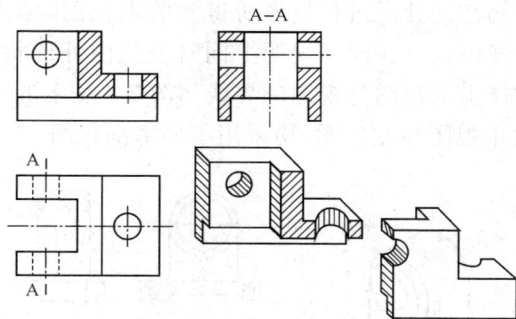

图 2-8　全剖视图

3. 半剖视图

当机件具有对称平面时,以对称中心线为界,在垂直于对称平面的投影面上投影得到的,由半个剖视图和半个视图合并组成的图形称为半剖视图,如图 2-9 所示。

半剖视图既充分地表达了机件的内部结构,又保留了机件的外部形状,因此它具有内外兼顾的特点。但半剖视图只适用于表达对称的或基本对称的机件。

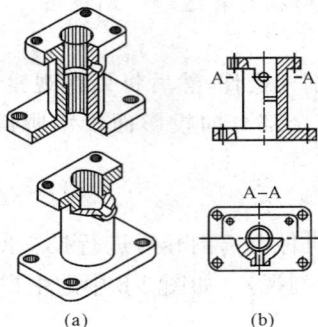

图 2-9　半剖视图

4. 局部剖视图

将机件局部剖开后进行投影所得到的剖视图,称为局部剖视图。局部剖视图也是在同一视图上同时表达内外形状的方法,并且用波浪线作为剖视图与视图的界线。图 2-9 所示的主视图和图 2-10 所示的主视图和左视图,均采用了局部剖视图。

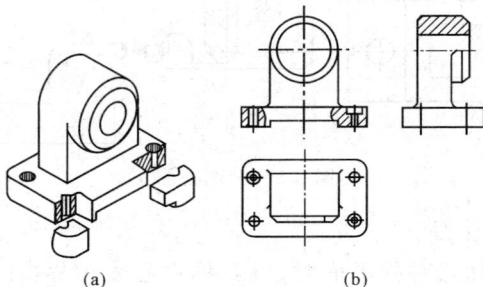

图 2-10　局部剖视图

5. 断面图的基本概念

假想用剖切平面将机件在某处切断,只画出切断面形状的投影并画上规定的剖面符号的图形,称为断面图,简称为断面,如图2-11 所示。

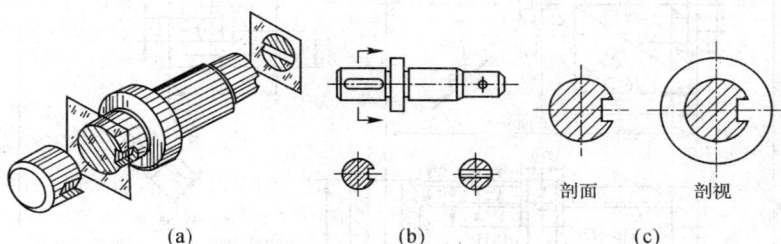

(a)　　　　　　(b)　　　　　　(c)

图 2-11　断面图的画法

三、零件图的读图方法

图 2-12 为刹车支架零件图,具体读图过程如下:

1. 看标题栏

从标题栏中了解零件的名称(刹车支架)、材料(HT200)等。

2. 表达方案分析

(1)找出主视图。

(2)分析有多少视图、剖视、断面等,找出它们的名称、相互位置和投影关系。

(3)凡有剖视、断面处要找到剖切平面位置。

(4)有局部视图和斜视图的地方必须找到表示投影部位的字母和表示投影方向的箭头。

(5)有无局部放大图及简化画法。

该支架零件图由主视图、俯视图、左视图、一个局部视图、一个斜视图、一个移出断面组成。主视图上用了两个局部剖视和一个重合断面,俯视图上也用了两个局部剖视,左视图只画外形图,用以补充表示某些形体的相关位置。

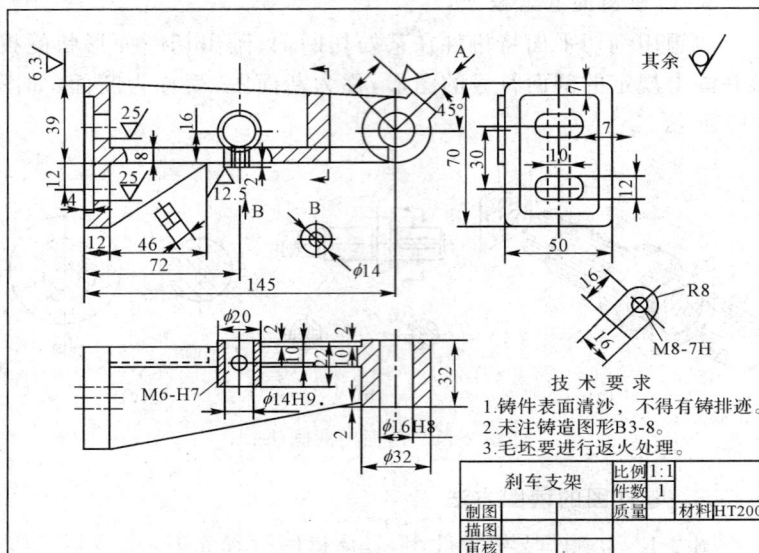

图 2-12　刹车支架零件图

3．进行形体分析和线面分析

（1）先看大致轮廓，再分几个较大的独立部分进行形体分析，逐一看懂。

（2）对外部结构逐个分析。

（3）对内部结构逐个分析。

（4）对不便于形体分析的部分进行线面分析。

4．进行尺寸分析和了解技术要求

（1）形体分析和结构分析，了解定形尺寸和定位尺寸。

（2）据零件的结构特点，了解基准和尺寸标注形式。

（3）了解功能尺寸与非功能尺寸。

（4）了解零件总体尺寸。

这个零件各部分的形体尺寸，按形体分析法确定。标注尺寸的基准是：长度方向以左端面为基准，从它注出的定位尺寸有 72 和 145；宽度方向以经加工的右圆筒端面和中间圆筒端面为基准，从它注出的定位尺寸有 2 和 10；高度方向的基准是右圆筒与左端底板相连的水平板的底面，从它注出的定位尺寸有 12 和 16。

5. 综合考虑

把零件的结构形状、尺寸标注、工艺和技术要求等内容综合起来，就能了解零件的全貌，也就看懂零件图了。

四、装配图的读图方法

如图 2-13 所示球阀为例说明读装配图的一般方法和步骤。

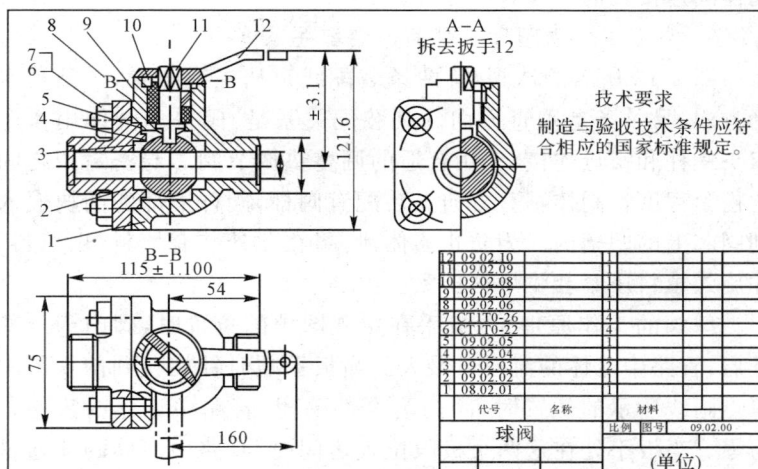

图 2-13 球阀装配图

1. 概括了解

由标题栏、明细栏了解部件的名称、用途以及各组成零件的名称、数量、材料等，对于有些复杂的部件或机器还需查看说明书和有关技术资料，以便对部件或机器的工作原理和零件间的装配关系做深入的分析了解。

如图 2-13 所示的标题栏、明细栏可知,该图所表达的是管路附件——球阀,该阀共有 12 种零件组成。球阀的主要作用是控制管路中流体的流通量。从其作用及技术要求可知,密封结构是该阀的关键部位。

2. 分析各视图及其所表达的内容

图 2-13 所示的球阀共采用 3 个基本视图。主视图采用局部剖视图,主要反映该阀的组成、结构和工作原理。俯视图采用局部剖视图,主要反映阀盖和阀体以及扳手和阀杆的连接关系。左视图采用半剖视图,主要反映阀盖和阀体等零件的形状及阀盖和阀体间连接孔的位置和尺寸等。

3. 弄懂工作原理和零件间的装配关系

图 2-13 所示的球阀,有两条装配线。从主视图看,一条是水平方向,另一条是垂直方向。其装配关系是:阀盖和阀体用 4 个双头螺柱和螺母连接,并用合适的调整垫调节阀芯与密封圈之间的松紧程度。阀体垂直方向上装配有阀杆,阀杆下部的凸块嵌入到阀芯上的凹槽内。为防止流体泄漏,在此处装有填料垫、填料,并旋入填料压紧套将填料压紧。

球阀的工作原理是:扳手在主视图中的位置时,阀门为全部开启,管路中流体的流通量最大。当扳手顺时针旋转到俯视图中双点画线所示的位置时,阀门为全部关闭,管路中流体的流通量为零。当扳手处在这两个极限位置之间时,管路中流体的流通量随扳手的位置改变而改变。

4. 分析零件的结构形状

在弄懂部件工作原理和零件间的装配关系后,分析零件的结构形状,可有助于进一步了解部件结构特点。

分析某一零件的结构形状时,首先要在装配图中找出反映该零件形状特征的投影轮廓。接着可按视图间的投影关系、同一零件在各剖视图中的剖面线方向、间隔必须一致的画法规定,将该零件的相应投影从装配图中分离出来。然后根据分离出的投影，按形体分析和结构分析的方法，弄清零件的结构形状。

第二节 液压传动基础知识

一、液压传动系统的组成及工作原理

液压传动系统是由功能不同的液压元件与辅助元件组成，在封闭系统中依靠运动液体的液压能（压力、流量）来进行能量的传递，通过对该液体相关参数（压力、流量、方向）的调节与控制，以满足工作装置所输出的动力与动作要求（力、速度或转速、扭矩）的一种传动装置。

1. 液压系统的组成及作用

（1）动力元件——液压泵，将原动机输入的机械能转换为液体的压力能，作为系统供应能源装置。

（2）执行元件——液压缸（或液压马达），将油液的压力能转换为机械能，而对负载做功。

（3）控制元件——各种控制阀，用以控制流体的方向、压力和流量，以保证执行元件完成预期的工作任务。

（4）辅助元件——油箱、油管、滤油器、压力表、冷却器、分水滤水器、油雾器、消声器、管件、管接头和各种信号转换器等，创造必要条件，保证系统正常工作。

（5）工作介质——液压油。

2. 液压传动的工作原理

液压传动的工作原理是依据帕斯卡原理进行的。如图 2-14 所示的液压传动是利用有压力的油液作为传递动力的工作介质。压下杠杆 1 时，小液压缸 2 输出压力油，将机械能转换成油液的压力能，压力油经过小活塞排液管 6 及单向阀 7，推动大活塞 8 举起重物，将油液的压力能又转换成机械能。大活塞 8 举升的速度取决于单位时间内流入大液压缸 9 中油容积的多少。由此可见，液压传动是一个不同能量转换的过程。

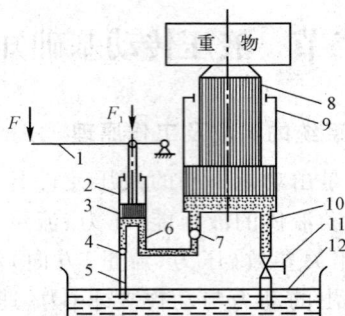

图 2-14　液压千斤顶结构示意图

1——杠杆；2——小液压缸；3——小活塞；4，7——单向阀；
5——小活塞进液管；6——小活塞排液管；8——大活塞；
9——大液压缸；10——大活塞排液管；11——阀门；12——油箱

3. 液压传动的优缺点

（1）液压传动的优点

① 功率质量比大。在同等体积的情况下，液压装置能产生更大的动力，且质量轻、体积小、运动惯性小、反应速度快。

② 很容易实现直线运动，而机械传动、电传动一般只能实现旋转运动。

③ 可自动实现过载保护。

④ 操纵控制方便，可实现大范围的无级调速。

⑤ 采用液体作为工作介质，可自行润滑、吸振，使用寿命长。

⑥ 液压传动的各种元件可根据需要方便、灵活地布置。

⑦ 容易实现机器的自动化，当采用电液联合控制后，不仅可实现更高程度的自动控制过程，而且还可以实现遥控。

⑧ 液压元件实现标准化、系列化、通用化，便于设计、制造和

推广。

（2）液压传动的缺点

① 泄漏不可避免，运动间隙存在，污染地面，这是最突出的缺点。

② 不宜远距离传递，压力损失大。

③ 不能保证严格的传动比，油液具有压缩性。

④ 对温度变化敏感。

⑤ 难于检查故障，液压故障的检查需要专业人士进行。

二、液体的基本特性

（一）液体的物理性质

1. 液体的密度和重度

（1）密度

液体的密度是指单位容积中液体的质量，一般矿物油的密度为 $850\sim950\ kg/m^3$，常用 ρ 表示。

（2）重度

液体的重度是指单位容积中液体的重量，一般矿物油的重度为 $8\ 400\sim9\ 500\ N/m^3$，常用 γ 表示。

油液的密度和重度是随温度和压力变化而变化的。

2. 黏度

液体受外力作用而流动时，液体内部会产生摩擦力或切应力的性质，叫做液体的黏性，黏性的作用是阻止液体内部的相互滑动。液体流动时才会呈现出黏性，静止液体不呈现黏性。黏性的大小可用黏度来表示，是液体最重要的特性之一，它直接影响系统正常工作的效率和灵敏性。

黏度的表示方法有 3 种，即动力黏度、运动黏度和相对黏度。

（1）动力黏度

液体在圆管内做平行流动时，由于液体与固体壁的附着力及其分子间的内力作用，使液体内部各处的速度大小不等，紧贴管壁处的液体黏附于管壁上,其速度为零;当靠近圆管中心方向时,其速度则逐渐增加,在圆管中心处达到最大值。如果将液体在圆管中的流动看成是许多无限薄的同心圆筒形的液体层的运动,则运动速度较快与较慢的各层做相对滑动,产生摩擦阻力。

面积为 1 cm^2、相距 1 cm 的两层液体,其中的一层液体以 1 cm/s 的速度与另一层液体做相对运动所产生的阻力,即为动力黏度,工业上动力黏度单位用泊来表示。

(2) 运动黏度

液体的动力黏度与密度的比值称为运动黏度,常用 γ 表示。

(3) 相对黏度

我国采用的相对黏度为恩氏黏度,是以液体的黏度相对于水的黏度来表示的。相对黏度又称条件黏度。

恩氏黏度用恩氏黏度计来测定,其方法是将 200 cm^3 被试液体在某温度下以恩氏黏度计的小孔(孔径为 2.8 mm)流完的时间 t_1 与相同体积蒸馏水在 20 ℃时从同一小孔流完所需要的时间 t_2 的比值叫该液体的恩氏黏度,常用 E_t 表示。

(4) 黏度与温度、压力的关系

油液对温度的变化非常敏感,当温度升高时,油的黏度明显降低。因此,黏度的变化将直接影响到液压系统的性能和泄漏量,所以说黏度随温度的变化越小越好。

当作用于油液的压力增加时,分子之间的距离缩小,黏度变大;油液的压力在 20 kN/m^2 以下时,黏度的变化量可忽略不计。

3. 液体的可压缩性

当液体受压力作用而体积缩小的特性称为液体的可压缩性。

(二) 流量和平均流速

1. 流量

单位时间内通过通流截面的液体的体积称为流量,用 Q 表示,流量的常用单位为升/分(L/min)。

2. 平均流速

在实际液体流动中,由于黏性摩擦力的作用,通流截面上流速 u 的分布规律难以确定,因此引入平均流速的概念,即认为通流截面上各点的流速均为平均流速,用 v 来表示,则通过通流截面的流量就等于平均流速乘以通流截面积。

3. 活塞的运动速度

活塞的运动是由于流入缸内液体迫使容积增大所导致的结果,其运动速度与流入液压缸的流量有关。

(三)液流的连续性

理想液体在管路中做稳定流动时,通过每一截面的流量相等(即单位时间内流过管道每个截面的液体质量是相等的),这就是流动液体的连续性原理。理想液体可视液体的密度 ρ 是常数,并且液体是连续的。

(四)液压系统中压力的形成及特性

1. 压力的表达方式及形成

液压系统中的压力就是指压强,液体压力通常有绝对压力、相对压力(表压力)、真空度 3 种表示方法。

(1)绝对压力

绝对压力指以绝对真空度为基准标算的压力的正值。所谓绝对真空,是指在密闭容器内没有任何物质,压强等于零。

(2)相对压力

相对压力指以大气压为基准标算的压力正值,它表示液体压力超过大气压力的数值。绝大多数压力表在大气压力作用下指针在零位,在液压传动中所说的压力就是指表压力。

各种压力的关系如图 2-15 所示。

在液压传动中,油液的压力是油液的自重和油液受到外力作用所产生的。如图 2-16(a)所示,油液充满密闭的液压缸左腔,当活塞受到向左的外力作用时,缸体腔的油液处于被挤压状态,同

时油液对活塞有一个反作用力,而使活塞处于平衡状态,如图
2-16(b)所示。

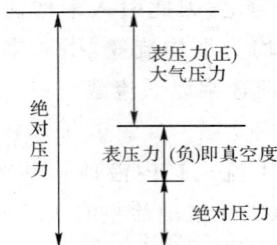

图 2-15　各种压力的关系图

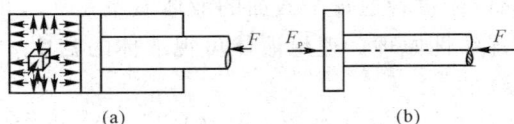

(a)　　　　　　　　　　　(b)

图 2-16　油液压力的形成

2. 液体静压力特性

(1)静止液体中任意一点所受到的各个方向的压力都相等。

(2)液体静压力的作用方向总是垂直指向承压表面。

(3)密闭容器内静止液体中任意一点的压力若有变化,其压力的变化值将传递给液体的各点,其值改变。这称为静压传递原理,亦称为帕斯卡定理。

三、液压缸

液压缸又称为油缸,它是液压系统中的一种执行元件,其功能就是将液压能转变成直线往复式的机械运动,主要用于实现机构的直线往复运动,也可实现摆动。

在结构上可分为单作用缸和双作用缸两大类。在压力油作用下只能做单方向运动的液压缸称为单作用缸,单作用缸的回程须借助于运动件的自重或其他外力的作用实现;往复运动都由压

力油作用实现的液压缸称为双作用缸。液压支架上应用最普遍的是活塞或液压缸。

1. 双作用单活塞杆液压缸的特点和应用

单活塞杆与双活塞杆液压缸比较,具有以下特点:

(1)往复运动速度不相等。图 2-17 所示为双作用式单活塞杆液压缸工作原理图,A_1 为活塞左侧有效作用面积,A_2 为活塞右侧有效作用面积。

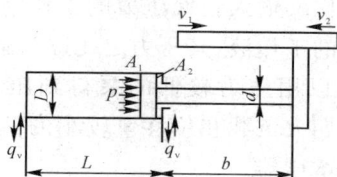

图 2-17 双作用式单活塞杆液压缸工作原理

单活塞杆液压缸工作时,工作台往复运动速度不相等这一特点常被用于实现机床的工作进给及快速退回。

(2)活塞两个方向的作用力不相等。

(3)可作差动连接。如图 2-18 所示,改变管路连接方法,使单活塞杆液压缸左、右两油腔同时输入压力油。由于活塞侧的有效作用面积 A_1、A_2 不相等,因此作用于活塞两侧的推力不等,存在

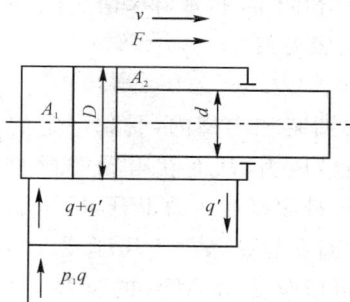

图 2-18 差动液压缸

推力差。在此推力差的作用下,活塞向有活塞杆一侧的方向运动,而有活塞杆一侧油腔排出的油液不流回油箱,而是同液压泵输出的油液一起进入无活塞杆一侧油腔,使活塞向有活塞杆一侧方向加快运动速度。这种两腔同时输入压力油、利用活塞两侧有效作用面积差进行工作的单活塞杆液压缸称为差动液压缸。

2. 增压器

增压器是由两个不同缸径的液压缸串联在一起而形成的。液压泵向大直径液压缸输入较低压力的工作液,从小直径液压缸内可获得较高压力的工作液,其压力之比即为缸面积之比。

采用增压器可以用压力较低的泵得到压力较高的工作液。特别适用于具有短期大负载和位移量较小的液压设备,如液压试验机械就普遍使用增压器。

在机械化采煤过程中,特殊情况下可能会出现死架,为增大立柱下腔的供油压力,把相近的两个油缸串起来使用,实际上也起到了增压的目的。

四、常用密封件

在液压支架的液压元件中常用的密封元件按用途分为单向密封件、双向密封件、防尘密封件和阀口密封件;按结构分为 O 形密封件、蕾形密封件、Y 形密封件、鼓形密封件、山形密封件、V 形密封件、矩形密封件和防尘圈(带骨架防尘圈、无骨架防尘圈)。

(一)O 形橡胶密封圈

1. 密封原理和性能

O 形橡胶密封圈装在沟槽内,受到一定的预压力作用,在接触面上产生初始接触压力,从而获得预密封的效果,在受到工作介质压力作用下,接触面接触压力上升,从而增强了密封效果。

O 形橡胶密封圈在静止条件下可承受 100 MPa 或更高的压力,在运动条件下可以承受 35 MPa 的压力。当用于动密封时,工作介质压力超过 10 MPa;用于静密封时,工作介质压力超过

35 MPa,此时应在承压面设置挡圈,以延长 O 形橡胶密封圈的使用寿命。

2. O 形橡胶密封圈的标准

关于 O 形橡胶密封圈的标准,我国曾先后颁发过 3 个国家标准。

第一个标准为 1976 年颁发(GB 1235—76),是目前广泛使用的标准,该标准规定 O 形橡胶密封圈的截面直径为 1.9 mm、2.4 mm、3.1 mm、3.5 mm、5.7 mm 和 8.6 mm 共 6 种。

另外两个标准分别于 1982 年和 1992 年颁发(GB 3452.1—82 和 GB 3452.1—1992),这两个标准引用了国际标准,后者还增加了宇航标准,这两个标准规定 O 形橡胶密封圈的直径为 1.8 mm、2 mm、2.5 mm、3 mm 和 7.0 mm 共 5 种。

(二) Y 形密封圈

Y 形密封圈又称唇形密封圈,它有较显著的自紧作用。无液压时,其唇部与轴间产生初始接触压力,以保持低压密封,其尾部与轴间保持一定的间隙。工作中,液压力对 Y 形密封圈的谷部唇口产生径向压力,使唇口与轴增加接触压力,同时把 Y 形密封圈推向受压方,消除 Y 形密封圈与轴的间隙,从而使之因自紧作用得到良好的密封。

这种 Y 形密封圈曾广泛地被使用在各种柱塞或缸的活塞上,但由于唇边易磨损翻转而失去密封作用,已逐渐被鼓形密封圈和山形密封圈所代替。

Y 形密封圈有内动式和外动式两种,代号分别为 NY 和 WY,如 NYLON18×7 代表轴径 10 mm、沟槽直径 18 mm、沟槽宽度 7 mm 的内动式 Y 形密封圈。

(三) 鼓形密封圈

鼓形密封圈的断面形状似鼓,因此被称为鼓形密封圈,它以两个 U 形夹织物橡胶圈为骨架,与其唇边相对,在中间填塞橡胶压制硫化而形成双实心密封圈。它与缸壁产生接触压力而得到密封,在它的两侧各配装一个塑料导向环。鼓形密封圈可承受60 MPa的工作压力,由于它可双向密封,简化了活塞的结构,缩短了活塞的长度。我国曾把鼓形密封圈作为液压支架缸、活柱密封的定型结构,因此被广泛地使用在液压支架上。这种密封圈的主要缺点是断面较大,影响立柱的行程发挥,用于双伸缩立柱不太合理,且制造比较复杂。

鼓形密封圈的代号为 G,如 G100N80×34 代表缸体内径100 mm、沟槽直径 80 mm、沟槽宽度 34 mm 的鼓形密封圈。

（四）山形密封圈

山形密封圈又称尖顶形密封圈,它有单尖和双尖之分。山形密封圈的尖顶部外层为夹织物橡胶,内层与固定面接触的部分为纯橡胶。内外层压制硫化成一体,内层作为弹性元件,外层夹织物橡胶可以渗透油液,防止干摩擦,从而能延长使用寿命。尖顶的作用是减小接触面积,以增大接触压力。

山形密封圈的优点是:

(1) 阻力小,使用寿命长。山形密封圈比鼓形密封圈压缩量小,与缸壁接触的尖顶可以渗透油液,起润滑作用,因此摩擦阻力小,空载压力低,效率高。又由于山形密封圈与缸壁接触的是夹织物橡胶,故使用寿命长。

(2) 节约橡胶,简化活塞结构,相同直径的山形密封圈的截面积约为鼓形密封圈的一半,可以节约大量橡胶。由于山形密封圈的截面比鼓形密封圈小,弹性大,在活塞上只设一沟槽就可安装,从而可以简化活塞的结构。它多用于双伸缩立柱,其代号为 SH,如 SH160×9 代表缸体内径为 160 mm、厚度为 9 mm 的山形密封圈。

（五）蕾形密封圈

蕾形密封圈形似花蕾,所以叫蕾形密封圈。它是在 U 形夹织物橡胶圈的唇内填塞橡胶压制硫化而成的单向实心密封圈。唇内橡胶作为弹性元件，使唇边贴紧密封表面。由于它是实心的，因此唇边不会翻转。蕾形密封圈大多使用在缸帽上，当工作压力大于 30 MPa 时，应加挡圈，最高工作压力可达 60 MPa。

蕾形密封圈有内动式和外动式两种，代号别为 NL 和 WL，如 11NL85×97×10 代表活塞杆径 85 mm、沟槽直径 97 mm、沟槽宽度 10 mm 的内动式蕾形密封圈。

（六）V 形密封圈

V 形密封圈也是唇形密封的一种，它大部分使用在柱塞密封 V 形圈上，又因柱塞有较显著的自紧作用，安装时为预压缩状态，其唇部产生初始接触压力。

工作时，工作液对 V 形密封圈的谷部和唇口产生径向压力，使唇口与轴向增加接触压力，同时把 V 形密封圈推向左方。液体压力越高，接触压力越大，密封效果越好。V 形密封圈在往复运动中，一般为多层使用，层数与柱塞阻力成正比，层数越多阻力越大，消耗功率也越大。因此，层数不宜太多，一般使用 3 层。V 形密封圈由夹织物橡胶制成，一方面增强其结构强度，另一方面高压油液能渗透进去，增加其与柱塞的润滑作用，延长密封圈的使用寿命。V 形密封圈两端配有由塑料制成的衬垫，以保证其形状的稳定。

（七）防尘圈的作用与结构

防尘圈也是唇形密封的一种，它安装在支柱、千斤顶的缸帽上。其唇部压抱着千斤顶活塞杆，防止岩尘随活塞杆回缩时带入油缸，污染液压油液。

防尘圈有带骨架和无骨架两种。带骨架防尘圈与缸帽为过盈配合，结合较紧。无骨架防尘圈必须安装在缸帽沟槽内，防止滑出缸帽。带骨架防尘圈为 GF 型，无骨架防尘圈为 JF 型，如 GF 10×20×6 代表活塞杆直径 10 mm、沟槽直径 20 mm、沟槽宽度 6 mm 的带骨架防尘圈。

第三节　采煤基础知识

一、矿山压力的形成与规律

1. 矿山压力的形成

为了构成矿井生产系统而开掘的各种巷道和回采后遗留的采空区（旧称老塘），在岩体中形成了大量的空洞。这些空洞破坏了岩体原始应力的平衡，引起了应力的重新分布。当重新分布的应力超过煤岩的强度时，巷道或采煤工作面周围的岩体将发生变形、破坏以致冒落等现象，这种现象称为矿山压力。具体地说，矿山压力就是运动的围岩和煤岩体等支撑物的作用力。如图 2-19 所示的是采煤工作面岩层压力重新分布的基本情况。

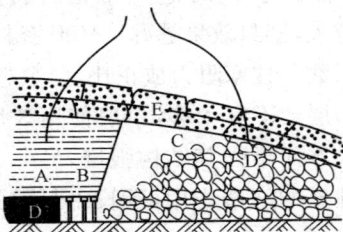

图 2-19　采煤工作面岩层压力重新分布的基本情况

由图可知，工作面采过后，在 C 处容易发生顶板冒落，采空区因为填不满而有空间，或采空区只能填满，但由于矸石松散尚未压实不能继续承受压在它上面的岩层重量。在 B 处，由于支架在承受一定的压力后可以压缩，支架上的顶板就要下沉，下沉后顶板的各岩层层面就会脱离，产生离层现象。顶板产生离层后强度降低就不能承受它上面的岩层重量。B 处、C 处卸去不承受的重量就靠岩层 E 来承受，E 层尽管已经有裂隙，但是由于互相铰接挤压，犹如一座桥的桥梁一样，托住上面岩层的重量，而把这个重量传递给两个"桥墩"。这两个"桥墩"一个在采煤工作面的煤层中,即图中 D 处;另一个在图中 A 处。A 和 D 被称为支承压力带,又叫增压带,B 和 C 被称为减压带(或叫免压带)。这样,煤层原来所承受的平衡压力,由于出现了开采空间而破坏,并在新的条件下获得新的平衡,这就形成了工作面矿山压力。

2. 工作面矿山压力的一般规律

工作面矿山压力的危害主要是通过压坏支架、发生冒顶和片帮而表现出来的。因此,掌握工作面压力的一般规律,对于采用什么支护形式、放顶步距等都是很重要的。

在开采过程中,顶板压力总是由小到大,呈周期性的变化。其原因主要是随着工作面向前推进,采空区逐渐扩大,引起直接顶特别是基本顶岩层周期性的活动。如图 2-20(a)所示,工作面由开切眼 K 推进到位置 1 开始回柱,若直接顶破碎,能随着回柱垮落。有的顶板,不随回柱垮落,工作面继续向前推进,顶板悬露面积逐渐增大到位置 2,如图 2-20(b)所示,直接顶开始大面积垮落,这叫初次垮顶或叫初次落顶。初次落顶时工作面向前推进的距离 b_1 叫做初次垮落步距。初次垮落步距取决于直接顶的岩层

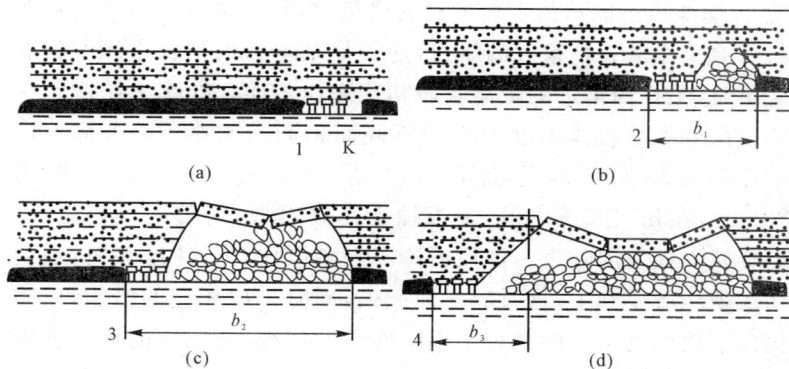

(a)   (b)

(c)   (d)

图 2-20 顶板垮落情况

强度、分层厚度以及裂隙的发育程度等。岩体强度大,初次垮落步距就大;岩体强度小,初次垮落步距就小。坚硬不易垮落的直接顶,在采到一定距离后,还要向采空区顶板打眼爆破强制放顶,这样顶板才能垮落下来。

　　一般能垮落的直接顶,在初次垮落前,尽管回采面积已经加大,但支架上明显的顶板压力并不显著。直至落顶前,也就是直接顶大面积即将垮落之前,采空区顶板才会发生脱皮、掉碴、煤壁片帮等现象,工作面支架上的压力会很显著。若直接顶较坚硬,悬顶面积较大,初次落顶时,顶板往往发出较大的断裂声,甚至会刮起狂风冲向工作面及巷道。这时工作面支架相对于大面积的悬露顶板,其支承压力是远远不够的。因此,要加强和巩固支架,否则大块矸石可能会冲倒工作面支架,使顶板从煤壁切断,严重时会引起大冒顶。

　　随着工作面的推进,直接顶继续垮落,垮落范围和垮落高度逐渐扩大,如果垮落的矸石不能填实采空区,基本顶就要悬空。悬空在采空区上完整的基本顶像一座桥梁立在两边的煤层上面,支撑着上面岩石的重量。当工作面推进到如图 2-20(c)所示的位置 3,基本顶不能承担上面岩石的重量时,基本顶就要折断。在折断前给工作面一个很大的压力,这就是基本顶的初次来压。初次来压时,工作面推进的距离叫做初次来压步距。初次来压步距主要根据基本顶岩体强度大小的不同而不同。如郑州矿务局王沟矿在中等稳定顶板情况下,各煤层的初次来压步距一般为20 mm,在初次来压之前,顶板掉下小碎石块,煤壁明显松软,有时金属支柱发出响声。待顶板掉碎石稍微比开始块度大时,说明初次来压就要到了,这时应立即撤人,同时采取相应的措施,以防伤亡事故的发生。但是对于不同性质的顶板,来压前的矿压显现也不一样。如阳泉矿一采区,煤层顶板一般都较坚硬,来压时直接顶上方发出强烈的闷雷声,活柱受压"咯咯"作响,煤壁片帮严重;工作面及煤壁的无支护顶板发生破坏或破坏急剧增加,支撑力不够时,工作面出现台阶下沉,基本顶以上有含水层时,采空区上方会出现淋水,接着顶板瓦斯量也会增加。

基本顶来压强度受基本顶本身强度的影响,另外采空区矸石的坚硬程度也是一个十分重要的因素。如果直接顶垮落高度大,采空区充填较好,基本顶折断时下沉量和初次来压强度就小。若情况相反,初次来压强度就大,甚至会出现压垮工作面支架的情况,引起冒顶,严重时还可能出现大冒顶事故。

总之,无论是直接顶初次垮落还是基本顶初次来压,如果来压强度大,来压后顶板就会破碎,柱子东倒西歪。因为来压时柱子受力大,工作面比较危险,支柱或放顶应临时采取一些安全措施。

基本顶初次来压垮落以后,工作面顶板压力相对减少了,但随工作面的推进,基本顶悬顶面积又逐渐增大,这时基本顶的一端靠煤壁支撑,另一端靠破坏了的基本顶岩块连接支撑在采空区压实的矸石上。当工作面推进至如图 2-20(d)所示的位置 4 时,基本顶跨度超过一定距离,又要发生折断和垮落。由于该基本顶折断和垮落是每隔一定距离有规律地、周期性地发生,所以叫周期来压。图 2-20(d)中 b_3 是初次来压和周期来压之间工作面推进的距离,叫周期来压步距。在一个采区地质条件大致相同以及生产工艺过程基本相同的情况下,周期来压步距尽管不完全相同,但基本上在一定范围内波动,大致是稳定的。如原郑州矿务局某煤矿在顶板条件大致相同的情况下各煤层的周期来压步距大致在 8~12 m 之间。来压时,矿压显现没有初次来压时那么明显。在回采分层开采的下层煤时,顶板常常有掉煤皮的现象发生,来压强度远没有初次来压强度大。但阳泉矿的情况有所不同,该矿各煤层的周期来压步距大致是 9~15 m。周期来压时,顶板压力和顶板下沉量明显增加,片帮严重,顶板破碎,有时管理不当还易发生冒顶事故。所以在周期来压前,应加强对顶板的监视,提醒所有工人要提高警惕,注意听监顶工的口令,选好安全退路,以防事故的发生。

综上所述,因顶板岩层组成情况和各岩层力学性质的不同,各煤层基本顶初次来压步距、周期来压步距以及来压猛烈程度是不同的。显然,基本顶岩层厚度越大,坚固性越高,来压步距也越大,来压也越猛烈。由以上分析可以看出,初次来压步距大于周期来压步距。

工作面来压常常延续 1～3 天的时间。在来压期间,工作面矿山压力也不是均衡的,基本顶岩层一般要经过急速变形局部破裂→相对稳定→又急速变形局部破裂→又相对稳定→又急速变形局部破裂→最后完全破裂、垮落下来这样一个几经周折的过程。反映到矿山压力上是急剧升高→相对稳定→又急剧升高→又相对稳定这样一个波浪式发展过程。在压力分布上,来压也是不均衡的,常常是先由采煤工作面的某一部分开始,逐渐扩大到整个工作面,也可能始终局限在某些地段而扩大,当然也有全工作面一起来压的情况。

二、采煤方法

采煤方法是采煤工艺和采煤系统在时间、空间上的相互配合的总称。根据不同的矿山地质及技术条件,可采用不同的采煤系统与采煤工艺相配合,从而构成多种多样的采煤方法。

1. 按巷道布置方式不同分

按巷道布置方式不同将采煤方法分为壁式体系和柱式体系两大类。

(1) 壁式体系采煤方法

壁式体系采煤方法又称长壁体系采煤方法,以长工作面采煤为主要标志。一般特点为:

① 采煤工作面长度较长,通常在 80 m 以上。

② 随着采煤工作面的推进,顶板暴露面积增大,矿山压力显现较为强烈。

③ 采煤工作面可分别用爆破、滚筒式采煤机装煤,用与采煤工作面相平行铺设的刮板输送机运煤,用支架支护工作空间,用放顶垮落法或充填法处理采空区。

④ 在采煤工作面两端,一般至少各有一条回采巷道,构成完整的生产系统。

壁式体系采煤法按所采煤层倾角的不同分为缓斜、倾斜煤层采煤法和急斜煤层采煤法;按煤层厚度的不同可分为薄煤层采煤法、中厚煤层采煤法和厚煤层采煤法。

(2)柱式体系采煤方法

柱式体系采煤方法一般又分为房式采煤法和房柱式采煤法两类。

以房柱间隔进行采煤为主要标志,一般特点为:

① 在煤层内布置一系列宽 $5\sim7$ m 的煤房,形成窄(短)工作面成组向前推进。房与房之间留设煤柱宽数米不等,每隔一定距离用联络巷贯通,构成生产系统,并形成条状或块状煤柱,支撑顶板。

② 采煤时矿山压力显现较和缓,用锚杆支护工作空间,支护较简单。

③ 采煤用爆破或连续采煤机配套设备,采煤在一组房内交替作业。

④ 采掘合一,掘进准备也是采煤过程,回收房间煤柱时,也使用同一种类型的采煤配套设备。

煤柱可根据条件留下不采(房式采煤部分回采)。在煤房采完后,再将煤柱按要求尽可能全部回采。

2. 按采煤工艺不同分

按采煤工艺不同分为爆破采煤法、普通机械化采煤法和综合机械化采煤法。

（1）爆破采煤法

爆破采煤工艺（又称炮采工艺），其工艺过程包括打眼、爆破落煤和装煤、人工装煤、刮板输送机运煤、移置输送机、人工支架和回柱放顶等主要工序。

（2）普通机械化采煤法

普采面的生产是以采煤机为中心的。采煤机割煤以及与其他工序的合理配合，称为采煤机割煤方式。

普采面单体支架布置应与煤层赋存条件、顶底板性质相适应，并符合采煤机割煤特点，除确保回采空间作业安全外，还要力求减少支设工作量。

（3）综合机械化采煤法

综合机械化采煤方法的采煤工作面采用双滚筒采煤机落煤和装煤、可弯曲刮板输送机运煤、液压支架支护顶板，全部工序实现机械化，称为综合机械化采煤。其特点是：减轻了工人劳动强度；使用液压支架管理顶板，安全性比较好，减少了冒顶事故；提高了生产能力和生产效率；降低了材料消耗和生产成本。

综合机械化采煤工作面的布置如图 2-21 所示。按照及时支护方式采煤工艺的要求，输送机应紧靠煤壁，采煤机骑在输送机上，液压支架滞后输送机一个移架步距（一般为 600 mm）。工作时，采煤机行走割煤一段距离后，及时移架（降柱、移架、升柱），然后进行推溜，完成一个循环。

放顶煤采煤法是沿煤层的底板或煤层某一厚度范围内的底部布置一个采煤工作面，利用矿山压力将工作面顶部煤层在工作面推进过后破碎冒落，并将冒落顶煤予以回收的一种采煤方法。

三、综采工作面生产工艺

（一）缓倾斜走向长壁综采生产工艺

1. 薄及中厚煤层走向长壁综采生产工艺

综采工作面生产工艺过程主要包括割煤、运煤、支护和处理

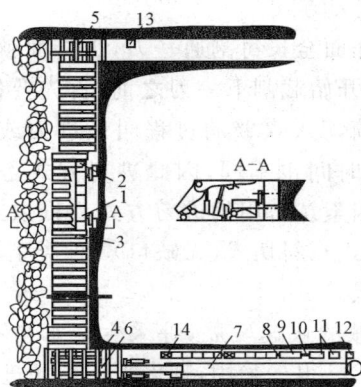

图 2-21 综采面设置布置

1——采煤机;2——刮板输送机;3——液压支架;4——下端头支架;

5——上端头支架;6——转载机;7——可伸缩带式输送机;8——配电箱;

9——移动变电站;10——设备列车;11——乳化液泵站;12——喷雾泵站;

13——液压安全绞车;14——集中控制台

采空区 4 个工序。

（1）割煤

割煤工序包括落煤与装煤。完成落煤工序的设备为滚筒式采煤机,为了适应采高的变化及煤层顶、底板的起伏,通常采用可调高双滚筒采煤机。双滚筒采煤机不论上行或下行,一般均采用前滚筒在上割顶煤,后滚筒在下割底煤。采煤机滚筒在割煤的同时,利用滚筒的螺旋叶片和滚筒旋转的抛掷作用,把煤直接装入工作面刮板输送机上。为了提高装煤效果,在滚筒后部装有弧形挡煤板,把煤直接装入工作面刮板输送机上。但配有弯摇臂和较大升角的三头螺旋叶片的滚筒,在相应滚筒转速条件下,可不配挡煤板,也能较好地满足装煤要求,从而简化操作程序。

采煤机的割煤方式可分为单向割煤和双向割煤两种。

（2）采煤机进刀方式

采煤机沿工作面全长每割通一刀，工作面就向前推进一个截深的距离，在重新开始截割下一刀之前，首先要使滚筒切入煤壁，通常把采煤机滚筒切入煤壁的过程叫做进刀或入刀。采煤机进刀方式不同，所用时间也不同，因此进刀方式是影响采煤机截割效率的一个重要因素。常用的进刀方式为推入式（预开缺口式）、钻入式（自开缺口式）、斜切式（无缺口）3种类型，其中应用最多的是斜切式进刀方式。

随着综采机械的快速发展，综采生产水平不断提高，推入式和钻入式进刀方式已很少采用，现多采用斜切进刀方式。

2.厚煤层放顶综采生产工艺

（1）放顶煤方式

综采放顶煤工艺依工作面输送机数量的不同可分为单输送机与双输送机2种；按液压支架上的放煤口位置的不同又可分为高位、中位、低位3种。

① 按输送机数量的不同分

双输送机放顶煤的工艺过程是以采煤机前部输送机为导轨，首先沿底板割煤，前部输送机运煤，随支架的前移，顶煤冒落，达到规定放煤步距后，打开液压支架放入煤窗口，将冒落的顶煤放入后部输送机运走。具体工艺过程如下：

a.采煤机割煤、移架、移前部输送机

放顶煤工作面内有两条运输煤路线，工作面采煤机割煤、移架、移前部输送机及出煤方式与普通综采相同。

b.移后部输送机

移架后，后部输送机随支架前移。前移操作中应注意中部槽的连接部位，避免发生错槽事故。

c.放顶煤

初采支架推出开切眼，顶煤一冒落就开始放煤。放顶煤前要把支架排成直线,自工作面一端向另一端依次放煤,视情况可一次一架或同时放两架。也可割煤、放煤平行作业,即沿工作面全长一分为二,实行前半部放煤,后半部割煤;或前半部割煤,后半部放煤。在放煤口出现矸石时,及时停止放煤。如遇大块煤堵塞放煤窗口,要反复升降放煤板处理。顶煤较硬,不能及时垮落的,应预先注液软化。

单输送机放顶煤工艺与双输送机放顶煤工艺基本相同。其特点是:设备占用少,机头移动简单,端头易于维护,减少输送机的管理和操作程序。但顶煤松软,煤层较厚时,容易产生架上、架前冒空,煤尘量大,难以控制。

② 按放煤口位置分

a. 低位放煤口,采用底开门插板式支架。这种支架的放煤口位置最低,初放时留的底煤少。

b. 中位放煤口,采用单输送机支架,放煤口在支架顶梁上,与前两种支架相比,放煤口位置最高,初放煤时需采取强迫冒落措施,煤炭损失较大。

(2) 放煤顺序

目前,采用的放煤顺序有以下几种:

① 多轮顺序放煤

a. 放煤方法:按 1,2,3…号支架顺序放煤,每次放出顶煤量的 $1/3\sim1/2$。第一轮放完后,再从 1 号开始放第二轮,一般两轮就可将顶煤全部放完,特殊情况下放三轮。

b. 多轮顺序放煤的优缺点:能使冒落后的煤炭分界面均匀下降,可得到回采率高、含矸率低的效果;要求操作水平高,放煤速度较慢;适用于顶煤厚度在 3 m 以上和破碎效果差时使用。

② 多轮间隔顺序放煤

a. 放煤方法:按 1,3,5…号支架顺序放煤,每次放出顶煤量的 $1/3\sim1/2$。第一轮放完后再按 2,4,6…号支架顺序放煤,每次放出顶煤量的 1/3~1/2,反复放煤 2~3 次。

b. 多轮间隔放煤的优缺点:操作复杂,不易掌握,一般不采用。

③ 单轮顺序放煤

a. 放煤方法:放完第一号窗口的煤后,再放第二号窗口,依次顺序将每个窗口的煤全部放完。

b. 存在问题:第一次放煤漏斗曲线与第二次放煤漏斗曲线相交,不是混矸严重,就是丢煤太多,一般不采用。

④ 单轮间隔顺序放煤

a. 放煤方法:隔一架支架打开放煤口,单数的放煤口放完后,再放双数,直至放完。最好放完后,再顺序打开重放一次,以提高回采率。

b. 单轮间隔顺序放煤的优点:操作简单,容易掌握,放煤效果好,被广泛采用。

(3) 放煤步距

放煤步距是指两次放煤工序之间,工作面向前推进的距离。合理选择放煤步距,对提高回采率、降低含矸率是至关重要的。放煤步距与顶煤厚度、顶煤可放性、顶煤冒落时的垮落角及直接顶厚度有关。实践证明,放煤步距太大,顶板方向上矸石将先于采空区后方的煤到达放煤口,迫使放煤口关闭,采空区方向放出的煤将被关在放煤口外而形成脊背煤损;放煤步距太小,采空区方向的矸石将先于上部顶煤到达放煤口,而使上部顶煤的一部分被关在放煤口外,当然这时脊背煤损较小。只有合理的放煤步距,才能得到较高的回收率。

(4) 综采放顶煤开采技术的适用条件

① 煤层厚度

缓倾斜煤层放顶煤回采工作面最佳煤层厚度为 6~12 m;大于上限(12 m)的中硬以上煤层宜采用多次放顶煤。

② 顶板条件

顶板岩石性质最理想的是Ⅰ、Ⅱ级顶板,随采随冒,直接顶有一定厚度,采空区不悬顶,冒落的松散岩石基本上充满采空区,从而使漏风减少,避免顶煤冒落到采空区。

③ 煤层可放性

煤质松软、节理裂隙发育对顺利实现顶煤开采十分有利。煤质中硬以下($f<2$)最好。

④ 地质构造

煤层厚度变化较大,地质构造复杂,被断层切割的块段、阶段煤柱以及采区上山煤柱等,无法应用长壁式开采的煤层,也可应用放顶煤开采。工作面虽短,却也能获得较高的产量和效率。

(二)倾斜煤层走向长壁综采生产工艺特点

随着综采工艺的发展和不断提高,在倾斜煤层中也已采用了综合机械化开采工艺。但由于煤层倾角大($25°\sim45°$),采用综采的工作面,设备的防滑防倒以及煤岩块飞起伤人等事故是生产过程中必须很好解决的主要问题。

1. 采煤机及工作面输送机的防滑

(1)采煤机防滑

① 采用锚链牵引的采煤机,必须配用同步安全液压防滑绞车。无链牵引的采煤机应配用液压防滑制动装置。

② 注意事项:防滑液压绞车必须安置在巷道顶板完整的地点,必须加打戗柱固定牢靠。防滑绞车移位时,尽量使采煤机下行切入煤壁,同时采取相应的锁定措施。采煤机必须与防滑绞车同步工作,并要经常检查两者是否同步,若不同步,应禁止采煤机开机。采煤机正常停机方面,上行割煤时,务必使两个滚筒全部降到底板,再停机牵引;下行割煤时,应使滚筒切入煤壁后再行停机。

（2）移动电缆防滑

① 分段固定

采煤机下行割煤时，为防止电缆下滑，可用木楔或旧胶带条将移动电缆分段固定在电缆槽中，待采煤机临近时方解除固定。

② 改变电缆布设方式

采用如图 2-22 所示的布设方式，可有效地防止电缆出槽下滑，但需电缆槽有较大空间。

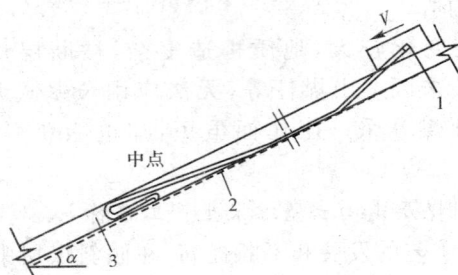

图 2-22　电缆防滑布设方式

1——采煤机；2——电缆链；3——电缆槽

（3）工作面输送机防滑

① 锚固输送机防滑，坚持正确使用工作面输送机机头、机尾锚固防滑装置。

② 配合液压支架防滑，沿工作面全长分段设置输送机与液压支架间的斜拉防滑千斤顶，如图 2-23（a）所示。分段长度应根据工作面倾角大小与斜拉千斤顶的拉力而定。另外，限制液压支架与工作面输送机间的推移装置在支架底座空间的横向自由度，以达到支架与输送机之间相互制约，共同防滑，如图 2-23（b）所示。

（4）工艺措施防滑

① 工作面伪斜推进

人为使工作面下端超前上端，工作面全伪斜推进，可有效防止输送机和支架的下滑。伪斜布置的工作面液压支架仍垂直煤壁,伪斜角一般不超过 6°。

② 上行顺序推移输送机

无论采煤机是上行割煤还是下行割煤,推移输送机时都必须依上行顺序推行。

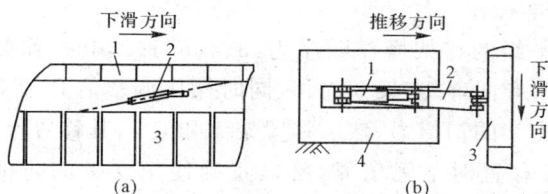

图 2-23 工作面输送机防滑

(a) 斜拉千斤顶防滑;(b) 限制推拉杆在底座间横向自由空间防滑

(a)中:1——输送机;2——斜拉千斤顶与锚链;3——支架底座

(b)中:1——推移千斤顶;2——推拉杆;3——输送机;4——支架底座

2. 液压支架的防滑与防倒

(1) 排头支架的防滑与防倒

① 防滑

在底座前部或后部设防滑装置。前部用移步横梁将排头支架组成整体,相邻两架间设双作用防滑千斤顶,支架与输送机用推移装置连接,互相锚固。后部多用千斤顶加锚链的软连接装置与上部支架相互连接,达到牵拉防滑。支架移架时,牵拉装置暂时放松,到位后,先拉紧调整支架后,再升柱支撑顶板。也可在端头支架的前探梁下加打临时支柱,以增加支架的防滑能力,在工艺上可采取在排头支架范围内留设三角底煤,减缓端头处坡度,以减弱排头支架组的下滑力。

② 防倒

在相邻架间设置防倒装置,即在相邻两架顶梁处设置双作用防倒千斤顶或是在相邻两架间设置由千斤顶锚链组成的斜拉防倒千斤顶,一端固定在上方支架的底座上,一端固定在下方支架的顶梁上,调节千斤顶防倒。在生产工艺上,必须加强端头处的顶板维护,严防发生顶板事故,以防排头支架组因不能有效支撑而发生倒架。

③ 移架操作

五架一组的移架操作顺序为:3、4、5、1、2,其操作要求为:以支架1、2为导向,降支架3前移,同时操作调整后升架支撑顶板,保证达到支架的初撑力,然后移置架4和架5,其移置操作过程同架3。架1移置时下无依靠,必须正确使用支架的防倒、防滑装置,且移架时速度要快,并随即调架,支撑顶板。最后以架1为导向,按要求移架2。三架一组的移架操作,一般先移置架3,再移置架1,最后移置架2。

(2)工作面中部支架的防滑与防倒

工作面中部支架同排头支架一样也必须设置防倒、防滑装置。

① 防滑装置

支架底座前部,相邻架间可隔一设一或隔数设一加设双作用防滑千斤顶。支架后部,两架间底座设置由千斤顶控制的侧推装置以防滑。在工艺措施方面:一是可将工作面调成伪斜;二是无论采煤机上行还是下行割煤,均应采用上行顺序移架方式移架。但当支架上窜严重时,可适当进行下行顺序移架。

② 防倒装置

可隔架在两支架间设置双作用防倒千斤顶,隔架数依实际情况而定,倾角越大,隔架数越少。

③ 工艺措施

严格进行支护工程的质量检查,保证支架状况良好。及时处理煤壁片帮和局部小冒顶,严格控制好采高。支架的倾倒和下滑主要发生在支架卸载前移的过程中。

因此,在移架时,必须协调好支架的防倒、防滑装置。支架移置应一次性到位,定向前移,到位时要达到足够的初撑力。

(3) 工作面排尾支架的防倒与防滑

在防滑方面可采用中部支架防滑装置和方法,必要时采用排头支架的防滑办法,在防倒上同排头支架,在支架移置上可用上行式或采用排头支架移置方式移置。

3. 预防煤块飞起伤人

由于工作面倾角较大,煤炭在运输过程中,可能会形成飞块导致伤人事故,因此应适当加高工作面输送机挡煤板,在支架顶梁上设安全挡板,最好在顶梁上悬挂金属网或轻质、强度高、透视好的隔挡物。

(三) 倾斜长壁综采的使用条件及优缺点

倾斜长壁采煤即回采工作面沿走向布置,沿倾斜(向下俯斜开采或向上仰斜开采)推进,该方法使巷道布置及生产系统简单,运输环节少,回采工作面长度几乎可始终保持不变,减少了由于工作面长度变化而增减工作设备的工作量。采用该方法,回采工作面沿倾斜连续推进长度大(一个阶段的斜长),工作面"搬家"次数少,采区回采率高,所以倾斜长壁综采逐渐得到推广。

1. 倾斜开采(工作面沿倾斜从下向上推进)

(1) 适应条件

倾斜开采适用于煤层中厚以下、煤质坚硬、不易片帮、顶板较稳定、仰角小于12°的条件。

(2) 优缺点

其优点是:当顶板有淋水时可以下接流入采空区,使工作面保持良好的工作环境;倾斜开采装煤效果好,可以充分利用煤的自重提高装煤效率,减少残留煤量,利用实施充填法处理采空区及向采空区灌浆,预防自然发火。存在的问题是:有平行工作面的同向节理时,煤壁易片帮;顶板有局部变化时,支架前易冒顶,采煤机割煤时易飘刀,机身易挤坏输送机挡煤板,移架阻力大,易拉坏挡煤板。

2. 俯斜开采(工作面沿倾斜从上向下推进)

(1) 适应条件

俯斜开采适应于煤层较厚、煤质松软易片帮、工作面瓦斯涌出量较大、顶底板和煤层渗水较小、倾角小于 12°的条件。

(2) 优缺点

其优点是:有利于防止煤壁片帮和梁端漏顶事故发生,工作面不易积聚瓦斯,有利于通风安全,顶板裂缝不易张开,有利于顶板稳定等。其缺点是:煤层及顶、底板渗水量大,工作面因故障停产时,会造成工作面积水,使底板软化,影响机械发挥效能,恶化工作面劳动条件;采煤机割煤时易啃底,机械装煤效率低。

(四) 急倾斜厚煤层综采放顶煤生产工艺特点

1. 适用条件

(1) 煤层厚度:保证工作面的有效长度不应小于 10 m。

(2) 煤层冒落性好,便于顶煤冒落。

(3) 煤层顶板:Ⅱ级中等冒落性顶板。

2. 工作面布置及设备的选择

(1) 工作面布置

工作面水平分段,其分段高一般为 10～14 m。工作面两巷沿煤层顶、底板掘出并在同一平面上,工作面的采放高度控制在 1∶5～1∶4 之内。

(2) 工作面设备布置

工作面设备布置如图 2-24 所示。

(3) 主要设备的选择

① 采煤机:选用正面截割式滚筒采煤机,当工作面长度较大时,也可选用双滚筒采煤机。

② 输送机:前部输送机同一般综采工作的有关要求,后部输送以能及时运走放出顶煤量为准。

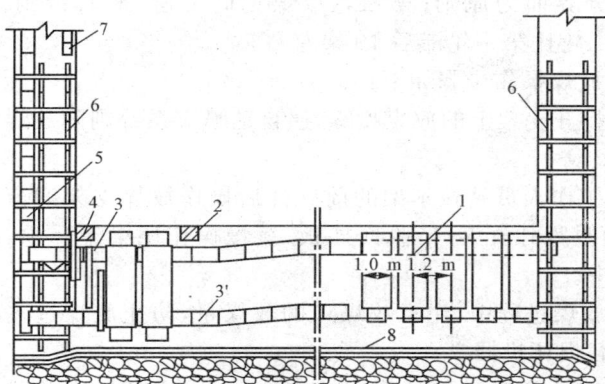

图 2-24 工作面设备布置图

1——放顶煤液压支架;2——采煤机;3——工作面前部输送机;

3′——工作面后部输送机;4——端头抬棚;5——转载机;

6——铰接棚子;7——变电站及泵站;8——金属网

③ 液压支架:据煤层性质和回采工艺等综合因素,选用轻型或重型放顶煤支架。

3. 综采工作面放顶煤生产工艺

(1)回采工艺过程

该工作面采煤工艺与普通综采面采煤工艺过程区别不大,只是增加了一个放煤工序。放煤工序一般为 1~1.5 m 最佳,回采率最高,常用的是"两刀一放",即采煤机割两刀煤,放一次顶煤。对于双输送机,放顶煤支架的操作程序是:采煤机割第一刀煤→移架→推前部输送机→移后部输送机→采煤机割第二刀煤→移架→推前部输送机→放顶煤。

(2)放顶煤工序

① 一般采取"随采随放"的作业方式,采放煤量要协调掌握好,割煤、移架、放煤等工序要协调配合。

② 放煤方式采用分段多轮顺序连续放煤,第一轮放煤以不扰

动煤岩分界面为原则;第二轮放煤见矸关窗(矸石占到10％左右),第二轮比第一轮滞后10架左右。

③ 放煤操作步骤如下:

a. 打开支架上的放煤喷雾,属自动喷雾系统则随放煤工序自动喷雾。

b. 工作人员站在本架的前立柱后操作放煤支架的窗口控制手把,两眼紧盯放煤口,收回插板,缓慢操作尾梁千斤顶,把煤放入大溜中。

c. 放煤过程中,注意放煤口的放煤量,防止放煤过多而使输送机超载损坏机器。

d. 估计放煤量达到规定要求或矸石出现时,应及时关闭窗口,以防第一轮放煤过多或第二轮大量矸石涌入后溜,造成煤炭损失或含矸率超标。

e. 逐架放煤达到要求,及时关闭放煤窗口,手把恢复零位,关闭本架放煤喷雾。

④ 特殊问题的处理。

a. 顶煤放不下来时的处理:可反复打开和关闭窗口将棚口块煤挤碎,将煤放下来,如还放不下来,可关闭窗口,进行下一步;操作支架立柱,小范围内反复升降几次,以破碎顶煤,然后按照放煤操作顺序进行放煤。

b. 放下大块矸石的处理:放下大块矸石时,及时给刮板输送机司机发出停机信号,同时关闭放煤窗口;协助打矸工,用大锤、尖镐或手动工具,将大块矸石破碎,然后发出开机信号,待刮板输送机启动后,继续进行下组支架的放煤工序。

四、综采工作面顶板控制

(一) 工作面支护

1. 稳定顶板的支护

稳定顶板的支护可选择支撑式液压支架或支撑掩护式液压支架;在支护方式上可选择及时支护或滞后支护。

从技术要求方面看：顶板整体性强时，选用支撑式液压支架并采取及时支护方式；顶板整体性较差时，选用支撑掩护式液压支架并采取及时支护方式，才能有效地控制顶板。顶板局部破碎时，应采取护顶防冒顶措施。

2. 破碎顶板的支护

破碎顶板的支护从架型上可选用支撑掩护式液压支架或掩护式液压支架。在支护方式上可选择及时支护或超前支护。

从技术要求方面看：顶板破碎较严重且压力不大时，选用掩护式液压支架，并采取及时支护方式和相应的防冒顶的护顶措施；顶板破碎一般且压力较大时，选用支撑掩护式液压支架，并采取及时支护方式；在顶板破碎且片帮难以使液压支架移步时，可采取超前移架支护方式，采煤机通过超前移架的支架时，必须防止割坏支架顶梁，这种支护方式仅在局部地段采用。

技术措施主要有以下几种方法：带压擦顶移架、挑顺山（平行煤壁）护顶梁、架走向（垂直煤壁）棚护顶、架走向梁护顶、铺金属网护顶、固化煤壁与顶板、撞楔（贯钎）法防治局部冒顶。

3. 坚硬顶板的支护

坚硬顶板的支护可选择支撑式液压支架或支撑掩护式液压支架。在支护方式上可采用滞后支护或及时支护。

从技术要求方面看：一般支架的支护强度应不低于 1 000 kN/m²，依据不同的条件可在 1 000～1 200 kN/m² 之间取选。支架顶梁长度尽量缩短，以 4 m 左右为宜。支架的初撑力要高，以接近工作阻力为宜，以便有效地控制顶板的离层，降低顶板对支架的冲击载荷。支架最好装有大流量安全阀，特别是前梁千斤顶要装上大流量安全阀。

技术措施主要采用以下几种方式：爆破法强制放顶、超前深孔松动爆破、挑落式深孔爆破、浅孔式爆破、深浅孔综合爆破、顶板注水软化压裂法。

4. 分层顶板的支护

在选择架型上可采用掩护式液压支架或支撑掩护式液压支架。在支护方式上可采用及时支护或超前支护方式。

对支架的要求：

（1）顶梁较短，有活动侧护板。

（2）带伸缩式前探梁。

（3）移架力大，能实现带压擦顶移架。

（4）顶梁底座等构件的周边结构要圆滑，保证移架时不扯网。

5. 支护要求与措施

（1）及时支护新暴露出来的金属网假顶。

（2）移架前必须处理掉割煤时留下的煤皮，严防因支架卸载而突然冒落，引起金属网崩网事故发生。

（3）支架要排列整齐，间距保持均匀，严防架间出现网兜。

（4）在支架顶梁前至煤壁间架走向（垂直煤壁）梁，超前支护因片帮造成下沉的金属网假顶。

（5）支架间架走向棚托住架间网兜。

（二）综采工作面顶板管理

综采工作面顶板管理可分为坚硬顶板的管理和破碎顶板的管理。

1. 坚硬顶板的管理

坚硬顶板的特点是：顶板悬露后难以冒落。坚硬顶板管理的重点是：在有目的、有控制的条件下采取措施强行放顶。强行放顶的主要技术措施有爆破法和软化压裂法两种。

2. 破碎顶板的管理

破碎顶板管理的重点是：采取措施，防止顶板局部冒落事故的发生。主要技术措施如下：

（1）带压擦顶移架

支架带有保持阀时，要合理调定支架移置时应保持的工作阻力。无保持阀的支架,全凭操作者掌握,要注意不要损坏支架部件及输送机的有关部件。

(2)超前移架及时支护

工作面局部地段片帮较深时,可超前采煤机割煤移架及时支护空顶区,采煤机通过超前移架的支架时,必须注意安全,严防割坏支架顶梁及采煤机截齿。

(3)平行工作面煤壁挑梁护顶

采煤机割煤后,若新暴露出来的顶板在短时间内不会冒落,而在支架卸载前移时可能冒落,则可采取平行工作面挑梁护顶措施。其做法是:先移顶板完整处的支架,同时在支架前梁上方,沿平行煤壁的方向放置1~2根3~4 m长的木梁,由其挑住附近不完整的易冒顶板,然后再移破碎顶板处的支架。顶板若破碎严重而极易冒落,可在挑梁前或同时铺金属网、荆笆、木板等护顶材料。

(4)垂直工作面煤壁架梁护顶

当工作面顶板随采落的同时冒落,面积又较大时,用上述措施来不及支护,而且顶板条件也不允许把支架前梁降下来放置木梁。在此情况下,可以在相邻支架间超前架垂直于煤壁的一梁二柱(或三柱)的棚子护顶,在棚下面再架设平行于工作面的临时抬棚1~2根。平行于工作面的临时抬棚应同时托住3架垂直于煤壁的棚子的棚梁,然后移架,先用一架托住平行于煤壁的棚梁,这时就可将两种棚梁下影响移架的支柱撤去,相邻支架在两种棚梁的掩护下顺利前移。

(5)垂直工作面煤壁架梁打临时支柱护顶

与上述措施基本相似,只是架梁时根据煤壁的具体情况,分别采取在煤壁挖梁窝、靠煤壁打临时支柱或采用梁前端支撑方式。

(6)打撞楔防治局部冒顶

综采工作面煤壁与支架梁端间的空顶区多发生顶板局部冒

落,一般由煤壁片帮而引发。

　　生产过程中,必须经常仔细地观察破碎地段的顶板情况,当确认煤壁处有冒落危险或已沿煤壁发生冒落,且矸石顺煤壁继续下流时,则可采取打撞楔(贯钎)的办法防治,撞楔一般用木楔,其前端削尖、长度要一样。

　　其做法是:打撞楔前应先在冒顶处架平行煤壁的棚子;把木楔放在棚梁上,尖端指向煤壁,末端垫一方木块,而后用锤打入冒顶处,将岩石托住,使其不致冒落或不再继续冒落。移架时,用支架前梁托住平行煤壁的棚梁,即可撤去棚腿。要求棚梁长在3.2 m以上,保证有2~3架支架能托住,以便顺利移架。

　　根据具体条件,也可用圆钢、钢管等代替木楔。

第二部分　初级液压支架工专业知识和技能要求

第三章 液压支架

第一节 液压支架基础知识

液压支架是在金属摩擦支柱和单体液压支柱的基础上发展起来的工作面机械化支护设备,它与滚筒式采煤机、可弯曲刮板输送机、转载机及带式输送机等形成一个有机的整体,实现了落煤、装煤、运煤、支护和采空区处理等主要工序的综合机械化采煤工艺,从而使采煤技术进入了一个新的阶段。

一、液压支架发展概述

1954 年,英国首次研制出垛式液压支架,紧接着法国研制的节式液压支架代替了木支架和金属摩擦支架,开辟了采煤工作面支护设备的技术革命。20 世纪 60 年代,苏联研制并改进掩护式支架(具有四连杆机构),解决了支架端距变化的问题,开辟了液压支架设计的新时代。20 世纪 70 年代中期,英国煤炭局首先提出研制电液控制液压支架。20 世纪 80 年代以来,新型液压支架普遍具有微型电机或电磁铁驱动的电液控制阀,推移千斤顶装有位移传感器。20 世纪 70 年代初,我国开始液压支架的研制工作,1964 年由太原分院和郑州煤机厂设计 70 型迈步式自移支架,先后研制出了垛式、节式及掩护式支架。1984 年,北京开采所、沈阳开采所、郑州煤机厂在沈阳蒲河矿进行了我国第一套放顶煤液压支架的工业性试验,继而研制了多种低位、中位和高位放顶煤支架,成功地在缓倾斜厚煤层和急倾斜厚煤层水平分层工作面上使用。20 世纪 90 年代中期开始,我国液压支架进入了快速发展阶段,全国综采工作面数量大幅度提高,液压支架的性能、参数、可靠性有了明显提高,架型不断丰富。尤其是放顶煤开采技术在我国的成功应用,极大地推动了放顶煤支架的快速发展。近 5 年来,随着国内高端液压支架需求量的不断增加和液压支架国产化进程的发展,郑州煤矿机械厂等厂家先后生产出了 5.5 m、6 m 高端液压支架。

二、液压支架及其分类

1. 液压支架的应用

液压支架是以高压液体为动力,由若干金属构件与液压元件组成的一种支撑和控制顶板的设备,它能可靠而有效地支撑和控制工作面顶板,隔离采空区,防止矸石窜入工作面,保证作业空间,并且能够随工作面的推进而自动前移,不断将采煤机和输送机推向煤壁,从而满足了工作面高产、高效和安全生产的要求。液压支架的总重量和初期投资费用占工作面整套综采设备的60%～70%,因此液压支架成了现代采煤技术中的关键设备之一。

20 世纪 70 年代初,我国成功研制了垛式、节式等支撑式支架,以及关键的液压元部件;20 世纪 70 年代中期,成功研制了掩护式与支撑掩护式支架,由于这种架型的支架具有良好的支撑性、稳定性和防护性能,因而获得了推广和使用。在引进、消化国外液压支架的基础上,积累了丰富的经验,根据我国煤矿不同的生产地质条件,开发研制了多种类型的液压支架。支架有适用于厚煤层的,也有适用薄煤层的,适应最大倾角可达 55°,最大工作阻力达 10 000 kN;不仅有用于一般工作面的液压支架,还有用于放顶煤采煤、分层铺网采煤等条件下的特殊用途的液压支架。

国产和国外的部分液压支架的主要技术特征见表 3-1。

2. 液压支架的分类

液压支架分类示意图如图 3-1 所示。

表 3-1　国产和国外的部分液压支架的主要技术特征

架型	掩护式	掩护式	支撑掩护式	支撑掩护式	支撑式	放顶煤 中位	放顶煤 高位
型号	ZY3200/17/38	ZY3600/25/50	ZZ4000/17/35	ZZ7200/20.5/32	ZD1600/7/13	ZFS4400/19/28	ZFD4400/26/32
高度/m	1.7~3.8	2.5~5.0	1.7~3.5	2.05~3.24	0.7~1.32	1.9~2.8	2.6~3.2
宽度/m	1.43~1.6	1.43~1.6	1.43~1.6	1.42~1.59	1.065	1.43~1.6	1.45~1.6
中心距/m	1.5	1.5	1.5	1.5	1.2	1.5	1.5
初撑力/kN	2 616	3 092	1 884	5 217	559	3 460	3 925
工作阻力/kN	3 200	3 600	4 000	7 051	1 569.6	4 263	4 315
支护强度/MPa	0.56~0.65	0.61	0.73	1.035	0.365	0.49	0.55~0.89
对底板比压/MPa	1.2~2	2.35	1.86	4.03	1.04	1.86~2.06	1.02~1.65
泵站压力/MPa	31.4	31.4	14.7	31.4	14.7	31.4	31.4
质量/t		22	10.7	15.5	2.43	12.64	13.3
立柱 形式/数量	单伸+机/2	双伸缩/2	单伸+机/4	单伸+机/4	单伸+机/4	单伸+机/4	单伸+机/4
立柱 缸径/柱径/mm	230/210	250,180/235,160	200/185	230/220	140,110/130,90	230/210	200/185
推移千斤顶 形式	浮动活塞	浮动活塞	普通	浮动活塞	普通	浮动活塞	普通
推移千斤顶 缸径/杆径/mm	140/70	160/85	140/85	140/85	110/70	140/70	140/85
推移千斤顶 行程/mm	700	700	700	700	600	700	700
推移千斤顶 推力/拉力/kN	120/362	178.5/452.6	231/145.7	178.5/304	139.8/83.2	308/482.5	308/482

液压支架型式
- 按架型结构及与围岩关系分
  - 掩护式支架
    - 支掩掩护式支架
      - 插腿[图(a)]
      - 不插腿[图(b)]
    - 支顶掩护式支架
      - 平衡千斤顶设在顶梁与掩护梁之间[图(c)]
      - 平衡千斤顶设在掩护梁与底座之间[图(d)]
  - 支撑掩护式支架
    - 支顶支撑掩护式支架[图(e)]
    - 支顶支掩支撑掩护式支架[图(f)]
  - 支撑式支架
    - 节式支架[图(g)],分两框架式、三框架及四框架组合式两类
    - 垛式支架[图(h)]
- 按适用煤层倾角分
  - 一般工作面支架
  - 大倾角支架
- 按适用采高分
  - 薄煤层支架
  - 中厚煤层支架
  - 大采高支架
- 按适用采煤方法分
  - 一次采全高支架
  - 放顶煤支架
  - 铺网支架
  - 充填支架
- 按在工作面中的位置分
  - 工作面支架
  - 过渡支架(排头支架)
  - 端头支架
- 按稳定机构分
  - 四连杆机构支架
  - 单绞点机构支架
  - 反四连杆机构支架
  - 摆杆机构支架
  - 机械限位支架(橡胶、弹簧板、千斤顶限位等)
- 按组合方式分
  - 单架式支架
  - 组合式支架
- 按控制方式分
  - 本架控制支架
  - 邻架控制支架
  - 成组控制支架
- 按控制原理分
  - 液压手动控制支架
  - 液压先导控制支架
  - 电液控制支架

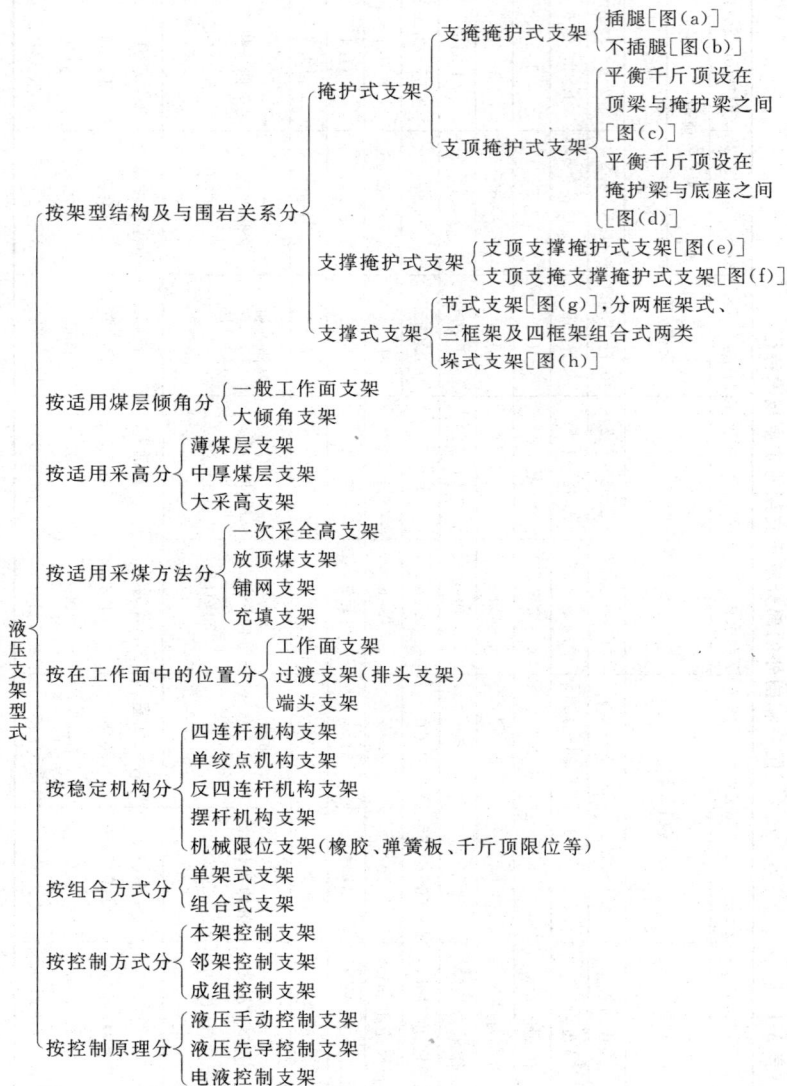

图 3-1(1)　液压支架分类示意图

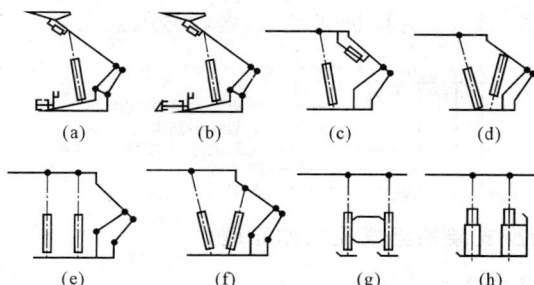

图 3-1(2) 液压支架分类示意图

（a）掩护式（插腿）；（b）掩护式（不插腿）；（c）掩护式（平衡千斤顶在顶梁与掩护间）；
（d）掩护式（平衡千斤顶在掩护梁与底座之间）；（e）支顶支撑掩护式；
（f）支顶支掩支撑掩护式；（g）节式；（h）垛式

三、液压支架产品型号命名及意义

《液压支架产品型号编制和管理方法》规定，液压支架产品型号主要由产品类型代号、第一特征代号和主要参数代号组成，如果难以区分，再增加第二特征代号和设计修改序号。

液压支架型号的组成和排列方式如下：

例：ZZ5600/17/35 为支撑掩护式支架，各代号的意义是：

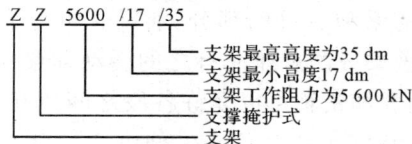

ZFZ4400/16/28ST 为有四连杆机构、抬底座装置的中位放顶煤支架，各代号的意义是：

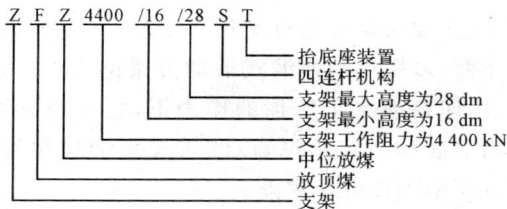

ZY3200/17/38 为掩护式支架，各代号的意义是：

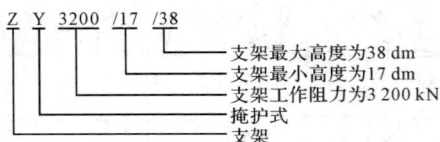

```
        Z  Y  3200  /17 /38
                              支架最大高度为38 dm
                              支架最小高度为17 dm
                              支架工作阻力为3 200 kN
                              掩护式
                              支架
```

四、液压支架的组成及工作原理

（一）液压支架的组成

液压支架一般由承载结构件、执行元件、控制元件和辅助装置 4 部分组成。

1. 承载结构件

承载结构件包括顶梁、底座梁、掩护、连杆和侧护板等金属构件。

（1）顶梁

直接与顶板相接触，承受顶板载荷的支架部件叫顶梁。支架通过顶梁实现支撑、控制顶板的功能。顶梁一般分为两种结构形式：一种是整体顶梁，这种顶梁的梁体较长，结构简单，可通过顶板局部冒落凹坑，但对顶板台阶的适应能力差；另一种是分段顶梁，即顶梁分为前梁和后梁两部分，前梁又可分为伸缩式活动前梁、铰接式活动前梁或两者兼而有之的活动前梁。由于分段顶梁铰接处的纵向间隙和销轴可以允许各段之间相互有稍许扭转，因而比整体顶梁容易满足刚度要求。伸缩式活动前梁可在伸缩千斤顶的作用下向煤壁方向伸出和收回，及时支护采煤机割煤后所暴露的顶板，实现立即支护。当采煤工作面出现较严重的片帮时，伸缩梁可直接插入煤壁进行支护。因此，在顶板破碎、片帮现象严重的工作面，多采用带伸缩式活动前梁的支架。铰接式活动前梁又称摆梁，即在前梁千斤顶的作用下，可沿与顶梁铰接的铰接轴向上或向下摆动一定角度，以改善支架的接顶情况，从而提高支架对靠近煤壁顶板的支撑能力。

（2）掩护梁

阻挡采空区垮落的矸石窜入工作面，并承受采空区垮落矸石的载荷和承受顶板通过顶梁传递的水平推力的部件叫掩护梁。掩护梁是掩护式和支撑掩护式支架的特征部件之一。掩护梁与前后连杆、底座共同组成四连杆机构，承受支架的水平分力。当底板不平时，掩护梁还将承受扭转载荷。掩护梁一般做成箱形整体结构，也有做成左、右对分结构的。

（3）前后连杆

前后连杆只有掩护式和支撑式支架才安设。前后连杆与掩护梁、底座组成的四连杆机构，既可承受支架的水平分力，又可使顶梁与掩护梁的铰接点在支架调高范围内做近似直线运动，使支架的梁端距基本保持不变，从而提高了支架控制顶板的可靠性。前后连杆一般采用箱形分体式结构，即左、右各一件。后连杆常常用钢板将两个箱形结构连接在一起。

（4）底座

直接与底板相接触，承受立柱传来的顶板压力，并将其传递至底板的部件叫底座。支架通过底座与推移装置相连，以实现自身前移和推移输送机前移。

（5）侧护板

目前生产的掩护式和支撑掩护式支架都有较完善的侧护装置，不仅掩护梁两侧有侧护板，而且主梁或整体顶梁从前排立柱到顶梁后端的两侧也有侧护板。按侧护板与掩护梁或顶梁上板面的关系，侧护板有上复式、埋伏式、抽出式和折页式等几种结构形式。侧护板的作用是：消除相邻支架掩护梁和顶梁之间的架间间隙，防止垮落矸石进入支护空间；作为支架移架过程中的导向板；防止支架降落后倾倒；调整支架的间距。

支架工作时，一侧的侧护板是固定的，另一侧的则为活动的。制造时，通常将两侧护板做成对称的；安装时，可按需要将一侧的侧护板用螺栓或销子固定在顶梁和掩护梁上。

2. 执行元件

执行元件包括立柱和各种千斤顶。

（1）立柱

支架上凡是支撑在顶梁（或掩护梁）和底梁之间直接或间接承受顶板载荷、调整支护高度的液压缸称为立柱。立柱是液压支架的主要动力元件，可分为单伸缩和双伸缩两种。单伸缩立柱调高范围比较小，但结构简单、成本低；双伸缩立柱则与之相反。有的立柱上端还有机械加长段。立柱两端一般采用球面结合形式与顶梁和底座铰接。

（2）千斤顶

液压支架中除立柱以外的液压缸均称为千斤顶，依其功能分为前梁千斤顶、推移千斤顶、侧推千斤顶、平衡千斤顶、护帮千斤顶和复位千斤顶等。由于前梁千斤顶也承受由铰接前梁传递的部分顶板载荷，所以结构上与立柱基本相同，只是长度和行程较短，也有人称它为短柱。平衡千斤顶是掩护式支架独有的，其两端分别与护梁和顶梁铰接，主要用于改善顶梁的接顶状况，改变顶梁的载荷分布。当支架设置防倒、防滑装置时，还设有各种防倒、防滑千斤顶和调架千斤顶。

3. 控制元件

液压支架的液压系统中所使用的控制元件主要有两大类：压力控制阀和方向控制阀。压力控制阀主要有安全阀；方向控制阀主要有液控单向阀、操纵阀等。

（1）安全阀

安全阀是液压支架控制系统中限定液体压力的元件。它的作用是保证液压支架具有可缩性和恒阻性。立柱和千斤顶所用的安全阀，可按照立柱和千斤顶的额定工作阻力调整开启压力。当立柱和千斤顶工作腔内的液体压力在外载荷作用下超过额定工作阻力,即超过安全阀的调定压力时,工作腔内的压力液可通过安全阀释放,达到卸压的目的。卸载以后工作腔内的液体压力低于调定压力时,安全阀自动关闭。在此过程中,可使立柱和千斤顶保持恒定的工作阻力,避免立柱、千斤顶过载损坏。

(2)液控单向阀

液控单向阀是支架的重要液压元件之一。它的作用是闭锁立柱、千斤顶的某一腔中的液体,使之承受外载产生的增加阻力,使立柱或千斤顶获得额定工作阻力。液控单向阀往往和安全阀组合在一起,组成控制阀。

(3)操纵阀

在支架液压控制系统中用来使液压缸换向,实现支架各个动作的换向(分配)的阀,习惯上称为操纵阀。操纵阀有转阀和滑阀两种类型。

4. 辅助装置

辅助装置包括推移装置、挡矸装置、复位装置、护帮装置、防滑和防倒装置等。

(1)推移装置

推移装置是实现支架自身前移和刮板输送机前移的装置,由连接头、框架、推移千斤顶组成。推移千斤顶一端与支架底座相连,另一端通过框架、连接头与刮板输送机相连。

(2)挡矸装置

挡矸装置由悬挂在顶梁后端的挡矸帘构成。其作用是防止矸石从采空区涌入工作面。

(3)复位装置

复位装置是支撑式支架的特征装置。这是由于支撑式支架的顶梁、前后立柱和底座恰好形成四连杆双曲柄机构,因而支架的结构是不稳定的,在侧向力作用下,易发生立柱倾斜现象。安设复位装置的目的就是为了使支架立柱保持在垂直于顶板的正确位置,使支架的结构稳定,具有抵抗顶板水平分力的能力。

(4)护帮装置

煤层较厚或煤质松软时,工作面煤帮(壁)容易在矿山压力的作用下崩落,这种现象称为片帮。工作面片帮使支架顶梁前端的顶板悬露面积增大,引起架前冒顶。我国相关法规规定,煤层采高超过 2.5～2.8 m 时支架就安设护帮装置,其目的在于防止煤壁片帮或在片帮时护帮板起到遮蔽作用,避免砸伤工作人员或损坏设备。护帮装置安设在支架顶梁前端,由护帮板和护帮千斤顶组成。

(5)防滑、防倒装置

在煤层倾角较大(一般在 15°以上)时,支架需要加设防滑、防倒装置,以免支架降落或前移时下滑或倾倒。防滑装置一般安设在两相邻支架的底座侧面,防倒装置一般安设在两相邻支架的顶梁侧面。

(二)液压支架的工作原理

根据回采工艺对液压支架的要求,液压支架不仅要能够可靠地支撑顶板,而且应能随着采煤工作面的推进而向前推动。这就要求液压支架必须具备升降和推移两个方面的基本动作,这些动作是利用乳化液泵站供给的高压液体,通过立柱和推移千斤顶来完成的,如图 3-2 所示。

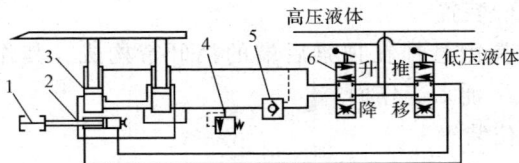

图 3-2　液压支架的工作原理
1——输送机;2——推移千斤顶;3——立柱;
4——安全阀;5——液控单向阀;6——操纵阀

1. 升降

升降指液压支架升至支撑顶板到下降脱离顶板的整个工作过程。这个工作过程包括初撑、承载、降架 3 个动作阶段。

（1）初撑阶段

将操纵阀 6 放到升架位置，由乳化液泵站供给的高压液体经主进液管、操纵阀 6 打开液控单向阀 5，经管路进入立柱下腔；与此同时，立柱上腔的乳化液经管路、操纵阀 6 回到主回液管。在压力液的作用下，活柱伸出使顶梁升起支撑顶板。顶梁接触顶板后，立柱下腔液体压力逐渐增高，压力达到泵站供液压力（泵站工作压力）时，泵站自动卸载，停止供液，液控单向阀关闭，立柱下腔的液体被封闭，这一过程被称为液压支架的初撑阶段。此时，立柱或支架对顶板产生的支撑力称为初撑力。

由此可见，支架的初撑力取决于泵站工作压力、立柱数目、立柱缸体内径以及立柱布置的倾斜程度。若要想提高支架的初撑力，可从以下几个方面着手改进：

① 增加支架的立柱数目，即每架支架的立柱数越多，初撑力越大，但是增加立柱数目会使支架尺寸变大，结构变复杂，所以一般不用此办法来实现初撑力的提高。

② 加大立柱缸体内径，即将立柱加粗，这种办法可以实现初撑力的提高。

③ 提高泵站工作压力，即泵站压力越高，初撑力越大。通过提高泵站工作压力来实现支架初撑力的提高，是目前发展的趋势。

相似材料模型试验及实践经验证实，初撑力的提高对顶板控制有下列好处；相反，则对顶板控制不利。

① 提高初撑力，可以使支撑力与顶板压力较早地取得平衡，缩短顶板急速下沉的时间，从而减少顶板的下沉量。

② 增加支柱的初撑力，可以迅速压缩浮煤和浮矸等中间介

质,使支架的工作阻力较快地发挥作用,可以延长支柱在恒阻阶段的工作时间。

③ 提高初撑力,可以避免直接顶的离层。在个别情况下,当直接顶、底板比较松软时,提高初撑力反而会招致顶、底板的迅速破坏。

（2）承载阶段

支架达到初撑力后,顶板随着时间的推移缓慢下沉从而使顶板作用于支架的压力不断增大,随着压力的增大,封闭在立柱下腔的液体压力也相应提高,呈现增阻状态。这一过程一直持续到立柱下腔压力达到安全阀动作压力为止,我们称之为增阻阶段。在增阻阶段由于立柱下腔的液体受压,其体积将减小以及立柱缸体弹性膨胀,支架要下降一段距离,我们把下降距离称为支架的弹性可缩值,下降的性质称为支架的弹性可缩性。

安全阀动作后,立柱下腔的少量液体将经安全阀溢出,压力随之减小,当压力低于安全阀关闭压力时,安全阀重新关闭,停止溢流,支架恢复正常工作状态,在这一过程中,支架由于安全阀卸载而引起下降,我们把这种性质称为支架的可缩性。支架的可缩性保证了支架不会被顶板压坏,随着顶板下沉的持续作用,上面的过程重复出现。由此可见,安全阀从第一次动作后,立柱下腔的压力便只能围绕安全阀的动作压力而上下波动,可近似地认为它是一个常数,所以称这一过程为恒阻阶段,并把这时的最大支撑力叫做支架的工作阻力。

同样,支架的工作阻力取决于安全阀的动作压力、立柱数目、立柱缸体内径以及立柱布置的倾斜程度。显然,工作阻力主要由安全阀的动作压力决定。所以,安全阀动作压力的调整是否准确和动作是否可靠,对液压支架的性能有决定性的影响。

液压支架承载中达到工作阻力后能加以保持的性质叫做支架的恒阻性。恒阻性保证了支架在最大承载状态下正常工作,即保证在安全阀动作压力范围内工作。由于这一性质是由安全阀的动作压力限定,而安全阀的动作伴随着立柱下腔少量液体溢出而导致支架下降,所以支架获得了可缩性,当工作面某些支架达到工作阻力而下降时(因顶板压力作用不均匀,工作面支架不会同时达到工作阻力),相邻的未达到工作阻力的支架便成为顶板压力作用的突出对象,即将压力分担到相邻支架上,我们把这种支架互相分担顶板压力的性质叫做支架的让压性,让压性可使支架均匀受力。

(3)降架阶段

降架是指支架顶梁脱离顶板而不再承受顶板压力,当采煤机割煤完毕需要移架时,首先应使支架卸载,顶梁脱离顶板,把操纵阀 6 的手把扳到降架位置,由泵站供给的高压液体经主进液管、操纵阀 6、管路进入立柱上腔,与此同时,高压液体分路进入液控单向阀 5 的液控室,将单向阀推开,与立柱下腔构成回液通路,立柱下腔液体经管路,被打开的液控单向阀 5、操纵阀 6 向主回液管回液,此时,活柱下降,支架卸载,直至顶梁脱离顶板为止。

2. 推移

液压支架推移动作包括移支架和刮板输送机,根据支架形式的不同,移架和推溜方式各不一样,但其基本原理都相同,即支架的推移动作都是通过推移千斤顶的推、拉来完成的。图 3-2 所示为支架与刮板输送机互为支点的推移方式,移架和推溜共用一个推移千斤顶,该千斤顶的两端分别与支架底座和输送机连接。

(1)移架

支架降架后,将操纵阀 6 放到移架位置,从泵站来的高压液经主进液管、操纵阀 6、管路进入推移千斤顶左腔,其右腔的液体经管路、操纵阀 6 回到主回液管。此时,千斤顶的活塞杆受输送机制约不能运动,所以千斤顶的缸体便带动支架向前移动,实现移架,支架移到预定位置后将操纵阀手把放回零位。

（2）推移输送机

移到新位置的支架重新支撑顶板后，将操纵阀 6 放到推溜位置，推移千斤顶右腔压力液，左腔回液，因缸体与支架连接不能运动，所以活塞杆在液压力的作用下伸出，推动输送机向煤壁移动，当输送机移到预定位置后，将操纵阀手把放回零位。采煤机采煤过后，液压支架依照降架→移架→升架→推溜的次序动作，称为超前（立即）支护方式，它有利于对新裸露的顶板及时进行支护，但缺点是支架有较长的顶梁，以及支撑较大面积的顶板，承受顶板压力大。与此不同，液压支架依照推溜→降架→升架的次序动作，称为滞后支护方式，它不能及时支护背后裸露的顶板，但顶梁长度可减小，承受顶板压力相应减小。上述两种支护方式各有利弊，为了保留对新裸露顶板及时支护的优点，以及承受较小的顶板压力、减小顶梁的长度，可采用前伸梁临时支护的方式。其动作次序为：采煤机采煤过后，前伸梁立即伸出，支护新裸露的顶板，然后依次推溜→降架→移架（同时缩回前伸梁）→升架。

第二节　液压支架的结构特点

一、支撑式液压支架

1. 支撑式液压支架的组成及结构特点

支撑式液压支架分为垛式和节式两种，目前由于节式液压支架稳定性、防护性能差，用的也比较少，趋向于淘汰。垛式液压支架如图 3-3 所示，由前梁、顶梁、立柱、推移千斤顶和底座箱等部件组成，其结构特点如下：

（1）顶梁采用分式铰接结构，前梁由短柱控制，对顶板适应性好，梁端支撑力可达 51.7 kN。

（2）底座箱采用左右座箱、后部连成整体的结构，支架稳定性好，对底板比压较小，座箱低，有利于行人、通风。

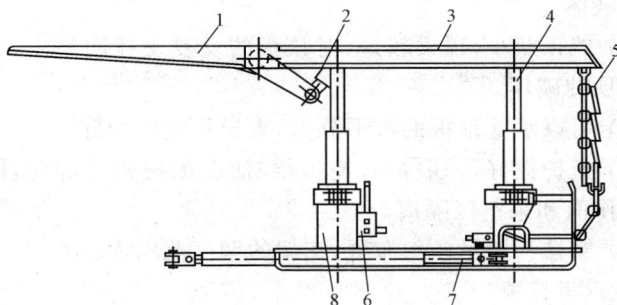

图 3-3　ZD1600/7/3 型支撑式液压支架

1——前梁;2——前梁短柱;3——顶梁;4——立柱;

5——挡矸帘;6——操纵阀;7——推移千斤顶;8——底座箱

（3）顶梁后部设有挡矸帘,用以防止采空区矸石涌入座箱。

2. 支撑式液压支架的优点

（1）工作阻力大、支护效率高、性能好。

（2）结构简单、质量轻、造价低。

（3）支架内工作空间大,行人安全方便,通风断面大。

3. 支撑式液压支架的缺点

（1）支柱承受横向载荷时较易弯曲。

（2）顶梁长,移架时控顶面积大,同一段顶板受到垂直支撑的次数多,不利于顶板控制。

（3）架间有缝隙,防矸能力差,不适用于直接顶破碎的顶板。

垛式液压支架适用于周期来压强烈、顶板坚硬的缓倾斜中厚煤层。

二、掩护式液压支架

1. 基本特点

（1）支架支撑力集中作用点离煤壁较近,加之平衡千斤顶的作用,对端面顶板的支撑力较大,可以有效防止端面顶板的早期离层和破坏。

（2）控顶距小，顶梁较短，对顶板的反复支撑次数少，减少了对直接顶的破坏。

（3）可以承受顶板的水平分力，支架稳定性能好。

（4）掩护性好，一般都有掩护梁、活动侧护板等部件，能可靠地使工作面和采空区隔离。

（5）立柱一般呈倾斜布置，支架的调度范围大。

2. 适用范围

（1）直接顶

以不稳定和中等稳定的直接顶为主，也可用于稳定顶板。插腿支撑掩护式支架比较适用于不稳定顶板。

（2）基本顶

以来压不明显的基本顶为主，也可用于基本顶来压强烈的顶板。

（3）底板

插腿式支架适用于松软底板，一般支顶支掩式支架也能较好地适用松软底板。

（4）倾角

实际应用已达35°的煤层倾角，新设计支架适应煤层倾角可达到55°。

3. 液压支架的结构特点

ZY2000/14/31型掩护式液压支架的结构特点如图 3-4 所示。顶梁采用整体箱型结构，为了改善接顶性能，顶梁前端850 mm处上翘2°，顶梁前部设有防片帮装置。底座采用整体刚性底座，底座前部桥板除加强底座的抗扭强度外，还可用来连接调架座；底座后部两侧各焊有直径 110 mm 的套筒，当工作面倾角大于20°时，用来安装底座防滑千斤顶。前后连杆均采用分体式箱型结构，后连杆两侧加焊防翼板。推移装置采用浮动活塞式千斤顶和短推杆两侧加焊防翼板。推移装置采用浮动活塞式千斤顶和短推杆结构，以改变其推拉力。对于侧护板，顶梁活动侧护板为单侧嵌入式，侧推千斤顶与弹簧套筒在同一轴线上，弹簧套筒兼有导向支承作用；护帮装置采用下垂式；立柱采用带机械加长的单伸缩双作用立柱。

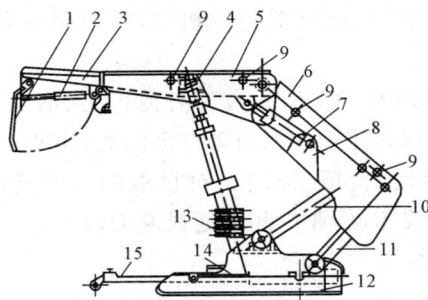

图 3-4 ZY2000/14/31 型掩护式支架
1——护帮装置；2——护帮千斤顶；3——顶梁；4——立柱；5——顶梁侧护板；
6——掩护梁；7——平衡千斤顶；8——掩护梁侧护板；9——侧推千斤顶；
10——前连杆；11——后连杆；12——底座；13——操纵阀；14——推移千斤顶；15——短框架

一般在煤层倾角大于 15°时，需加设防倒、防滑装置，由于每架支架直接与输送机相连，侧推千斤顶控制的侧护板具有防倒、防滑问题就可以基本得到解决。

在该支架中附有比较完善的防倒、防滑装置，包括：排头支架的防倒和防滑装置、底座防滑装置和输送机防滑装置。

为了防止输送机下滑，设有输送机防滑装置。输送机防滑装置包括：输送机防滑千斤顶、调架座和圆环链。当工作面倾角大于 15°时，每个工作面须配备 15 组输送机防滑装置；倾角在 8°~15°时，配备 10 组输送机防滑装置；倾角小于 8°时，可不配备输送机防滑装置；倾角为 25°~30°时，应在每架支架后部的倾斜下方安设底座调架装置，并在另侧安设顶盖。底座调架装置包括：调架千斤顶和圆推杆。

三、支撑掩护式液压支架

1. 基本特点

(1)通常为两排立柱(少数为三排)支撑。支架支撑力的集中作用区(或称力平衡区)离煤壁较远,总支撑力高,切顶能力强。

(2)具有掩护梁、连杆等稳定机构,可以承受顶板水平力,支架稳定性好。

(3)挡矸、掩护性能好,一般都有掩护梁、活动侧护板等挡矸掩护部件,能可靠地使工作面与采空区隔离、阻止窜矸。

(4)控顶距较大,顶梁较长,对顶板的反复支撑次数相对较多,易使直接顶破坏,作业空间和通风断面较大。

2. 适用范围

(1)直接顶

以中等稳定顶板为主。

(2)基本顶

主要适应来压明显(Ⅱ级以上),甚至来压极强烈(Ⅳ级)的基本顶。

(3)对底板的适应性比较好。

(4)通风断面大,适于高沼气矿井。

(5)目前,我国研制的支撑掩护式支架最低高度为 0.7 m,最大高度达 4.7 m。X 形支撑掩护式支架适用于薄或中厚煤层。

(6)一般用于倾角小于等于 25°的工作面。采取防倒、防滑措施后,还可扩大适用范围。

3. 结构特点、液压系统及主要配套设备

ZZX2800/7/18 型支撑掩护式液压支架的支架外形、液压系统、配套关系如图 3-5、图 3-6 所示。结构特点如下:

(1)前、后排立柱呈 X 形交叉布置,调高范围大,支架结构紧凑。

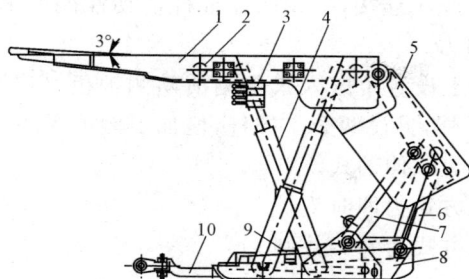

图 3-5 ZZX2800/7/18 型支撑掩护式液压支架

1——顶梁及侧护板;2——侧推千斤顶;3——操纵阀;
4——立柱;5——掩护梁及侧护板;6——后连杆;7——前连杆;
8——底座;9——推移千斤顶;10——推杆及连接头

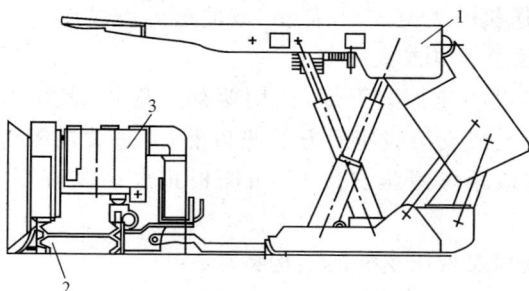

图 3-6 ZZX2800/7/18 型支架配套

1——ZZX2800/7/18 型液压支架;2——SGIN630/180 型
刮板输送机;3——MLS-170 采煤机

（2）顶梁采用整体顶梁,箱形结构。

（3）底座为整体式箱形焊接结构。

（4）前、后连杆均为合金铸钢件。前连杆为单连杆,后连杆为整体连杆。

（5）推移装置采用浮动活塞千斤顶,推杆上下重叠方式,千斤顶过十字头与底座连接,可在保证推杆活动性能的情况下不使千斤顶承受侧向力。

(6)顶梁上设直角嵌入式单侧活动侧护板,侧护板除了用弹簧支撑筒支撑外,另设两个支撑杆,增加了侧护板的强度。

(7)立柱为双伸缩式。

(8)支护方式为即时支护。

(9)控制方式为邻架控制。

四、放顶煤液压支架

按与液压支架配套的输送机台数的不同,放顶煤液压支架可分为:单输送机式(插联式、不插联式)、双输送机式(开天窗式:单铰接式、四连杆式;插板式:前四连杆式、后四连杆式);按放煤口位置的不同,放顶煤液压支架可分为:高位(单输送机开天窗式)、中位(双输送机开天窗式)和低位(双输送插板式)。

1. 低位放顶煤液压支架

放煤口设在掩护梁下部,使用两部输送机,其后部输送机直接放在底板上或支架底座后方的托板上,通过放煤板进行放煤的支架称低位放顶煤液压支架,又叫插板式放顶煤液压支架,如图3-7所示。

低位放顶煤液压支架的结构特点:

(1)架型为支撑掩护式双输送机放顶煤液压支架,四连杆机构布置在前、后排立柱之间,可承受顶板的水平分力。

(2)顶梁前端铰接前梁,其上有外伸式缩梁;顶梁上有一个100 mm×120 mm、倾角为65°的窗口,平时封闭,可用于煤不易冒落时进行打眼、人工强制放顶或注水处理火情等,顶梁下部设有喷水装置。

(3)掩护梁又称尾梁,只与顶梁后部铰接,不与底座相连;它受尾梁千斤顶控制,可以上、下摆动30°角,以松动顶煤;其下部有液压控制的伸缩式放顶煤插板,可控制煤的排放和大块煤的破碎。

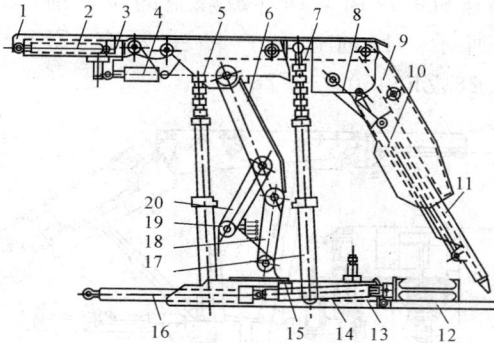

图 3-7　ZFS2800/14/28 型低位放顶煤液压支架

1——伸缩梁；2——伸缩梁千斤顶；3——前梁；4——前梁千斤顶；

5——前立柱；6——上连杆；7——顶梁；8——尾梁千斤顶；9——尾梁；

10——放顶煤千斤顶；11——放顶煤板；12——托板；13——底座；

14——移后部输送机千斤顶；15——推移千斤顶；16——推杆；

17——后立柱；18——后连杆；19——操纵阀；20——前连杆

（4）底座为整体刚性底座，后部铰接有托板，用以铺设后部输送机，以适应底板的起伏。

（5）顶梁和掩护梁都设有侧护板，用于架间密封和调架。

2. 中位放顶煤液压支架

中位放顶煤液压支架的放煤口设在掩护梁上，使用两部输送机，且后部输送机置于支架底座上。

中位放顶煤液压支架按其结构形式可分为两类，即单铰点中位放顶煤液压支架与四连杆中位放顶煤液压支架。

（1）单铰点中位放顶煤液压支架的掩护梁通过销轴直接与底座连接，如图 3-8(a)所示。目前这类产品主要有：FYS3000/19/28、ZFS4400/16/26、ZFS4000/19/28、ZFS5400/17/26.5、ZFS6000/20/30 等。

（2）四连杆中位放顶煤液压支架的掩护梁与底座采用四连

杆连接，后输送机的纵向运动和放煤空间位于前、后连杆之间，如图 3-8(b) 所示。目前这种产品主要有：ZFS4000/16/28、ZFS4400/19/28、ZFS4500/16/28 等。

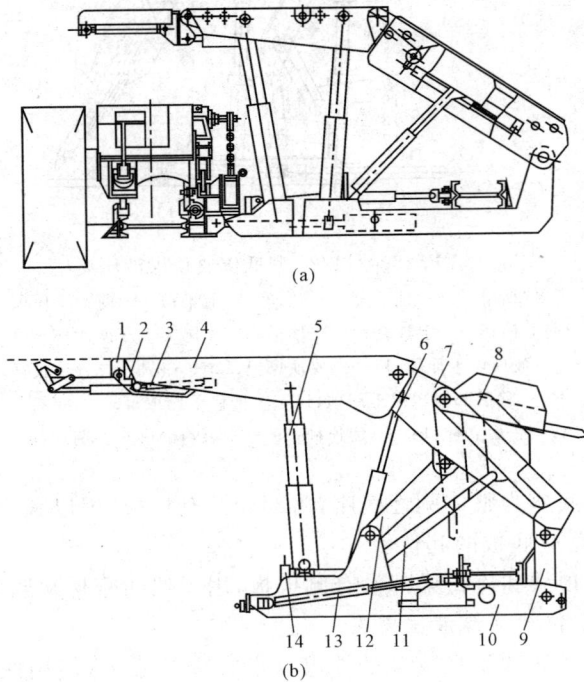

(a)

(b)

图 3-8　中位放顶煤液压支架

(a) 单铰点中位放顶煤液压支架；(b) 四连杆中位放顶煤液压支架

1——伸缩梁；2——护帮装置；3——护帮千斤顶；4——顶梁；5——立柱；
6——后千斤顶；7——掩护梁；8——放煤槽；9——后连杆；10——底座；
11——放顶煤千斤顶；12——前连杆；13——移后部输送机千斤顶；14——抬底座千斤顶

3. 高位放顶煤液压支架

高位放顶煤液压支架的放煤口设在掩护梁上，顶煤从放煤窗口通过滑槽流入输送机。这种支架放顶煤与采煤机割煤共用一台输送机,如图 3-9 所示。

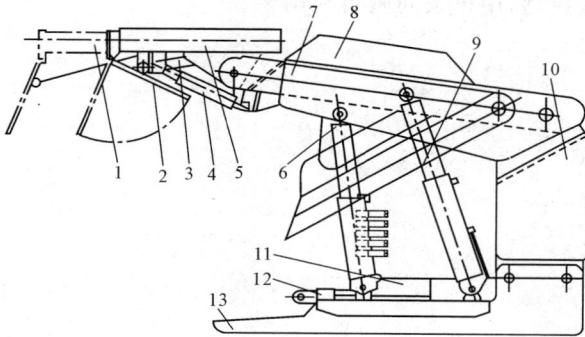

图 3-9 ZFD4400/26/32 型高位放顶煤液压支架
1——伸缩梁;2——护帮装置;3——护帮千斤顶;4——顶梁千斤顶;
5——顶梁;6——前立柱;7——掩护梁;8——放顶煤天窗;9——后立柱;
10——立梁;11——推移千斤顶;12——推杆;13——底座

高位放顶煤液压支架的结构特点:

(1) 架型为单铰点插腿支撑掩护式支架,支架顶梁较短,有利于维护不稳定顶板,支架底座较长,对底板比压较小,只设置 1 台输送机。

(2) 顶梁长仅 1.5 m,整体为箱形结构,为保持平衡安设平衡千斤顶,前端有内伸式伸缩前梁,可弥补单铰点支架梁端的变化,及时保护顶板,伸缩梁前端有护帮装置。

(3) 底座为整体刚性底座。

(4) 推移装置为反向框架式。

(5) 在掩护梁上端有放顶煤窗口,由后立柱控制其上下摆动、松动挤压冒落的顶煤、控制放顶煤窗口的大小。

(6) 放顶煤天窗设有 3 个 140 mm 的钻孔口,当出现悬顶煤不落时,可打眼爆破,强制放顶。

　　(7) 掩护梁和底座后部有单侧直角式可活动侧护板,由千斤顶和弹簧控制,用于架间密封和调架。

第四章　液压支架的使用与操作

第一节　液压支架的使用与操作

为了保证综采工作面的稳产、高产,延长液压支架的使用寿命,必须由经过培训的专职支架工来操作液压支架。

一、操作前的准备

操作液压支架前,应先检查管路系统和支架各部件的动作是否有阻碍,要清除顶、底板的障碍物。注意管件不要被矸石挤压或卡住,管接头要用 U 形销插牢,不得漏液。

开始操作液压支架时,应提醒周围工作人员注意或让其离开,以免发生事故,并观察顶板情况,发现问题及时处理。

二、操作方式与顺序

综采工作面支护有立即支护和滞后支护两种方式,根据两种不同的支护方式,操作顺序为先移架、后推溜或先推溜、后移架。目前,大多数综采工作面采用先移架、后推溜的立即支护方式。

1. 移架

在顶板条件较好的情况下,移架工作要在滞后采煤机后滚筒约 1.5 m 处进行,一般不超过 3～5 m。当顶板较破碎时,移架工作应在采煤机前滚筒切割顶煤后立即进行,以便及时支护新暴露的顶板,减少空顶时间,防止发生顶板局部冒顶。对于高瓦斯矿井和较低的综采工作面,为了保证其通风断面,也可采用先推溜,后移架的滞后支护方式。此时,应特别注意与采煤机司机密切联系和配合,以免发生挤人、顶板冒落和割前梁等事故。

移架的方式与步骤应首先根据支架结构来确定,其次是工作面的顶板状况和生产条件。

在一般情况下,液压支架的移架过程分为降架、移架和升架3个动作。为尽量缩短移架时间,降架时,当支架顶梁稍离开顶板就应立即将操纵阀扳到移架位置,使支架前移;当支架移到新的支撑位置时,应调整支架位置,使之与刮板输送机垂直且架体平稳。然后,操作操纵阀,使支架升起支撑顶板。升架时,注意顶梁与顶板接触状况,尽量保证全面接触,防止点接触破坏顶板。当顶板凸凹不平时应先塞顶后升架,以免顶梁接顶状况不好,导致局部受力过大而损坏。支架升起支撑顶板后,也应蹩压一下,以保证支架对顶板的支撑力达到初撑力。

在移架过程中,如发现顶板卡住顶梁,不要强行移架,可将操纵阀手把扳到降架位置,待顶梁下降之后再移架。

根据顶板情况和支架所用的操纵阀结构,可采用下列方法移架:

(1)如果顶板平整、较坚硬,支架操纵阀有降移位置,可操作支架边降边移,等降移动作完成后,再进行升柱动作。这种方法降移时间短,顶板下沉量少,有利于顶板控制,但要求移架力较大。如果有带压移架系统,操作就更方便,控顶也更有效。

(2)如果顶板坚硬、完整,顶、底板起伏不平时,可选择先降下支架后移架的方式。此方法可使顶梁脱离顶板一定距离,拉架省力,但移架时间长。

总之,移架过程要适应顶板条件,满足生产需要,加快移设速度,保证安全。

2. 推溜

当液压支架移过 8～9 架后,约距采煤机后滚筒 10～15 m

时,即可进行推溜。推溜可根据工作面的具体情况,采用逐架推溜、间隔推溜或几架支架同时推溜等方式。为使工作面刮板输送机保持平直状况,推溜时,应注意随时调整推溜步距,使刮板输送机除推溜段有弯曲外,其他部分保证平直,以利于采煤机正常工作,减小刮板输送机运行阻力,避免卡链、掉链事故的发生。在推溜过程中,如出现卡溜现象,应及时停止推溜,待检查出原因并处理完毕后再进行推溜。不许强行推溜,以免损坏溜槽或推移装置,影响工作面的正常生产。

三、液压支架使用中的注意事项

液压支架在使用中应注意如下事项:

(1)在操作过程中,当支架的前柱和后柱作单独升降时,前、后柱之间的高差应小于 400 mm。还应注意观察支架各部分的动作状况是否良好,如管路有无出现死弯、整卡与挤压、破损等;相邻支架间有无卡架及相碰现象;各部分连接销轴有无拉弯,发现问题应及时处理,以避免发生事故。操作完毕后,必须将操作手把放到停止位置,以免发生误动作。

(2)在支架前移时,应清除掉支架内、架前的浮煤和碎矸,以免影响移架。如果遇到底板出现台阶时,应积极采取措施,使台阶的坡度减缓。若底板松软,支架底座下陷到刮板输送机溜槽水平面以下时,要用木楔垫好底座,或用抬架机构调正底座。

(3)移架过程中,为避免空顶面积过大,造成顶板冒落,相邻支架不得同时进行移架。但是,当支架移架速度跟不上采煤机前进的速度时,可根据顶板与生产情况,在保证设备正常运转的条件下,进行隔架或分段移架。但分段不宜过多,因为同时动作的支架架数过多会造成泵站压力过低而影响支架的动作质量。

(4)移架时要注意清理顶梁上面的浮煤和矸石,以保证支架顶梁与顶板有良好的接触,保持支架实际的支撑能力,有利于管理顶板。若发现支架有受力不好或歪斜现象时,应及时处理。

（5）移架完毕支架重新支撑顶板时，要注意梁端距离是否符合要求。如果梁端距太小，采煤机滚筒割煤时很容易切割前梁；如果梁端距太大，不能有效地控制顶板，尤其当顶板比较破碎时，管理顶板更为困难，这就对梁端距提出更高的要求。

（6）操作液压支架手把时，不要突然打开和关闭，以防液压冲击损坏系统元件或降低系统中液压元件的使用寿命。要定期检查各安全阀的动作压力是否准确，以保证支架有足够的支撑能力。

（7）当支架正常支撑顶板时，若顶板出现冒落空洞，使支架失去支护能力，则需及时用坑木或板皮塞顶，使支架顶梁能较好地支撑顶板。

（8）液压支架使用的乳化液，应根据不同的水质选用适宜牌号的乳化油，并按5％的乳化油与95％的中性清水的比例配制乳化液。同时，应对所有水质进行必要的测定，不符合要求的要进行处理，合格后才能使用，以防腐蚀液压元件。在使用过程中，应经常对乳化液进行化验，检查其浓度及性能，把浓度控制在3％～5％之内。支架液压系统中，必须设有乳化液过滤装置。过滤器应根据工作面支架使用的条件，定期进行更换与清洗，以免脏物堆积，造成阻塞。尤其在液压支架新下井运行初期，更应注意经常更换与清洗过滤器。

（9）液压支架在进行液压系统故障处理时，应先关闭进、回液断路阀，以切断本架液压系统与主回路之间的连接通路。然后将系统中的高压液体释放，再进行故障处理。故障处理完毕后，再将断路阀打开，恢复供液。主管路发生故障需要处理时，必须与泵站司机取得联系，待停泵后才可进行。

当工作面刮板输送机出现故障，需要用液压支架前梁起吊中部槽时，必须将该架及左、右邻架影响的几个支架推移千斤顶与刮板输送机连接销脱开，以免在起吊过程中将千斤顶的活塞杆蹩弯(垛式支架还应将本架与邻架的防倒千斤顶脱开),起吊完毕后,将推移装置和防倒装置连接好。

(10) 液压支架在使用过程中,要随时注意采高的变化,防止支架被"压死",就是活柱完全被压缩而没有行程,支架无法降柱,也不能前移。使用中要及早采取措施,进行强制放顶或加强无立柱空间的维护。一旦出现"压死"支架情况,有以下两种处理方法:

① 爆破挑顶。在用上述方法仍不能移架时,在顶板条件允许的情况下,可采用放小炮挑顶的办法来处理。爆破要分次进行,每次装药量不宜过大。只要能使顶板松动,立柱稍微升起,就可拉架前移。

② 爆破拉底。在顶板条件不好,不适于挑顶时,可采用拉底的办法。它是在底座前的底板处打浅炮眼,装小药量进行爆破,将崩碎的底板岩石块掏出,使底座下降。当立柱有小量行程时,就可拉架前移。在顶板破碎的情况下,用拉底的办法处理压架时,为了防止局部冒顶,可在支架两侧架设临时抬棚。

(11) 如果工作面出现较硬夹石层、断层或有火层岩侵入而必须爆破时,应对爆破区域内受影响的支架进行检查,爆破后应认真检查崩架情况。

第二节　液压支架工操作规程及标准规定

一、液压支架工操作规程

(1) 液压支架工必须熟悉液压支架的性能及构造原理和液压控制系统,能够按完好标准维护液压支架,懂得管理方法和本工作面作业规程,经培训考试合格并持证上岗。

(2) 液压支架工要与采煤机司机密切合作。移架时,如支架与采煤机距离超过作业规程规定,应要求停止采煤机。

（3）掌握好支架的合理高度：最小支撑高度应大于支架设计最小高度的 0.1 m，最大支撑高度应小于设计最大高度的 0.2 m。

（4）支架所用的阀组、立柱、千斤顶，均不准在井下拆检，可整体更换。更换前尽可能将缸体缩到最短，接头处要及时装上防尘帽。

（5）备用的各种液压软管、阀组、液压缸、管接头等必须用专用堵头堵塞，更换时用乳化液清洗干净。

（6）更换胶管和液压件时，只准在"无压"状态下进行，而且不准将高压出口对人。

（7）不准随意拆除和调整支架上的安全阀。

（8）操作时要掌握 8 项要领，要做到"快、匀、够、正、直、稳、严、净"。

二、液压支架操作质量标准

（1）初撑力不低于规定值的 80%。

（2）支架要排成一条直线，其偏差不得超过 ±50 mm。中心距按作业规程要求，偏差不超过 ±100 mm。

（3）支架与输送机垂直误差小于 ±5°。

（4）支架要垂直于顶、底板，支架倾斜小于 ±5°，与顶板接触严密，不许空顶，如有空顶，必须背好顶板。

（5）要及时移架，端面距最大值不大于 340 mm。

（6）支架顶梁与顶板平行支设，其最大仰、俯角小于 7°。

（7）支架完好，无漏液，不窜液，密封不失效。

（8）支架编号管理，两端有单体柱的也要编号管理。

（9）支架内无浮煤、浮矸堆积。活柱、柱缸上端平台和阀体无煤尘。

（10）相邻支架间不能有明显错差（不超过顶梁侧护板高的 2/3）。

第五章　端头支护技术

第一节　端头支架

工作面两端及与工作面进风巷和回风巷连接处是综合机械化采煤工作面十分重要的顶板控制地段，对这一地段顶板控制的好坏直接影响综采工作面的正常生产。因此，发展和完善这一地段的支护设备是煤矿生产全部机械化、自动化的需要。

目前，在工作面两端及与工作面进风巷和回风巷连接处使用的支护设备有以下几种：

（1）工作面锚固支架与端头支架配合使用，即工作面头、尾各设置两架锚固支架，除支护工作面两端顶板外，兼有锚固和推移输送机机头、机尾的作用。端头支架支护工作面两端与工作面进风巷和回风巷连接处的顶板，也可设置推移转载机的装置。该支架移架由自身独立完成（或与转载机配合互为支点前移）。

（2）工作面锚固支架或端头支架独立完成支护顶板、锚固和推移输送机及转载机的任务。这要在工作面两端与工作面进风巷和回风巷连接处的顶板压力较小的情况下才适用。

（3）工作面锚固支架与单体液压支柱配合使用，即单体液压支柱支护工作面两端与工作面进风巷和回风巷连接处的顶板。

由于端头的支护设备工作在采煤工作面的上、下出入口，此处设备多，顶板悬露面积大，采场压力集中，又是工作人员的安全出口。因此，要求支护设备能充分支护这一地段较大面积的顶板，要有较大的支撑能力，并要维护较大的工作空间，以确保工作面上、下出入口的安全畅通。除此之外，还要求支护设备具有锚固和推移输送机及转载机的作用。

一、端头液压支架的结构形式

目前使用的端头液压支架有如下几种形式：

1. 垛式锚固支架

垛式锚固支架的结构如图 5-1 所示。其基本结构和工作原理与同类垛式支架相同，只是在支架前座箱中间位置增设了一个锚固千斤顶。锚固支架用于工作面两端头，每端各两架。工作时，利用锚固千斤顶压紧与刮板输送机头尾连接的推移千斤顶，从而使推移千斤顶和刮板输送机的机架、推头或机尾连成一个半刚性机构，以减少刮板输送机在移设机身时因工作面倾角大而产生下滑。为了使推移千斤顶与底板有较大的接触面积，提高摩擦力，增加防滑能力，在推移千斤顶缸体外套装了矩形缸套。

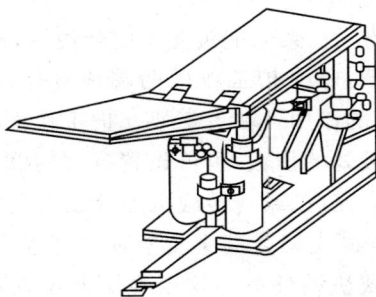

图 5-1　垛式锚固支架

2. 框式锚固支架

框式锚固支架又称双柱锚固器，它由两根立柱、一个整体顶梁和一个整体底座组成，如图 5-2 所示。该支架布置在工作面刮板输送机机头或机尾处。刮板输送机的机头或机尾伸入锚固支架中间,用固定螺栓连接在底座的连接板上。该锚固支架本身没有设置推移装置,需与端部支架配合使用。当移设刮板输送机的机头或机尾时,将框式锚固支架降下,移设完毕后,框式锚固支架升起支撑顶板,使刮板输送机得以固定。利用框式锚固支架固定工作面刮板输送机比用垛式锚固支架靠锚固千斤顶压紧推移千斤顶的锚固效果好,并可减少推移千斤顶的损坏。

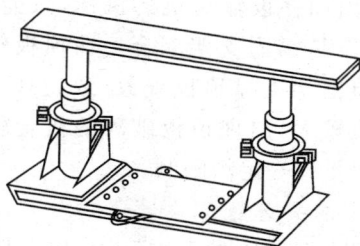

图 5-2 框式锚固支架

3. 迈步式端头支架

如图 5-3 所示为迈步式端头支架。该支架由两个框架并列支撑。两框架间上部装有导向装置,下部设有移架千斤顶,使两框架组合成一个支架。移架千斤顶的缸体与主架固定,活塞杆与副

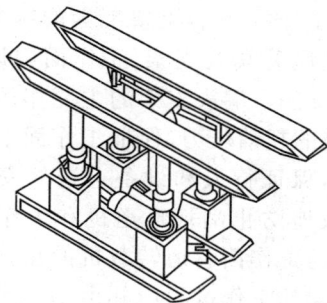

图 5-3 迈步式端头支架

架固定。移架时，首先降副架，主架支撑顶板，操作千斤顶使其活塞杆伸出，以主架为支点，推动副架前移。导向装置和千斤顶限位装置限定了副架前移的方向。副架前移到新的工作位置后，升柱并支撑顶板。然后，降主架，使千斤顶活塞杆缩回，拉动主架沿导向装置前移。

　　这种迈步式支架用于工作面两端与工作面进风巷和回风巷的连接处，没有锚固和移设输送机的机构，只能起支撑顶板的作用，故在使用时常需与锚固支架配合。在顶板较破碎的情况下，这种支架常发生单框架支撑顶板现象，致使移架困难。实际上，由于端头顶板压力较大，出现顶板破碎的机会较多，所以该端头支架在实际使用中受到一定的限制。

　　4. 支撑掩护式端头支架

　　支撑掩护式端头支架如图 5-4 所示。该支架布置在工作面进风巷端，用于支护工作面进风巷与工作面连接处的顶板，以及隔离采空区，防止矸石进入工作区间，并能自动前移和推移转载机及刮板输送机机头。该支架每组由两架结构相同的支撑掩护式支架组成，两架支架并列布置。

二、端头支架的作用与工作过程

　　端头支架是与工作面中的支架配套的综采支护设备。由工作面支架、工作面进风巷端头支架、工作面回风巷端头支架组成了工作面的全封闭支护。端头支架的主要作用是：支撑工作面端部的顶板，承受一定的超前压力，保证工作面上、下出口的畅通和有足够的通风断面，保证行人和设备运送的安全，可以锚固工作面刮板输送机，有效地防止刮板输送机和工作面支架下滑，保证工作面刮板输送机与工作面巷道转载机的正常搭接关系，推移转载机前移。端头支架的工作过程由几个基本动作组成，即支架的升降、推移刮板输送机机头或支架自移和推移转载机等。现以图 5-4 所示端头支架为例进行说明。

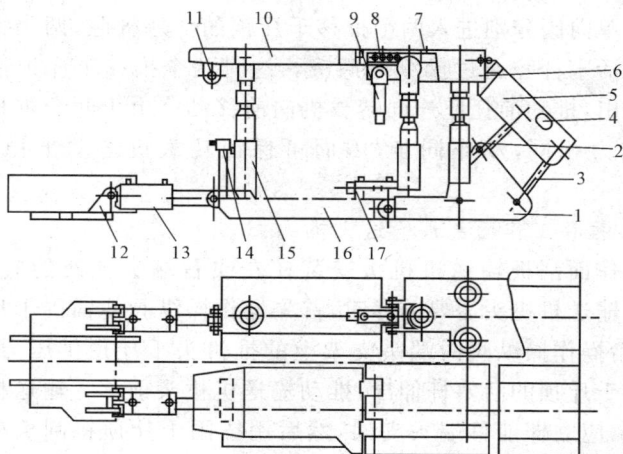

图 5-4　支撑掩护式端头支架

1——底座;2——前连杆;3——后连杆;4——掩护梁;5——掩护梁侧护板;
6——顶梁侧护板;7——主梁;8——侧推千斤顶;9——锚固千斤顶;10——前梁;
11——调整千斤顶;12——前托座;13——推移千斤顶;14——操纵阀;
15——立柱;16——滑移底座;17——推机头千斤顶

1. 支架的升降

该支架的前柱、中柱、后柱各由一个操纵阀控制。通过操作各立柱的操纵阀,既可控制端头支架的升、降运动,还可以使前梁与主梁的支承面形成上凸或下凹,以适应顶板的变化以及回收巷道木棚架的要求。

当支架的顶梁接顶后,支架产生初撑力来支持顶板,立柱液控单向阀关闭,将立柱活塞腔液体封闭。当顶板下沉时,立柱活塞腔液体受压,液压力增高,支架承载增阻。当压力超过安全阀的调定值后,安全阀便开启卸压,立柱回缩,直至回复到额定工作阻力为止。

2. 推移转载机

推移转载机时要求支架处于支撑顶板状态。以支架为支点,操作操纵阀向两支架的推移千斤顶同时供压力液,压力液通过两个液控单向阀分别进入两个推移千斤顶的活塞杆腔,两个推移千斤顶的活塞杆腔通过操纵阀回液。这时两个推移千斤顶活塞杆同时伸出,推动前托座连同转载机向前移动。由于两个推移千斤顶的推力相同,动作同步,因而可保证转载机运动平稳、前移可靠。

3. 推移工作面刮板输送机机头

工作面刮板输送机机头安装在左或右端头支架的底座上。当刮板输送机机头需要前移时,首先操作操纵阀使锚固千斤顶缩回,然后操作操纵阀向端头支架上的推机头千斤顶供压力液,使推机头千斤顶的活塞杆伸出,推动输送机机头前移。输送机机头前移后,应立即前移端头支架,然后用锚固千斤顶将刮板输送机机头锚固,以防推移中部槽时输送机下滑。

4. 支架的前移

端头支架的前移是两架支架交替动作。动作过程如下:

(1) 将左端头支架支撑顶板,由于左端头支架推移千斤顶活塞杆腔的液体被封闭,所以已伸出的活塞杆连同转载机固定不动。

(2) 将右端头支架降架离顶,并操作右端头支架推移千斤顶的操纵阀,使推移千斤顶缩回,以转载机为支点,拉动右端头支架前移到新的位置。然后升起右端头支架,使其支撑顶板,作为左端头支架移架的支点。

(3) 将左端头支架降架离顶,操作操纵阀使左端头支架的推移千斤顶活塞杆缩回,拉动左端头支架前移。在左端头支架移动过程中可用调架千斤顶随时调整支架位置。两架支架移完后,伸出锚固千斤顶将工作面刮板输送机机头固定住。

三、综采工作面端头支护工作业标准

1. 操作前的准备

(1) 作业前检查作业现场顶帮是否稳定,用"敲帮问顶"来判断内、外煤帮及支架前梁附近顶板有无离层、片帮危险,周围环境有无影响人员作业、安全等因素,发现问题及时处理。

(2)试验回柱绞车是否正常和信号性能是否可靠。

2. 使用绞车回撤端头支架

(1)回撤工字钢棚,应距工作面推进距离1～2架进行。

(2)人工将绳头拖至工字钢棚附近,注意绳道上是否有人员及障碍物。

(3)用40型小链或专用工具将所需回撤的工字钢棚内帮棚腿套住与绞车绳头连接。

(4)人工松动并抽掉所回撤工字钢棚的背帮、绞顶材料及棚间撑木,尽可能使棚周围松动。

(5)一名端头工站在安全位置,观察现场并负责指挥,另一名端头工站在安全地点,进行监护并操作绞车信号。

(6)由负责指挥的端头工发出口令,负责操作信号的端头工用规定铃语向绞车司机发出开车信号,绞车应点动启动,使钢丝绳由松到紧,逐渐将棚拉倒。

(7)拉棚时,每次只能拉倒一架,拉棚过程中发现所拉棚有可能带倒其他棚或顶住设备时,要立即打信号停车,由人工及时处理。

(8)回撤掉工字钢棚后,要根据顶帮情况做好临时支护和避帮措施。

3. 人工回撤

(1)巷道压力较小,工字钢棚易松动时,可用单体柱在靠近工字钢棚头处垂直升柱,将顶梁顶起,使棚接口脱开,人工回掉松动的棚腿,再用长把工具落下单体柱使顶梁掉下。

(2)作业时应先采用人工回撤工字钢棚,人工回撤困难或不可能时,再采用绞车拉棚或其他方法回棚。

4. 回撤单体柱

(1)回撤单体柱应随工作面推进逐根回撤,内帮在超前工作面煤壁 1～2 m 处,外帮在端头支架前后 1 m 范围内进行。

(2) 端头工用长把工具操作三用阀放液,使单体柱缓缓落下,一般要使单体柱活柱缩回后停止,另一名端头工双手扶柱以防倒柱。

(3) 两名端头工配合将单体柱拔起,并抬到指定地点备用。

5. 回撤大板

根据作业规程要求决定是否回撤大板,回撤大板可与落柱同时进行,不回撤时应先用端头架或其他方法挑住大板,再落单体柱。

6. 移端头支架

(1) 转载机推出后,端头工迅速清理底板浮煤杂物,检查整理受影响的各种管线,以便移端头架。

(2) 按移架工作标准操作规程落架、移架。升架时要先升平前梁,再升后立柱。用普通架作端头架时,移完架后,应将防片帮板打平。

(3) 工作面底板不平,端头架需吊架前移时,可先用单体柱将支架前梁顶住,再落架,等支架底座吊离底板达到所需高度时,支垫好,回撤单体柱,前移支架,最后升架。

(4) 端头架移设时,要注意及时摆架,保证支架正常接顶。

(5) 对于架间空隙较宽的要及时按照规程要求补架大板棚支护。

7. 打压溜柱

(1) 机头(尾)推出并移出端头支架后,端头(尾)维护工及时清理机头(尾)架底座上及前方的浮煤,使底座露出。

(2) 压溜柱必须上戴柱帽,下压底座。

8. 单体液压支柱支护

(1) 支护时必须两人配合作业,一人将支柱对号入座,支在实底(或木鞋)上,并手心向上抓好支柱手把,扳动注液枪冲洗阀嘴,内注式支柱插上摇柄上、下摇动,将支柱升起。

（2）另一人查看顶板,扶好顶梁和水平销,防止水平销从顶梁缺口掉下砸人。

（3）柱子升紧前把顶梁调正,使之垂直煤壁。柱与柱要用绳拴好,防止自动倒柱伤人。

（4）注液枪用完后应挂在支柱手把上,禁止将注液枪抛在底板上,禁止用注液枪砸三用阀,同时禁止注液枪高压管缠绕打结或被煤杆埋住。

9. 超前支护

（1）对超前支护达不到规定要求的,必须按作业规程要求,加强支护规定距离范围的巷道顶板支护。

（2）在超前支护 20 m 内有断梁折柱的必须更换,有掉口的必须修理。

（3）根据顶板压力情况,打柱或架棚按作业规程或补充措施及时加强超前支护。

（4）打柱要到实底,必须穿鞋,柱顶和顶梁要严密结合,要迎山有力。

（5）超前支护需要架棚,按作业规程的规定程序和操作方法逐架架棚。

第二节　端头支架的铺网与联网

一、机械化铺网液压支架

机械化铺网液压支架使用于厚煤层的分层开采上分层,它除了具有普通液压支架所具有的支撑和管理采煤工作面顶板、隔离采空区、自动移架和推进刮板输送机等功能外,同时还可以实现机械化铺网及联网,不但能为下分层铺设可靠的人工假顶,还可以改变传统的人工铺网、联网的状况,节省人力,减轻工人劳动强度,提高产量和效益。

二、铺网方式

1. 搭接铺网方式

经纬网一般采用搭接铺网方式，由于网宽度窄（≤1 m），因此除支架本身带的网卷外，在每两架中间都有一搭接网卷。网的搭接量一般为 200 mm 左右。由于搭接网卷在两架底座之间，因此网卷轴两端分别与相邻两架底座用链条连接，移架时网卷要前、后摆动，影响网的搭接量。用这种方式铺网时网的搭接损耗量约为 26%～33%。

2. 宽网铺设方式

菱形网一般采用宽网铺设方式，每架带一卷网。搭接量约 200 mm，相邻支架的网卷以上、下或前、后交错排列的方式布置，网卷与工作面平行。用这种铺网方式，网的搭接损耗量约为 13%。

三、铺网操作规程

(1) 凡属铺网工作面，必须在开采时割第一刀煤之前，将液压支架前梁降下，把金属网铺到前梁上，其宽度不少于 0.5 m，剩余宽度垂挂在前梁端头。

(2) 铺网工序应在移架、推移输送机停止以后，按以下程序进行：联网、扎结、挂网、放网。要坚持两人一组配合操作，保证金属网铺平、铺齐。

① 联网：新金属网压在垂挂旧金属网的煤壁侧，其搭接长度按铺网层数要求不同分为：

a. 单层网：沿走向搭接 200 mm，倾斜搭接 300 mm。

b. 双层网：沿走向搭接网宽为网的 1/2，倾斜搭接 300 mm。

② 扎结：使用联网钩把联网丝钩住、拧紧，联网丝一般使用 16 号铁丝，接头压平，其扎结按两片网的边线双排三角形布置，扎结点间距沿走向以搭接长度为准，沿倾斜间距不超 200 mm。

③ 挂网：支架前梁下要设挂网钩，每次联网之后，必须及时将网挂在前梁下，以便采煤机沿顶正常割煤，防止采煤机挂网。

④ 放网：采煤机过后，将挂在前梁下的金属网放下，为移支架做好准备。

（3）移架联网后，垂挂在煤壁侧的金属网要有一定的余量，对于其垂挂长度有护帮板功能的支架，一般以采高的 1/2 为宜，对于无护帮板功能的支架，一般以采高的 3/5 为宜。

四、综采工作面联网工作作业标准

1. 作业前准备

（1）联网工接班组长工作命令后，联网人员要根据预测用网量，从存网地点将网人工运至用网地点。

（2）运网行走时，应该注意路面及沿途支护情况，防止绊倒和网卷伤人。

（3）运网到用网地点后，网卷要妥善堆放，不得妨碍作业与行人，架后铺底网的联网人员应用尖锹将联网区域的浮煤、杂物清理好。

（4）需要提前预展、预铺、预挂、预吊网时，要提前做好各项准备工作。

2. 铺联架上顶网

（1）联网人员将网钩插入网固定丝内，旋转网钩，拧断连接丝，解开网卷。

（2）人工将网卷靠放在挡煤板外侧行人道上，并用铅丝将网卷的一头固定在挡煤板上，然后展网。

（3）人工向前滚动网卷，将其在挡煤板外行人道上铺开，然后将所需联的网调好位置，并同上片网用铅丝间隔 1.0～1.5 m 临时联结至一体。

（4）人员站在靠支架一侧进行作业，按要求使相邻两网短边搭接不少于 300 mm，长边按规程要求进行搭接或对接，接头必须全部孔孔连接牢固。

（5）左手拿网丝,右手持网钩,用右手拇指、食指将网丝从中间对折,左手将网线从所联网边孔插入上片网边孔,用网钩钩住网丝头与网丝尾同压在网钩内,旋转 2.5 周扭接牢固,同时压住上一网丝尾,逐扣梳理成辫。

（6）将网丝余头向前进方向压下,抽出网钩,按上述程序向前依次连接。

（7）要及时将连好的网进行吊挂,至少由 3 人合作,用长的铅丝(铁丝)将连好的网牢固地吊挂在支架上。

3. 铺联架后底网

（1）人工铺联架后底网,联网人员要先将网卷解开,并沿工作面水平方向展开,按规程要求将网边接好,使相邻两块网的短边搭接长度不少于 300 mm,长边按规程要求进行搭接或对接,所接的网边应全部孔孔拧结 2.5 周,使其牢固结实。

（2）用机械铺联架后底网,要事先检查挂网装置,及时连接网卷,严格按规程要求进行搭接和联结。

（3）铺联塑料网时,联网绳(5～6 m/根)穿联绳头,扭结在两块网的边孔内至少 3 次。

（4）工作面端头的铺联网,要严格按规程要求铺到头、联好,联网人员每联一趟后,必须及时经验收员验收,有问题及时补联和处理。

4. 特殊情况的处理

（1）当工作过程中发生冒顶、死架、支架倾斜、压溜、更换大件、机组电缆履带拖(卡)等特殊情况时,要及时向班组长(跟班队长)汇报,并积极协助处理。

（2）工作面的初采铺网、停采上顶网及遇到特殊地质构造时的铺联网,要严格按规程要求执行。

（3）如工作面有坠包、托包、撕网现象时,要配合移架工按操作规程及时处理。

第三部分　中级液压支架工专业知识和技能要求

第六章 液 压 元 件

第一节 液 压 泵

一、液压泵的工作原理

液压泵属于液压系统中的能量转换装置,能将机械能转换为液体压力能,为系统提供压力油。液压泵的工作原理如图 6-1 所示。

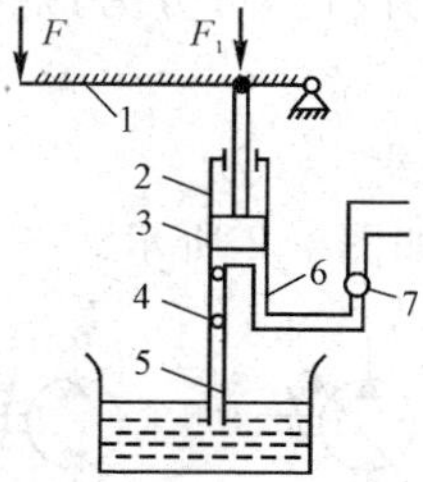

图 6-1 液压泵的工作原理图

1——操纵杆;2——泵体;3——活塞;4,7——单向阀;5,6——油管

1. 吸油过程

操纵杆 1 提起→活塞 2 上移、密封腔 3 增大形成真空→油箱中油在大气压作用下压入油管 5→油液推开单向阀 4→油液进入密封腔。

2. 压油过程

操纵杆 1 压下→活塞 2 下移、密封腔 3 缩小→单向阀 4 关闭

→密封腔受压,推开单向阀 7→油液流向系统。

由上所述分析可知,液压泵完成吸油、压油的必备条件:

(1) 有大小可变化的密封容积。

(2) 密封工作容腔的容积大小是交替变化的,变大、变小时分别对应吸油、压油过程,且有对应的配油装置。

(3) 吸、压油过程对应的区域不能连通。

(4) 油箱与吸油腔、大气相连通。

二、液压泵的类型和图形符号

1. 液压泵的分类及其应用场合

(1) 按主要运动部件的形状和运动方式分为:齿轮泵、叶片泵、柱塞泵、螺杆泵。

(2) 按排量能否调节分为:定量泵、变量泵。

(3) 按其输油方向能否改变,可分为:单向泵和双向泵。

(4) 按其额定压力的高低,可分为:低压泵、中压泵、高压泵和超高压泵。

2. 液压泵的图形符号

液压泵的图形符号如图 6-2 所示。

　　单向定量泵　　单向变量泵　　双向定量泵　　双向变量泵

图 6-2　液压泵图形符号

三、齿轮泵

齿轮泵是液压系统中广泛采用的一种液压泵,它一般做成定量泵,按结构不同,齿轮泵分为外啮合齿轮泵和内啮合齿轮泵,而以外啮合齿轮泵应用最广。下面以外啮合齿轮泵为例来剖析齿轮泵。

　　齿轮泵的结构如图 6-3 所示,当泵的主动齿轮按图示箭头方向旋转时,齿轮泵右侧(吸油腔)齿轮脱开啮合,齿轮的轮齿退出齿间,使密封容积增大,形成局部真空,油箱中的油液在外界大气压的作用下,经吸油管路、吸油腔进入齿间。随着齿轮的旋转,吸入齿间的油液被带到另一侧,进入压油腔。这时轮齿进入啮合,使密封容积逐渐减小,齿轮间部分的油液被挤出,形成了齿轮泵的压油过程。齿轮啮合时齿向接触线把吸油腔和压油腔分开,起配油作用。当齿轮泵的主动齿轮由电动机带动不断旋转时,轮齿脱开啮合的一侧,由于密封容积变大则不断从油箱中吸油,轮齿进入啮合的一侧,由于密封容积减小则不断地排油,这就是齿轮泵的工作原理。

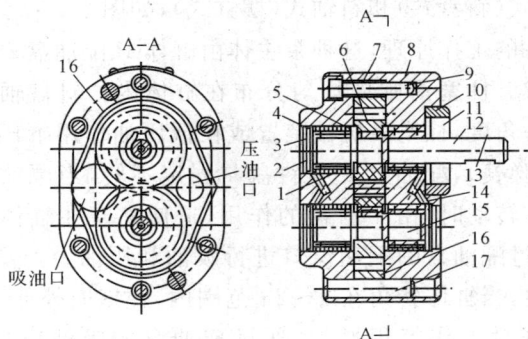

图 6-3　外啮合型齿轮泵工作原理

1——轴承外环;2——堵头;3——滚子;4——后轴盖;5——键;6——齿轮;
7——泵体;8——前泵盖;9——螺钉;10——压环;11——密封环;12——主动轴;
13——键;14——泄油孔;15——从动轴;16——泄油槽;17——定位销

四、柱塞泵

　　柱塞泵是靠柱塞在缸体中做往复运动造成密封容积的变化来实现吸油与压油的液压泵,与齿轮泵和叶片泵相比,这种泵有许多优点。首先,构成密封容积的零件为圆柱形的柱塞和缸孔,加工方便,可得到较高的配合精度,密封性能好,在高压工作时仍有较高的容积效率;第二,只需改变柱塞的工作行程就能改变流量,易于实现变量;第三,柱塞泵中的主要零件均受压应力作用,材料强度性能可得到充分利用。由于柱塞泵压力高、结构紧凑、效率高、流量调节方便,故在需要高压、大流量、大功率的系统中和流量需要调节的场合,如龙门刨床、拉床、液压机、工程机械、矿山冶金机械、船舶上得到广泛的应用。柱塞泵按柱塞的排列和运动方向不同,可分为径向柱塞泵和轴向柱塞泵两大类。

轴向柱塞泵是将多个柱塞配置在一个共同缸体的圆周上,并使柱塞中心线和缸体中心线平行的一种泵。轴向柱塞泵有两种形式,直轴式(斜盘式)和斜轴式(摆缸式),如图6-4所示为直轴式轴向柱塞泵的工作原理,这种泵主体由缸体1、配油盘2、柱塞3和斜盘4组成。柱塞沿圆周均匀分布在缸体内。斜盘轴线与缸体轴线倾斜一角度,柱塞靠机械装置或在低压油作用下压紧在斜盘上(图中为弹簧),配油盘2和斜盘4固定不转,当原动机通过传动轴使缸体转动时,由于斜盘的作用,迫使柱塞在缸体内做往复运动,并通过配油盘的配油窗口进行吸油和压油。如图6-4中所示回转方向,当缸体转角在 $\pi\sim2\pi$ 范围内,柱塞向外伸出,柱塞底部缸孔的密封工作容积增大,通过配油盘的吸油窗口吸油;在 $0\sim\pi$ 范围内,柱塞被斜盘推入缸体,使缸孔容积减小,通过配油盘的压油窗口压油。缸体每转一周,每个柱塞各完成吸、压油一次,如改变斜盘倾角 γ,就能改变柱塞行程的长度,即改变液压泵的排量,改变斜盘倾角方向,就能改变吸油和压油的方向,即成为双向变量泵。

配油盘上吸油窗口和压油窗口之间的密封区宽度 l 应稍大于柱塞缸体底部通油孔宽度 l_1。但不能相差太大,否则会发生困油现象。一般在两配油窗口的两端部开有小三角槽,以减小冲击和噪声。

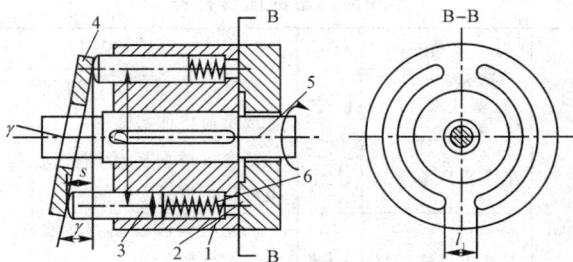

图 6-4 直轴式轴向柱塞泵的工作原理

1——缸体；2——配油盘；3——柱塞；4——斜盘；5——传动轴；6——弹簧

斜轴式轴向柱塞泵的缸体轴线相对传动轴轴线成一倾角，传动轴端部用万向铰链、连杆与缸体中的每个柱塞相联结，当传动轴转动时，通过万向铰链、连杆使柱塞和缸体一起转动，并迫使柱塞在缸体中做往复运动，借助配油盘进行吸油和压油。这类泵的优点是变量范围大，泵的强度较高，但和上述直轴式相比，其结构较复杂，外形尺寸和重量均较大。

轴向柱塞泵的优点是：结构紧凑、径向尺寸小、惯性小、容积效率高，目前最高压力可达 40.0 MPa，甚至更高，一般用于工程机械、压力机等高压系统中，但其轴向尺寸较大，轴向作用力也较大，结构比较复杂。

第二节 液 压 缸

液压缸又称为油缸，它是液压系统中的一种执行元件，其功能就是将液压能转变成直线往复式的机械运动，主要用于实现机构的直线往复运动，也可实现摆动。

液压缸的种类很多，其详细分类可见表 6-1。

表 6-1　　　　　　　　　　常用液压缸的图形符号

分类	名称	符号	说明
单作用液压缸	柱塞式液压缸		柱塞仅单向运动,返回行程是利用自重或负荷将柱塞推回
	单活塞杆液压缸		活塞仅单向运动,返回行程是利用自重或负荷将活塞推回
	双活塞杆液压缸		活塞的两侧都装有活塞杆,只能向活塞一侧供给压力油,返回行程通常利用弹簧力、重力或外力
	伸缩液压缸		它以短缸获得长行程,用液压油由大到小逐节推出,靠外力由小到大逐节缩回
双作用液压缸	单活塞杆液压缸		单边有杆,双向液压驱动,双向推力和速度不等
	双活塞杆液压缸		双向有杆,双向液压驱动,可实现等速往复运动
	伸缩液压缸		双向液压驱动,伸出由大到小逐步推出,由小到大逐节缩回
组合液压缸	弹簧复位液压缸		单向液压驱动,由弹簧力复位
	串联液压缸		用于缸的直径受限制,而长度不受限制处,获得大的推力
	增压缸(增压器)		由低压力室 A 缸驱动,使 B 室获得高压油源
	齿条传动液压缸		活塞往复运动经装在一起的齿条驱动齿轮获得往复回转运动
摆动液压缸			输出端直接输出扭矩,其往复回转的角度小于 $360°$,也称摆动马达

一、双作用单活塞杆液压缸

双作用单活塞杆液压缸如图 6-5 所示。它是由缸底 20、缸筒

10、缸盖兼导向套 9、活塞 11 和活塞杆 18 组成。缸筒一端与缸底焊接,另一端缸盖(导向套)与缸筒用卡键 6、套 5 和弹簧挡圈 4 固定,以便拆装检修,两端设有油口 A 和 B。活塞 11 与活塞杆 18 利用卡键 15、卡键帽 16 和弹簧挡圈 17 连在一起。活塞与缸孔的密封采用的是一对 Y 形聚氨酯密封圈 12,由于活塞与缸孔有一定间隙,采用由尼龙 1010 制成的耐磨环(又叫支承环)13 定心导向。杆 18 和活塞 11 的内孔由密封圈 14 密封。较长的导向套 9 则可保证活塞杆不偏离中心,导向套外径由 O 形圈 7 密封,而其内孔则由 Y 形密封圈 8 和防尘圈 3 分别防止油外漏和灰尘带入缸内。缸与杆端销孔与外界连接,销孔内有尼龙衬套抗磨。

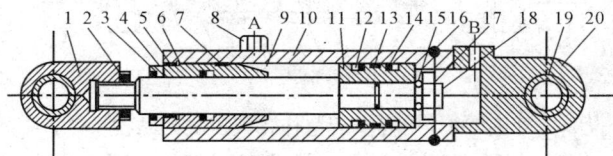

图 6-5 双作用单活塞杆液压缸

1——耳环;2——螺母;3——防尘圈;4,17——弹簧挡圈;5——套;
6,15——卡键;7,14——O 形密封圈;8,12——Y 形密封圈;
9——缸盖兼导向套;10——缸筒;11——活塞;13——耐磨环;
16——卡键帽;18——活塞杆;19——衬套;20——缸底;A,B——油口

二、空心双活塞杆式液压缸的结构

如图 6-6 所示,液压缸的左、右两腔是通过油口 b 和 d 经活塞杆 1 和 15 的中心孔与左、右径向孔 a 和 c 相通的。由于活塞杆固定在床身上,缸体 10 固定在工作台上,工作台在径向孔 c 接通压力油,径向孔 a 接通回油时向右移动;反之,则向左移动。在这里,缸盖 18 和 24 是通过螺钉(图中未画出)与压板 11 和 20 相连,并经钢丝环 12 相连,左缸盖 24 空套在托架 3 孔内,可以自由伸缩。空心活塞杆的一端用堵头 2 堵死,并通过锥销 9 和 22 与活塞

8相连。缸筒相对于活塞运动由左、右两个导向套6和19导向。活塞与缸筒之间、缸盖与活塞杆之间以及缸盖与缸筒之间分别用O形圈7、V形圈4和17及纸垫13和23进行密封,以防止油液的内、外泄漏。缸筒在接近行程的左、右终端时,径向孔a和c的开口逐渐减小,对移动部件起制动缓冲作用。为了排除液压缸中剩留的空气,缸盖上设置有排气孔5和14,经导向套环槽的侧面孔道(图中未画出)引出与排气阀相连。

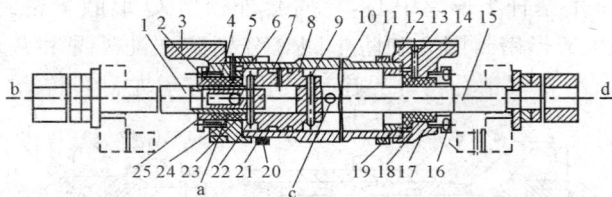

图6-6　空心双活塞杆式液压缸的结构

1,15——活塞杆;2——堵头;3——托架;4,17——V形密封圈;
5,14——排气孔;6,19——导向套;7——O形密封圈;8——活塞;
9,22——锥销;10——缸体;11,20——压板;12,21——钢丝环;
13,23——纸垫;16,25——压盖;18,24——缸盖;a,c——左右径向孔;b,d——油口

三、液压缸的组成

从上面所述的液压缸典型结构中可以看到,液压缸的结构基本上可以分为缸筒和缸盖、活塞和活塞杆、密封装置、缓冲装置和排气装置5个部分,分述如下:

(1) 缸筒和缸盖

一般来说,缸筒和缸盖的结构形式和其使用的材料有关。工作压力 $P<10$ MPa 时,使用铸铁;$P<20$ MPa 时,使用无缝钢管;$P>20$ MPa 时,使用铸钢或锻钢。图6-7所示为缸筒和缸盖的常见结构形式。图6-7(a)所示为法兰连接式,结构简单,容易加工,也容易装拆,但外形尺寸和重量都较大,常用于铸铁制的缸筒上。

图 6-7(b)所示为半环连接式,它的缸筒壁部因开了环形槽而削弱
了强度,为此有时要加厚缸壁,它容易加工和装拆,重量较轻,常
用于无缝钢管或锻钢制的缸筒上。图 6-7(c)所示为螺纹连接式,
它的缸筒端部结构复杂,外径加工时要求保证内、外径同心,装拆
要使用专用工具,它的外形尺寸和重量都较小,常用于无缝钢管
或铸钢制的缸筒上。图 6-7(d)所示为拉杆连接式,结构的通用性
大,容易加工和装拆,但外形尺寸较大,且较重。图 6-7(e)所示为
焊接连接式,结构简单,尺寸小,但缸底处内径不易加工,且可能
引起变形。

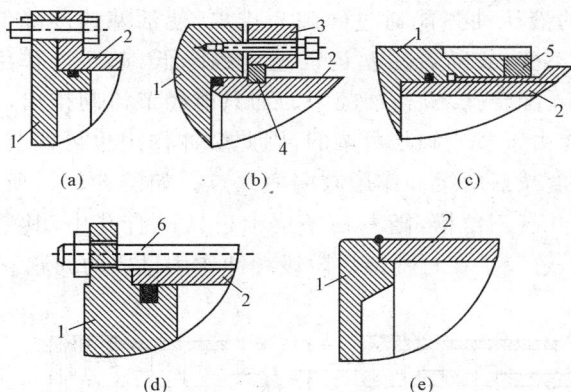

图 6-7 缸筒和缸盖结构

(a)法兰连接式;(b)半环连接式;(c)螺纹连接式;(d)拉杆连接式;(e)焊接连接式
1——缸盖;2——缸筒;3——压板;4——半环;5——放松螺帽;6——拉杆

(2)活塞与活塞杆

可以把短行程的液压缸的活塞杆与活塞做成一体,这是最简
单的形式。但当行程较长时,这种整体式活塞组件的加工较费
事,所以常把活塞与活塞杆分开制造,然后再连接成一体。

四、缓冲装置

液压缸一般都设置缓冲装置,特别是对大型、高速或要求高的液压缸,为了防止活塞在行程终点时和缸盖相互撞击,引起噪声、冲击,则必须设置缓冲装置。

缓冲装置的工作原理是利用活塞或缸筒在其走向行程终端时封住活塞和缸盖之间的部分油液,强迫它从小孔或细缝中挤出,以产生很大的阻力,使工作部件受到制动,逐渐减慢运动速度,达到避免活塞和缸盖相互撞击的目的。

如图 6-8(a)所示,当缓冲柱塞进入与其相配的缸盖上的内孔时,孔中的液压油只能通过间隙 δ 排出,使活塞速度降低。由于配合间隙不变,故随着活塞运动速度的降低,起缓冲作用。当缓冲柱塞进入配合孔之后,油腔中的油只能经节流阀排出,如图 6-8(b)所示。由于节流阀是可调的,因此缓冲作用也可调节,但仍不能解决速度减低后缓冲作用减弱的缺点。如图 6-8(c)所示,在缓冲柱塞上开有三角槽,随着柱塞逐渐进入配合孔中,其节流面积越来越小,解决了在行程最后阶段缓冲作用过弱的问题。

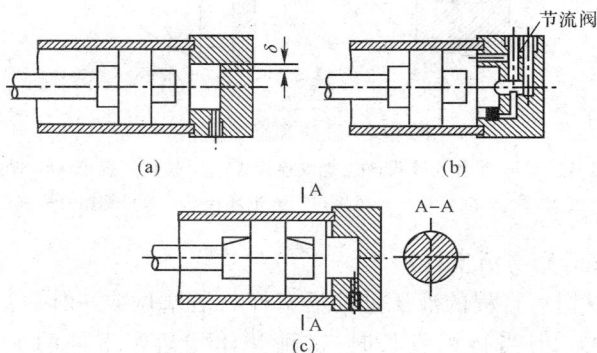

图 6-8　液压缸的缓冲装置

五、放气装置

液压缸在安装过程中或长时间停放重新工作时,液压缸里和管道系统中会渗入空气,为了防止执行元件出现爬行、噪声和发热等不正常现象,需把缸中和系统中的空气排出。一般可在液压缸的最高处设置进、出油口把气带走,也可在最高处设置如图6-9(a)中的放气孔或专门的放气阀[如图 6-9(b)、图 6-9(c)所示]。

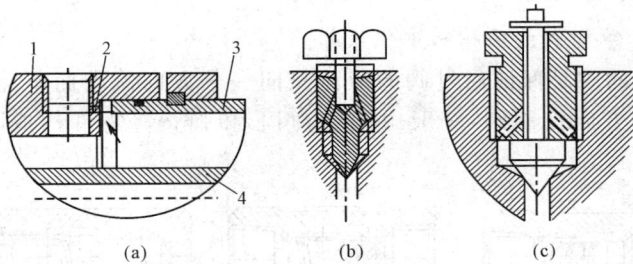

图 6-9 放气装置

1——缸盖;2——放气小孔;3——缸体;4——活塞杆

第三节 控 制 阀

一、概述

在液压传动系统中,用来对液流的方向、压力和流量控制和调节的液压元件称为控制阀,又称为液压阀,简称阀。控制阀是液压系统中不可缺少的重要元件。

控制阀通过对液流的方向、压力和流量的控制和调节,控制执行元件的运动方向、输出的力或转矩、运动速度、动作顺序,还可限制和调节液压系统的工作压力和防止过载。

液压控制阀应满足如下基本要求:

(1) 动作准确、灵敏、可靠,工作平稳,无冲击和振动。

(2) 密封性能好，泄漏少。

(3) 结构简单，制造方便，通用性好。

根据用途和工作特点的不同，液压控制阀分为以下 3 大类：

(1) 方向控制阀：单向阀、换向阀、伺服阀等。

(2) 压力控制阀：溢流阀、减压阀、顺序阀、卸荷阀等。

(3) 流量控制阀：节流阀、调速阀、分流阀等。

二、方向阀

1. 单向阀的结构和工作原理

单向阀是保证通过阀的液流只向一个方向流动而不能反向流动的方向控制阀，一般由阀体、阀芯和弹簧等零件构成，如图 6-10 所示。

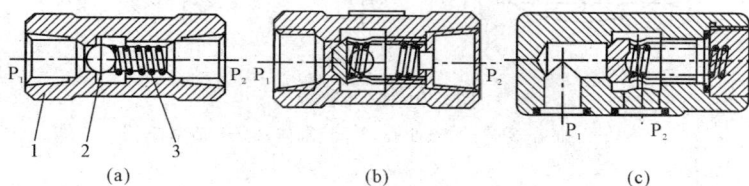

图 6-10　单向阀
1——阀体；2——阀芯；3——弹簧

当压力油从进油口 P_1 流入时，顶开阀芯 2，经出油口 P_2 流出。当液流反向时，在弹簧 3 和压力油的作用下，阀芯压紧在阀体 1 上，截断通道，使油液不能通过。根据单向阀的使用特点，要求油液正向通过时阻力要小，液流有反向流动趋势时，关闭动作要灵敏，关闭后密封性要好。因此弹簧通常很软，开启压力一般仅为 $3.5 \times 10^4 \sim 5.0 \times 10^4$ Pa，主要用于克服摩擦力。

单向阀的阀芯分为钢球式[图 6-10(a)]和锥式[图 6-10(b)和图 6-10(c)]两种。

钢球式阀芯结构简单、价格低，但密封性较差，一般仅用在低压、小流量的液压系统中。

锥式阀芯阻力小、密封性好、使用寿命长,所以应用较广,多用于高压、大流量的液压系统中。

单向阀的连接方式分为管式连接[图 6-10(a)和图 6-10(b)]和板式连接[图 6-10(c)]两种。管式连接的单向阀,其进、出油口制成管螺纹,直接与管路的接头连接;板式连接的单向阀,其进、出油口为孔口带平底锪孔的圆柱孔,用螺钉固定在底板上。平底锪孔中安放 O 形密封圈密封,底板与管路接头之间采用螺纹连接。其他各类控制阀也有管式连接和板式连接两种结构。

2. 液控单向阀

在液压系统中,有时需要使被单向阀所闭锁的油路重新接通,为此可把单向阀做成闭锁方向能够控制的结构,这就是液控单向阀。

图 6-11 所示为液控单向阀的结构。当控制油口 K 不通控制压力油时,油液只能从进油口 P_1 进入,顶开阀芯 3,从出油口 P_2 流出,不能反向流动。当从控制油口 K 通入控制压力油时,活塞 1 左端受油压作用而向右移动(活塞右端油腔 a 与泄油口相通,图中未画出),通过顶杆 2 将阀芯向右顶开,使进油口 P_1 与出油口 P_2 接通,油液可在两个方向自由流通。控制用的最小油压约为液压系统主油路油液压力的 0.3~0.4 倍。

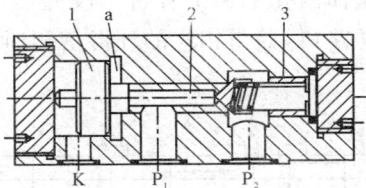

图 6-11 液控单向阀

1——活塞;2——顶杆;3——阀芯

　　液控单向阀也可以做成常开式结构,即平时油路畅通,需要时通过液控闭锁一个方向的油液流动,使油液只能单方向流动。

　　单向阀与液控单向阀的图形符号见表 6-2。

表 6-2　　　　　　单向阀与液控单向阀的图形符号

	单向阀		液控单向阀	
	无弹簧	带弹簧	无弹簧	带弹簧
详细符号				
简化符号			弹簧可省略	控制压力关闭阀

三、换向阀

　　换向阀通过改变阀芯和阀体间的相对位置,控制油液流动方向,接通或关闭油路,从而改变液压系统的工作状态的方向。

　　常用的换向阀阀芯在阀体内做往复滑动,称为滑阀。滑阀是一个有多段环形槽的圆柱体,其直径大的部分称凸肩,凸肩与阀体内孔相配合。阀体内孔中加工有若干段环形槽,阀体上有若干个与外部相通的通路口,并与相应的环形槽相通,如图 6-12 所示。

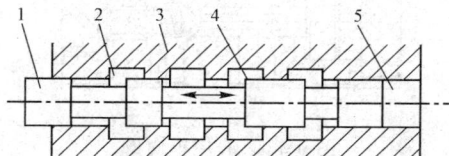

图 6-12　滑阀结构

1——滑阀;2——环形槽;3——阀体;4——凸肩;5——阀孔

1. 换向阀的工作原理

图 6-13 所示为三位四通换向阀的换向工作原理图。换向阀有 3 个工作位置(滑阀在中间和左右两端)和 4 个通路口(压力油口 P、回油口 O 和通往执行元件两端的油口 A 和 B)。当滑阀处于中间位置时[图 6-13(a)],滑阀的两个凸肩将 A、B 油口封死,并隔断进、回油口 P 和 O,换向阀阻止向执行元件供压力油,执行元件不工作;当滑阀处于右位时[图 6-13(b)],压力油从 P 口进入阀体,经 A 口通向执行元件,而从执行元件流回的油液经 B 口进入阀体,并由回油口 O 流回油箱,执行元件在压力油作用下向某一规定方向运动;当滑阀处于左位时[图 6-13(c)],压力油经 P、B 口通向执行元件,回油则经 A、O 口流回油箱,执行元件在压力油作用下反向运动。控制时滑阀在阀体内做轴向移动,通过改变各油口间的连接关系,实现油液流动方向的改变,这就是滑阀式换向阀的工作原理。

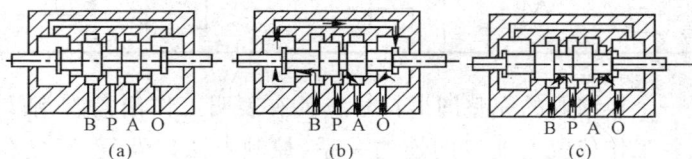

图 6-13 滑阀换向阀的工作原理图
(a) 滑阀处于中位;(b) 滑阀处于右位;(c) 滑阀处于左位

换向阀滑阀的工作位置数称为"位",与液压系统中油路相连通的油口数称为"通"。常用的换向阀种类有:二位二通、二位三通、二位四通、二位五通、三位三通、三位四通、三位五通和三位六通等。常用换向阀的图形符号见表 6-3。

控制滑阀移动的方法常用的有人力、机械、电气、直接压力和先导控制等。常用控制方法的图形符号示例见表 6-4。

表 6-3　　　　　　　常用换向阀的图形符号

二位二通	二位三通	二位四通	二位五通
常闭　　常开	带中间过渡装置		

三位三通	三位四通	三位五通	三位六通

表 6-4　　　　　　　常用控制方法的图形符号

人力控制	机械控制	电气控制	直接压力控制	先导控制
一般符号	弹簧控制	单作用电磁铁	加压或卸压控制	液压先导控制

　　一个换向阀的完整图形符号应具有表明工作位置数、油口数和在各工作位置上油口的连通关系、控制方法以及复位、定位方法的符号。

　　2. 换向阀图形符号的规定和含义

　　(1)用方框表示阀的工作位置数,有几个方框就是几位阀。

　　(2)在一个方框内,箭头"↑"或堵塞符号"┬"或"⊥"与方框相交的点数就是通路数,有几个交点就是几通阀,箭头"↑"表示阀芯处在这一位置时两油口相通,但不一定是油液的实际流向,"┬"或"⊥"表示此油口被阀芯封闭(堵塞)不通流。

　　(3)三位阀中间的方框、两位阀画有复位弹簧的那个方框为常态位置(即未施加控制号以前的原始位置)。在液压系统原理图中,换向阀的图形符号与油路的连接,一般应画在常态位置上。工作位置应按"左位"画在常态位的左面,"右位"画在常态位右面的规定。同时,在常态位上应标出油口的代号。

(4)控制方式和复位弹簧的符号画在方框的两侧。

3. 三位四通换向阀的中位滑阀机能

三位换向阀的滑阀在阀体中有左、中、右3个工作位置。左、右工作位置是使执行元件获得不同的运动方向;中间位置则可利用不同形状及尺寸的阀芯结构,得到多种不同的油口连接方式,除使执行元件停止运动外,还具有其他一些功能。三位阀在中间位置时油口的连接关系称为滑阀机能。三位四通换向阀中位滑阀机能的图形符号如图6-14所示,其中常用的几种滑阀机能特点见表6-5。

表 6-5 常用的几种滑阀机能特点

图形符号	结构简图	中位滑阀机能特点
		各油口全封闭,液压缸锁紧;液压泵及系统不卸荷,并联的其他执行元件运动不受影响
		各油口全连通,液压泵及系统卸荷,活塞在液压缸中浮动
		进油口封闭,液压缸两腔与回油口连通(经内部通路,图未示出),活塞在液压缸中浮动,液压泵及系统不卸荷

续表 6-5

图形符号	结构简图	中位滑阀机能特点
		回油口封闭,进油口与液压缸两腔连通,液压泵及系统不卸荷。可实现差动连接
		进油口与回油口连通,液压缸锁紧,液压泵及系统卸荷

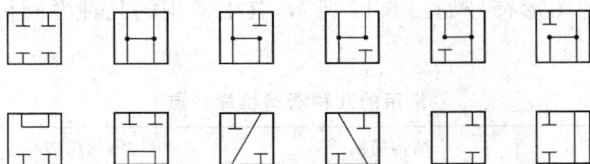

图 6-14　三位四通换向阀中位滑块机能图形

4. 手动换向阀

手动换向阀是用人力控制方法改变阀芯工作位置的换向阀,有二位二通、二位四通和三位四通等多种形式。图 6-15 所示为一种三位四通自动复位手动换向阀。

当手柄上端向左扳时,阀芯 2 向右移动,进油口 P 和油口 A 接通,油口 B 和回油口 O 接通。当手柄上端向右扳时,阀芯左移,这时进油口 P 和油口 B 接通,油口 A 通过环形槽、阀芯中心通孔与回油口 O 接通,实现换向。松开手柄时,右端的弹簧使阀芯恢复到中间位置,断开油路。这种换向阀不能定位在左、右两端位置上。如需滑阀在左、中、右 3 个位置上均可定位,可将弹簧换成定位装置。

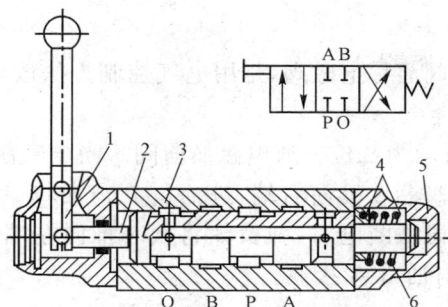

图 6-15 三位四通手动换阀

1——手柄;2——滑阀(阀芯);3——阀体;4——套筒;5——端盖;6——弹簧

5. 机动换向阀

机动换向阀又称行程换向阀,是用机械控制方法改变阀芯工作位置的换向阀,常用的有二位二通(常闭和常通)、二位三通、二位四通和二位五通等多种。图 6-16 所示为二位二通常闭式行程换向阀。

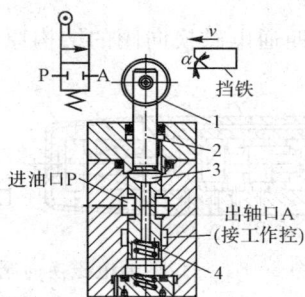

图 6-16 二位二通行程换向阀

1——滑轮;2——阀杆;3——阀芯;4——弹簧

阀芯的移动通过挡铁(或凸轮)推压阀杆 2 顶部的滚轮 1,使阀杆推动阀芯 3 下移实现。挡铁移开时,阀芯靠其底部的弹簧复位。

6. 电磁换向阀

电磁换向阀简称电磁阀,是用电气控制方法改变阀芯工作位置的换向阀。

图 6-17 所示为二位三通电磁换向阀。当电磁铁通电时,衔铁通过推杆 1 将阀芯 2 推向右端,进油口 P 与油口 B 接通,油口 A 被关闭。当电磁铁断电时,弹簧 3 将阀芯推向左端,油口 B 被关闭,进油口 P 与油口 A 接通。

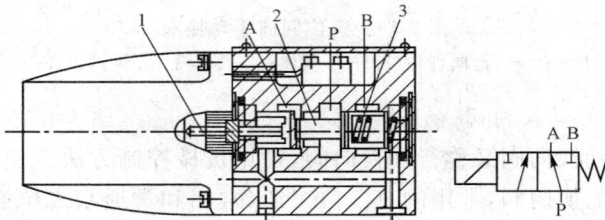

图 6-17　二位三通电磁换向阀
1——推杆;2——阀芯;3——弹簧

图 6-18 为三位四通电磁换向阀的结构原理图。

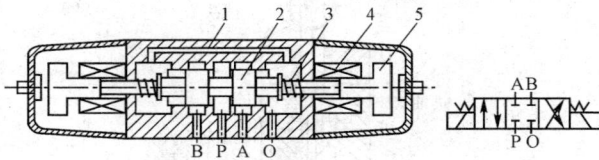

图 6-18　三位四通电磁换向阀
1——阀体;2——阀芯;3——弹簧;4——电磁线圈;5——衔铁

当右侧的电磁线圈 4 通电时,吸合衔铁 5 将阀芯 2 推向左位,这时进油口 P 和油口 B 接通,油口 A 与回油口 O 相通;当左侧的电磁铁通电时(右侧电磁铁断电),阀芯被推向右位,这时进油口 P

和油口 A 接通,油口 B 经阀体内部管路与回油口 O 相通,实现执行元件换向;当两侧电磁铁都不通电时,阀芯在两侧弹簧 3 的作用下处于中间位置,这时 4 个油口均不相通。

电磁换向阀的电磁铁可用按钮开关、行程开关、压力继电器等电气元件控制,无论位置远近,控制均很方便,且易于实现动作转换的自动化,因而得到广泛的应用。根据使用电源的不同,电磁换向阀分为交流和直流两种。电磁换向阀用于流量不超过 1.05×10^{-4} m^3/s 的液压系统中。

7. 液动换向阀

液动换向阀是用直接压力控制方法改变阀芯工作位置的换向阀。

图 6-19 为三位四通液动换向阀的工作原理图。它是靠压力油液推动阀芯改变工作位置实现换向的。当控制油路的压力油从阀右边控制油口 K_2 进入右控制油腔时,推动阀芯左移,使进油口 P 与油口 B 接通,油口 A 与回油口 O 接通;当压力油从阀左边控制油口 K_1 进入左控制油腔时,推动阀芯右移,使进油口 P 与油口 A 接通,油口 B 与回油口 O 接通,实现换向;当两控制油口 K_1 和 K_2 均不通控制压力油时,阀芯在两端弹簧作用下居中,恢复到中间位置。

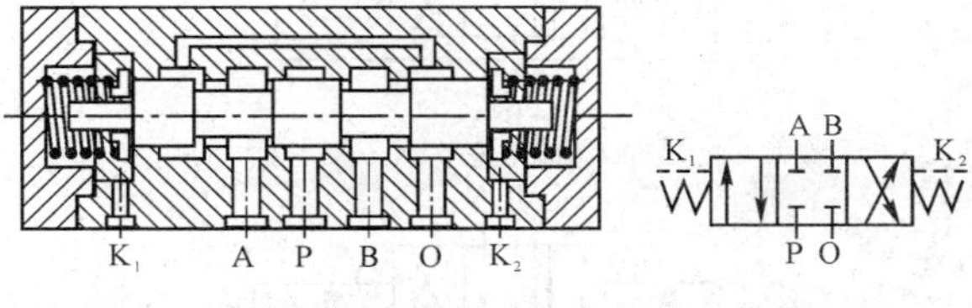

图 6-19 为三位四通液动换向阀的工作原理图

由于压力油液可以产生很大的推力,所以液动换向阀可用于高压大流量的液压系统中。

8. 电液换向阀

电液换向阀是用间接压力控制（又称先导控制）方法改变阀芯工作位置的换向阀。

电液换向阀由电磁换向阀和液动换向阀组合而成。电磁换向阀起先导作用，称先导阀，用来控制液流的流动方向，从而改变液动换向阀（称为主阀）的阀芯位置，实现用较小的电磁铁来控制较大的液流。

图 6-20 为三位四通电液换向阀的图形符号。当先导阀右端电磁铁通电时，阀芯左移，控制油路的压力油进入主阀右控制油腔，使主阀阀芯左移（左控制油腔油液经先导阀泄回油箱），使进油口 P 与油口 A 相通，油口 B 与回油口 O 相通；当先导阀左端电磁铁通电时，阀芯右移，控制油路的压力油进入主阀左控制油腔，推动主阀阀芯右移（主阀右控制油腔的油液经先导阀泄回油箱），使进油口 P 与油口 B 相通，油口 A 与回油口 O 相通，实现换向。

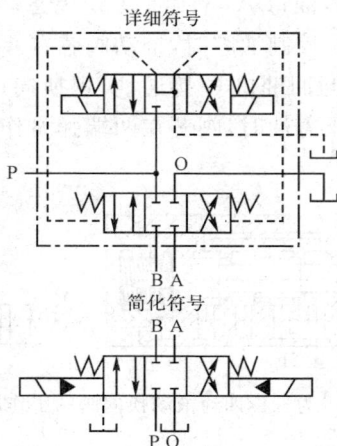

图 6-20　三位四通电液换向阀

四、压力控制阀

压力控制阀是用于控制液压系统压力或利用压力作为信号来控制其他元件动作的液压阀,简称压力阀。

压力阀按功用不同,常用的压力控制阀有溢流阀、减压阀和顺序阀等。它们的共同特点是:利用油液的液压作用力与弹簧力相平衡的原理来进行工作,通过调节阀的开口量的大小,实现控制系统压力的目的。

1. 溢流阀

溢流阀的功用和分类如下:

(1)溢流阀在液压系统中的功用主要有两个方面:一是起溢流和稳压作用,保持液压系统的压力恒定;二是起限压保护作用,防止液压系统过载。溢流阀通常接在液压泵出口处的油路上。

(2)根据结构和工作原理不同,溢流阀可分为直动型溢流阀和先导型溢流阀两类。直动型溢流阀用于低压系统,先导型溢流阀用于中、高压系统。

① 直动型溢流阀的结构和工作原理

直动型溢流阀的结构如图 6-21 所示,其工作原理如图 6-22 所示。由图可知,当作用于阀芯底面的液压作用力 $pA < F_簧$ 时,阀芯 3 在弹簧力作用下往下移并关闭回油口,没有油液流回油箱。当系统压力 $pA > F_簧$ 时,弹簧被压缩,阀芯上移,打开回油口,部分油液流回油箱,限制压力继续升高,使液压泵出口处压力保持 $p = \dfrac{F_簧}{A}$ 恒定值。调节弹簧力 $F_簧$ 的大小,即可调节液压系统压力的大小。直动型溢流阀结构简单、制造容易、成本低,但油液压力直接靠弹簧平衡,所以压力稳定性较差,动作时有振动和噪声;此外,系统压力较高时,要求弹簧刚度大,使阀的开启性能变坏。所以直动型溢流阀只用于低压液压系统中。

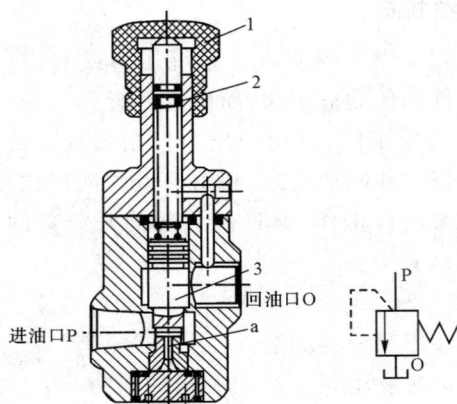

图 6-21　直动型溢流的结构

1——调压螺母；2——弹簧；3——阀芯

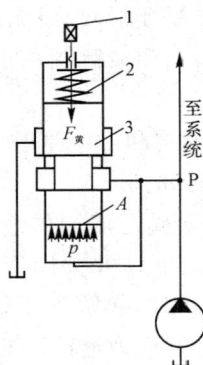

图 6-22　直动型溢流阀的工作原理

1——调压零件；2——弹簧；3——阀芯

② 先导型溢流阀的结构和工作原理

先导型溢流阀的结构如图 6-23 所示，由先导阀Ⅰ和主阀Ⅱ两部分组成。先导阀实际上是一个小流量的直动型溢流阀，阀芯是锥阀,用来控制压力;主阀阀芯是滑阀,用来控制溢流流量。其工作原理如图 6-24 所示,压力油经进油口 P、通道 a 进入主阀芯 5 底部油腔 A,并经节流小孔 b 进入上部油腔,再经通道 c 进入先导阀右侧油腔 B,给锥阀 3 以向左的作用力,调压弹簧 2 给锥阀以向右的弹簧力。在稳定状态下,当油液压力较小时,作用于锥阀上的液压作用力小于弹簧力,先导阀关闭。此时,没有油液流过节流小孔 b,油腔 A、B 的压力相同,在主阀弹簧 4 的作用下,主阀芯 5 处于最下端位置,回油口 O 关闭,没有溢油。当油液压力增大,使作用于锥阀上的液压作用力大于弹簧 2 的弹簧力时,先导阀开启,油液经通道 e、回油口 O 流回油箱。这时,压力油流经节流小孔 b 时产生压力降,使 B 腔油液压力 p_1 小于油腔 A 中油液压力 p,当此压力差($p - p_1$)产生的向上作用力超过主阀弹簧 4 的弹簧力并克服主阀芯自重和摩擦力时,主阀芯向上移动,接通进油口 P 和回油口 O,溢流阀溢油,使油液压力 p 不超过设定压力,当油液压力 p 随溢流而下降,B 腔油液压力 p_1 也随之下降,直到作用于锥阀上的液压作用力小于弹簧 2 的弹簧力时,先导阀关闭,节流小孔 b 中没有油液流过,两腔油液压力相等,主阀芯在主阀弹簧 4 作用下,往下移动,关闭回油口 O,停止溢流。这样,在系统压力超过调定压力时,溢流阀溢油,不超过时则不溢油,起到限压、溢流作用。

先导型溢流阀设有远程控制口 K(图 6-23),可以实现远程调压(与远程调压接通)或卸荷(与油箱接通),不用时封闭。先导型溢流阀压力稳定、波动小,主要用于中压液压系统中。

2. 减压阀

在液压系统中,常由一个液压泵向几个执行元件供油。当某一执行元件需要比泵的供油压力低的稳定压力时,可往该执行元件所在的油路上串联一个减压阀来实现。使其出口压力降低且恒定的减压阀称为定压(定值)减压阀,简称减压阀。

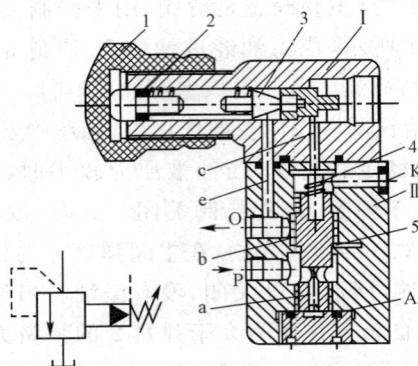

图 6-23　先导型溢流阀的结构

1——调节螺母;2——调压弹簧;3——锥阀;4——主阀弹簧;5——主阀芯

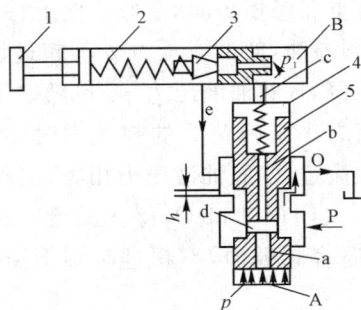

图 6-24　先导型溢流阀的工作原理

1——调节螺母;2——调压弹簧;3——锥阀;4——主阀弹簧;5——主阀芯

减压阀的功用和分类如下:

(1)减压阀是用来降低液压系统中某一分支油路的压力,使之低于液压泵的供油压力,以满足执行机构(如夹紧、定位油路,制动、离合油路,系统控制油路等)的需要,并保持基本恒定。

(2)减压阀根据结构和工作原理不同,分为直动型减压阀和先导型减压阀两类。一般应用先导型减压阀较多。

　① 先导型减压阀的结构和工作原理

　先导型减压阀的结构如图 6-25 所示,其结构与先导型溢流阀的结构相似,也是由先导阀Ⅰ和主阀Ⅱ两部分组成,两阀的主要零件可互通用。其主要区别是:减压阀的进、出油口位置与溢流阀相反;减压阀的先导阀控制出口液压力,而溢流阀的先导阀控制进口油液压力。由于减压阀的进、出口油液均有压力,所以先导阀的泄油不能像溢流阀一样流入回油口,而必须设有单独的泄油口。减压阀主阀芯结构上中间多一个凸肩(即三节杆),在正常情况下,减压阀阀口开得很大(常开),而溢流阀阀口则关闭(常闭)。

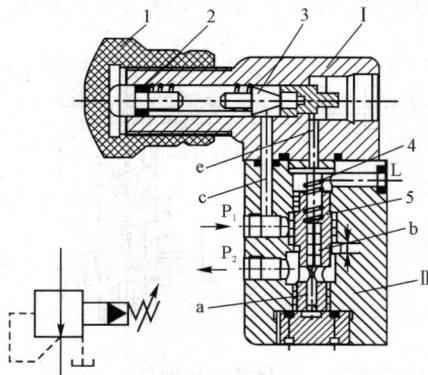

图 6-25　先导型减压阀的结构

1——调节螺母;2——调压弹簧;3——锥阀;4——主阀弹簧;5——主阀芯

　先导型减压阀的工作原理如图 6-26 所示,液压系统主油路的高压油液从进油口 P_1 进入减压阀,经节流缝隙 h 减压后,低压油液从出油口 P_2 输出,经分支油路送往执行机构。同时低压油液经通道 a 进入主阀芯 5 下端油腔,又经节流小孔 b 进入主阀芯上端油腔,且经通道 c 进入先导阀锥阀 3 右端油腔,给锥阀一个向左的液压力。该液压力与调压弹簧 2 的弹簧力相平衡,从而控制低压油 p_2 基本保持调定压力。当出油口的低压油 p_2 低于调定压力时,锥阀关闭,主阀芯上端油腔油液压力 $p_3 = p_2$,主阀弹簧 4 的弹簧力克服摩擦阻力将主阀芯推向下端,节流口 h 增大,减压阀处于不工作状态。当分支油路负载增大时,p_2 升高,p_3 随之升高,在 p_3 超过调定压力时,锥阀打开,少量油液经锥阀口、通道 e,由泄油口 L(图 6-25)流回油箱。由于这时有油液流过节流小孔 b,产生压力降,使 $p_3 < p_2$。

当此压力差所产生的向上的作用力大于主阀芯重力、摩擦力、主阀弹簧的弹簧力之和时,主阀芯向上移动,使节流口 h 减小,节流加剧,p_2 随之下降,直到作用在主阀芯上诸力相平衡,主阀芯便处于新的平衡位置,节流口 h 保持一定的开启量。

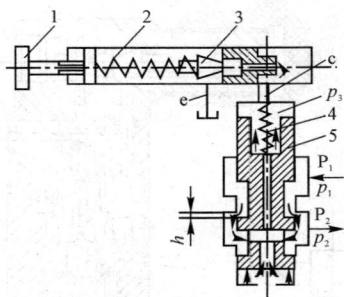

图 6-26　先导型减压阀的工作原理

1——调节螺母;2——调压弹簧;3——锥阀;4——主阀弹簧;5——主阀芯

3. 顺序阀

顺序阀是以压力作为控制信号,自动接通或切断某一油路的压力阀。由于它经常被用来控制执行元件动作的先后顺序,故称顺序阀。

顺序阀的功用和分类如下:

(1)顺序阀是控制液压系统各执行元件先后顺序动作的压力

控制阀,实质上是一个由压力油液控制其开启的二通阀。

（2）顺序阀根据结构和工作原理的不同,可以分为直动型顺序阀和先导型顺序阀两类,目前直动型应用较多。

① 直动型顺序阀的结构和工作原理

直动型顺序阀的结构如图 6-27 所示,其结构和工作原理都和直动型溢流阀相似。压力油液自进油口 P_1 进入阀体,经阀芯中间小孔流入阀芯底部油腔,对阀芯产生一个向上的液压作用力。当油液的压力较低时,液压作用力小于阀芯上部的弹簧力,在弹簧力作用下,阀芯处于下端位置,P_1 和 P_2 两油口被隔开。当油液的压力升高到作用于阀芯底端的液压作用力大于调定的弹簧力时,在液压作用力的作用下,阀芯上移,使进油口 P_1 和出油口 P_2 相通,压力油液自 P_2 口流出,可控制另一执行元件动作。

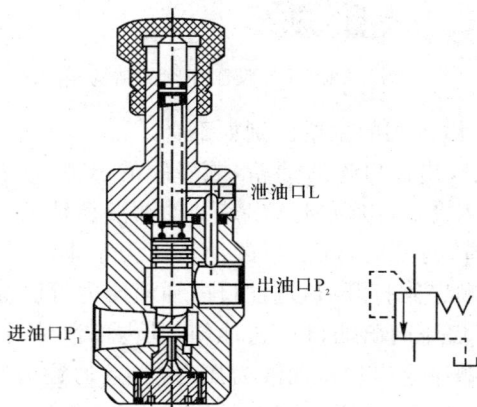

图 6-27 直动型顺序阀的结构

② 先导型顺序阀的结构和工作原理

先导型顺序阀的结构如图 6-28 所示,它与直动型顺序阀的主要差异在于阀芯下部有一个控制油口 K。当由控制油口 K 进入阀芯下端油腔的控制压力油产生的液压作用力大于阀芯上端调定的弹簧力时,阀芯上移,使进油口 P_1 与出油口 P_2 相通,压力油液自 P_2 口流出,可控制另一执行元件动作。如将出油口 P_2 与油箱接通,先导型顺序阀可用做卸荷阀。

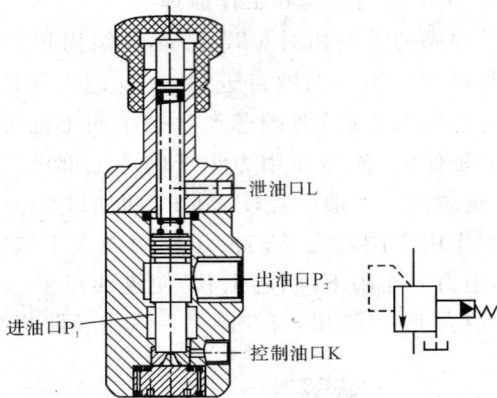

图 6-28　先导型顺序阀的结构

顺序阀与溢流阀的主要区别如下:

(1)溢流阀出油口连通油箱,顺序阀的出油口通常是连接另一工作油路,因此顺序阀的进、出口处的油液都是压力油。

(2)溢流阀打开时,进油口的油液压力基本上是保持在调定压力值附近,顺序阀打开后,进油口的油液压力可以继续升高。

(3)由于溢流阀出油口连通油箱,其内部泄油可通过出油口流回油箱,而顺序阀出油口油液为压力油,且通往另一工作油路,所以顺序阀的内部要有单独设置的泄油口(图 6-27 中的 L)。

五、流量控制阀

油液流经小孔、狭缝或毛细管时,会产生较大的液阻,通流面积越小,油液受到的液阻越大,通过阀口的流量就越小。在液压系统中,控制工作液体流量的阀称为流量控制阀,简称流量阀。常用的流量控制阀有节流阀、调速阀、分流阀等。其中,节流阀是最基本的流量控制阀。流量控制阀通过改变节流口的开口大小调节通过阀口的流量,从而改变执行元件的运动速度,通常用于定量液压泵液压系统中。流量控制阀的图形符号见表 6-6。

表 6-6 　　　　　　　　　　**流量控制阀的图形符号**

节流阀	调速阀	分流阀

1. 节流阀

（1）流量控制阀的工作原理

油液流经小孔、狭缝或毛细管时,会产生较大的液阻,通流面积越小,油液受到的液阻越大,通过阀口的流量就越小。所以,改变节流口的通流面积,使液阻发生变化,就可以调节流量的大小,这就是流量控制的工作原理。

节流口的形式很多,图 6-29 所示为常用的几种。图 6-29（a）为针阀式节流口,针阀芯做轴向移动时,改变环形通流截面积的大小,从而调节了流量。图 6-29（b）为偏心式节流口,在阀芯上开有一个截面为三角形（或矩形）的偏心槽,当转动阀芯时,就可以调节通流截面积大小而调节流量。这两种形式的节流口结构简单、制造容易,但节流口容易堵塞,流量不稳定,适用于性能要求不高的场合。图 6-29（c）为轴向三角槽式节流口,在阀芯端部开有一个或两个斜的三角沟槽,轴向移动阀芯时,就可以改变三角槽通流截面积的大小,从而调节流量。图 6-29（d）为周向缝隙式节流口,阀芯上开有狭缝,油液可以通过狭缝流入阀芯内孔,然后

由左侧孔流出，转动阀芯就可以改变缝隙的通流截面积。图
6-29(e)为轴向缝隙式节流口，在套筒上开有轴向缝隙，轴向移动
阀芯即可改变缝隙的通流面积大小，以调节流量。这三种节流口
性能较好，尤其是轴向缝隙式节流口，其节流通道厚度可薄到
0.07～0.09 mm，可以得到较小的稳定流量。

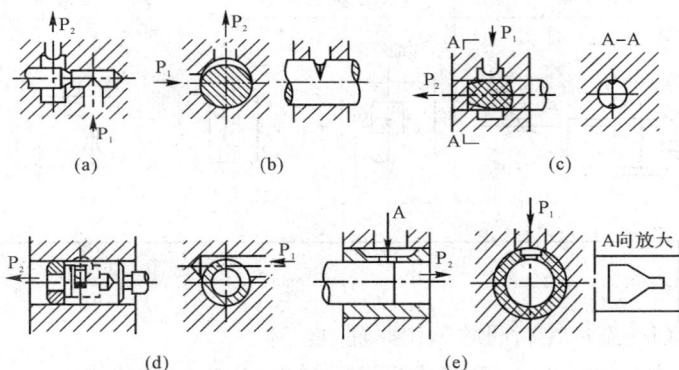

图 6-29　节流口的形式

（2）常用节流阀的类型

常用节流阀的类型有可调节流阀、不可调节流阀、可调单向
节流阀和减速阀等。

① 可调节流阀

图 6-30 所示为可调节流阀的结构图。节流口采用轴向三角
槽形式，压力油从进油口 P_1 流入，经通道 b、阀芯 3 右端的节流沟
槽和通道 a 从出油口 P_2 流出。转动手柄 1，通过推杆 2 使阀芯做
轴向移动，可改变节流口通流截面积，实现流量的调节。弹簧 4
的作用是使阀芯向左抵紧在推杆上。这种节流阀结构简单，制造
容易，体积小，但负载和温度的变化对流量的稳定性影响较大，因
此只适用于负载和温度变化不大或执行机构速度稳定性要求较
低的液压系统。

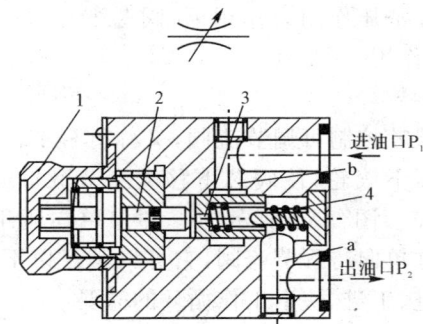

图 6-30 可调节流阀

1——手柄;2——推杆;3——阀芯;4——弹簧

② 可调单向节流阀

图 6-31 所示为可调单向节流阀的结构图。从作用原理来看,可调单向节流阀是可调节流阀和单向阀的组合,在结构上是利用

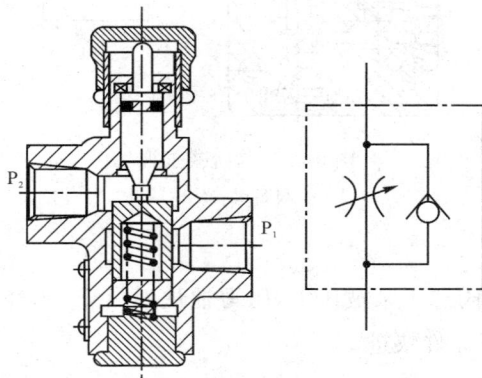

图 6-31 可调单向节流阀

一个阀芯同时起节流阀和单向阀的两种作用。当压力油从油口 P_1 流入时,油液经阀芯上的轴向三角槽节流口从油口 P_2 流出,旋转手柄可改变节流口通流面积大小而调节流量。当压力油从油

口 P_2 流入时,在油压作用力作用下,阀芯下移,压力油从油口 P_1 流出,起单向阀作用。

③ 减速阀

减速阀是滚轮控制可调节流阀,又称行程节流阀。其原理是通过行程挡块压下滚轮,使阀芯下移改变节流口通流面积,减小流量而实现减速。图 6-32 所示为一种与单向阀组合的减速阀。单向减速阀又称单向行程节流阀,它可以满足以下所述机床液压进给系统的快进、工进、快退工作循环的需要。

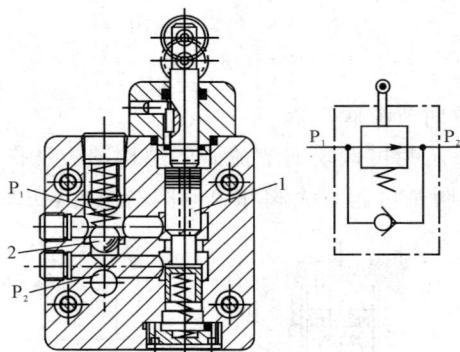

图 6-32　单向减压阀
1——阀芯;2——钢球

a. 快进

快进时,阀芯 1 未被压下,压力油从油口 P_1 不经节流口流往油口 P_2,执行元件快进。

b. 工进

当行程挡块压在滚轮上,使阀芯下移一定距离,将通道大部分遮断,由阀芯上的三角槽节流口调节流量,实现减速,执行元件慢进(工作进给)。

c. 快退

　　压力油液从油口 P_2 进入,推开单向阀阀芯 2(钢球),油液直接由 P_1 流出,不经节流口,执行元件快退。

　　(3) 影响节流阀流量稳定的因素

　　节流阀是利用油液流动时的液阻来调节阀的流量的。产生液阻的方式:一种是薄壁小孔、缝隙节流,造成压力的局部损失;一种是细长小孔(毛细管)节流,造成压力的沿程损失。实际上各种形式的节流口是介于两者之间。一般希望在节流口通流面积调好后,流量稳定不变,但实际上流量会发生变化,尤其是流量较小时变化更大。影响节流阀流量稳定的因素主要如下:

　　① 节流阀前、后的压力差

　　随外部负载的变化,节流阀前、后的压力差 Δp 将发生变化,流量也随之变化而不稳定。

　　② 节流口的形式

　　节流口的形式将影响流量系数 K 和参数 n。

　　③ 节流口的堵塞

　　当节流口的通流断面面积很小时,在其他因素不变的情况下,通过节流口的流量不稳定(周期性脉动),甚至出现断流的现象,称为堵塞。由于油液中的杂质、油液因高温氧化而析出的胶质、沥青等析出物,以及油液老化或受到挤压后产生带电极化分子,对金属表面的吸附,在节流口表面逐步形成附着层,常会造成节流口的部分堵塞,它不断堆积又不断被高速液流冲掉,使节流口的通流断面面积大小发生变化,从而引起流量变化,严重时附着层会完全堵塞节流口而出现断流现象。

　　④ 油液的温度

　　压力损失的能量通常转换为热能,油液的发热会使油液黏度发生变化,导致流量系数 K 变化,而使流量变化。

　　由于上述因素的影响,使用节流阀调节执行元件的运动速度,其速度将随负载和温度的变化而波动。在速度稳定性要求高的场合,则要使用流量稳定性好的调速阀。

2. 调速阀

(1) 调速阀的组成及其工作原理

调速阀是由一个定差减压阀和一个可调节流阀串联组合而成。用定差减压阀来保证可调节流阀前、后的压力差 Δp 不受负载变化的影响,从而使通过节流阀的流量保持稳定。

图 6-33 所示为调速阀的工作原理图。压力油液 p_1 经节流减压后以压力 p_2 进入节流阀,然后以压力 p_3 进入液压缸左腔,推动活塞以速度 v 向右运动。节流阀前、后的压力差 $\Delta p = p_2 - p_3$。减压阀阀芯 1 上端的油腔 b 经通道 a 与节流阀出油口相通,其油液压力为 p_3;其肩部油腔 c 和下端油腔 d 经通道 f 和 e 与节流阀进油口(即减压阀出油口)相通,其油液压力为 p_2,当作用于液压缸的负载 F 增大时,压力 p_3 也增大,作用于减压阀阀芯上端的液压力也随之增大,使阀芯下移,减压阀进油口处的开口加大,压力降减小,因而使减压阀出口(节流阀进口)处压力 p_2 增大,结果保持了节流阀前、后的压力差 $\Delta p = p_2 - p_3$ 基本不变。当负载 F 减

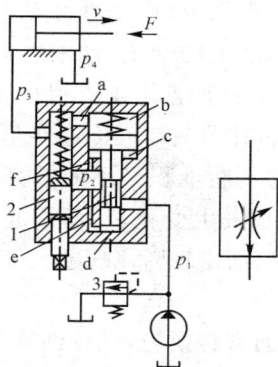

图 6-33　调速阀的工作原理
1——减压阀阀芯;2——节流阀阀芯;3——溢流阀

小时,压力 p_3 减小,减压阀阀芯上端油腔压力减小,阀芯在油腔 c 和 d 中压力油(压力为 p_2)的作用下上移,使减压阀进油口处开口减小,压力降增大,因而使 p_2 随之减小,结果仍保持节流阀前后压力差 $\Delta p = p_2 - p_3$ 基本不变。

因为减压阀阀芯弹簧很软(刚度很低),当阀芯上、下移动时,其弹簧作用力 $F_弹$ 变化不大,所以节流阀前后的压力差 $\Delta p = p_2 - p_3$ 基本上不变,为一常量。也就是说当负载变化时,通过调速阀的油液流量基本不变,液压系统执行元件的运动速度保持稳定。

(2) 调速阀的结构

图 6-34 是调速阀的结构图。调速阀由阀体 3、减压阀阀芯 7、减压阀弹簧 6、节流阀阀芯 4,节流阀弹簧 5、调节杆 2 和调速手柄 1 等组成。压力油 p_1 从进油口进入环形通道 f,经减压阀阀芯处的狭缝减压为 p_2 后到环形槽 e,再经孔 g 的节流阀阀芯的轴向三角槽节流后变为 p_3,由油腔 b、孔 a 从出油口流出(图中未画出)。节流阀前的压力油 p_2 经孔 d 进入减压阀阀芯大端的右腔,并经阀

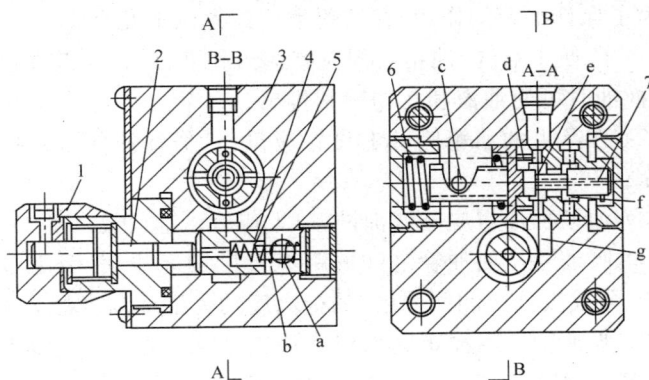

图 6-34 调速阀的结构

1——调速阀手柄;2——调节杆;3——阀体;4——节流阀阀芯;
5——节流阀弹簧;6——减压阀弹簧;7——减压阀阀芯

芯的中心通孔流入阀芯小端的右腔。节流阀后的压力油 p_3 经孔 a 和孔 c(孔 a 到孔 c 的通道图中未画出)进入减压阀阀芯大端的左腔。转动调速手柄通过调节杆可使节流阀阀芯轴向移动,调节所需的流量。

第四节　其他辅助元件

辅助元件是保证液压系统正常工作不可缺少的组成部分。它在液压系统中虽然只起辅助作用,但使用数量多,分布很广,如果选择或使用不当,不但会直接影响系统的工作性能和使用寿命,甚至会使系统发生故障,因此必须予以足够重视。

一、油箱

1. 油箱的作用

油箱在液压系统中的作用是储存油液、散发油液中的热量、沉淀污物并逸出油液中的气体。

为了保证油箱的作用,在结构上应注意以下几个方面:

(1)应便于清洗,油箱底部应有适当斜度,并在最低处设置放油塞,换油时可使油液和污物顺利排出。

(2)在易见的油箱侧壁上设置液位计(俗称油标),以指示油位高度。

(3)油箱加油口应装滤油网,口上应有带通气孔的盖。

(4)吸油管与回油管之间的距离要尽量远些,并采用多块隔板隔开,分成吸油区和回油区,隔板高度约为油面高度的 3/4。

(5)吸油管口离油箱底面距离应大于 2 倍油管外径,离油箱边距离应大于 3 倍油管外径。吸油管和回油管的管端应切成斜口,回油管的斜口应朝向箱壁。

油箱的容量必须保证:液压设备停止工作时,系统中的全部油液流回油箱时不会溢出,而且还有一定的预备空间,即油箱液面不超过油箱高度的80%。液压设备管路系统内充满油液工作时,油箱内应有足够的油量,使液面不到太低,以防止液压泵吸油管处的滤油器吸入空气。通常油箱的有效容量为液压泵额定流量的2～6倍。一般随着系统压力的升高,油箱的容量应适当增加。

2. 油箱与液压泵的安装

单独油箱的液压泵和电动机的安装有两种方式:卧式(图6-35)和立式(图6-36)。

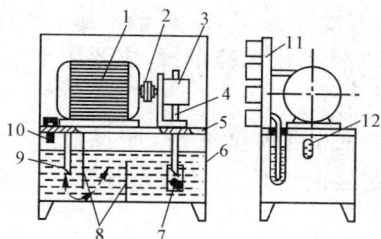

图 6-35　液压泵卧式安装的油箱

1——电动机;2——联轴器;3——液压泵;4——吸油管;5——盖板;
6——油箱体;7——过滤器;8——隔板;9——回油管;10——加油口;
11——控制阀连接板;12——液位计

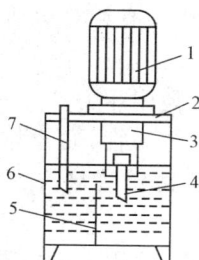

图 6-36　液压泵立式安装的油箱

1——电动机;2——盖板;3——液压泵;4——吸油管;
5——隔板;6——油箱体;7——回油管

　　卧式安装时,液压泵及油管接头露在油箱外面,安装和维修较方便;立式安装时,液压泵和油管接头均在油箱内部,便于收集漏油,油箱外形整齐,但维修不方便。

二、油管和管接头

　　(1)液压传动中,常用的油管有钢管、紫铜管、尼龙管、塑料管、橡胶软管等。

　　① 钢管

　　能承受高压,油液不易氧化,价格低廉,但装配弯形较困难。常用的有 10 号、16 号冷拔无缝钢管,主要用于中、高压系统中。

　　② 紫铜管

　　装配时弯形方便,且内壁光滑,摩擦阻力小,但易使油液氧化,耐压力较低,抗振能力差。一般适用于中、低压系统中。

　　③ 尼龙管

　　弯形方便,价格低廉,但寿命较短,可在中、低压系统中部分替代紫铜管。

　　④ 橡胶软管

　　由耐油橡胶夹以 1～3 层钢丝编织网或钢丝绕层做成。其特点是装配方便,能减轻液压系统的冲击,吸收振动,但制造困难,价格较贵,寿命短。一般用于有相对运动部件间的连接。

　　⑤ 耐油塑料管

　　价格便宜,装配方便,但耐压力低。一般用于泄漏油管。

　　(2)管接头用于油管与油管、油管与液压元件间的连接。常用的管接头形式有扩口式薄壁管接头、焊接式钢管接头、夹套式管接头、高压软管接头等。

　　① 扩口式薄壁管接头,适用于铜管或薄壁钢管的连接,也可用来连接尼龙管和塑料管,在一般压力不高的机床液压系统中,应用较为普遍。

　　② 焊接式钢管接头,用来连接管壁较厚的钢管,用在压力较

高的液压系统中。

③ 夹套式管接头，当旋紧管接头的螺母时，利用夹套两端的锥面使夹套产生弹性变形来夹紧油管。这种管③接头装拆方便，适用于高压系统的钢管连接，但制造工艺要求高，对油管要求严格。

④ 高压软管接头，多用于中、低压系统的橡胶软管的连接。

三、过滤器

1. 过滤器的功用

液压系统使用前因清洗不好，残留的切屑、焊渣、型砂、涂料、尘埃、棉丝，加油时混入的以及油箱和系统密封不良进入的杂质等外部污染和油液氧化变质的析出物混入油液中，会引起系统中相对运动零件表面磨损、划伤甚至卡死，还会堵塞控制阀的节流口和管路小口，使系统不能正常工作。因此，清除油液中的杂质，使油液保持清洁是确保液压系统能正常工作的必要条件。通常，油液利用油箱结构先沉淀，然后再采用过滤器进行过滤。

2. 过滤器的安装

过滤器又称滤油器，一般安装在液压泵的吸油口、压油口及重要元件的前面。通常，液压泵吸油口安装粗过滤器，压油口与重要元件前安装精过滤器。

（1）安装在液压泵的吸油管路上（图 6-37 中的过滤器 1），可保护泵和整个系统。要求有较大的通流能力（不得小于泵额定流量的 2 倍）和较小的压力损失（不超过 0.02 MPa），以免影响液压泵的吸入性能。为此，一般多采用过滤精度较低的网式过滤器。

（2）安装在液压泵的压油管路上（图 6-37 中的过滤器 2），用以保护除泵和溢流阀以外的其他液压元件。要求过滤器具有足够的耐压性能，同时压力损失应不超过 0.36 MPa。为防止过滤器堵塞时引起液压泵过载或滤芯损坏，应将过滤器安装在与溢流阀并联的分支油路上，或与过滤器并联一个开启压力略低于过滤器最大允许压力的安全阀。

(3) 安装在系统的回油管路上(图 6-37 的过滤器 3),不能直接防止杂质进入液压系统,但能循环地滤除油液中的部分杂质。这种方式安装过滤器不承受系统工作压力,可以使用耐压性能低的过滤器。为防止过滤器堵塞引起事故,也需并联安全阀。

(4) 安装在系统旁油路上(图 6-37 中的过滤器 4),过滤器装在溢流阀的回油路,并与一安全阀相并联。这种方式滤油器不承受系统工作压力,又不会给主油路造成压力损失,一般只通过泵的部分流量(20%～30%),可采用强度低、规格小的过滤器。但过滤效果较差,不宜用在要求较高的液压系统中。

(5) 安装在单独过滤系统中(图 6-37 中的过滤器 5),它是用一个专用液压泵和过滤器单独组成一个独立于主液压系统之外的过滤回路。这种方式可以经常清除系统中杂质,但需要增加设备,适用于大型机械的液压系统。

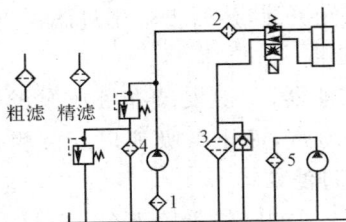

图 6-37　滤油器的安装位置

3. 过滤器的类型

常用的过滤器有网式、线隙式、烧结式、纸芯式和磁性过滤器等多种类型。

(1) 网式过滤器

网式过滤器为周围开有很大窗口的金属或塑料圆筒,外面包着一层或两层方格孔眼的铜丝网,没有外壳,结构简单,通油能力大,但过滤效果差。通常用在液压泵的吸油口。

（2）线隙式过滤器

线隙式过滤器，是用金属线（铜线或铝线）绕在筒形芯架外部，利用线间的缝隙过滤油液。芯架上开有许多纵向槽和径向孔，油液从金属线缝隙中进入槽，再经孔进入过滤器内部，然后从端盖中间的孔进入吸油管路。这种过滤器结构简单，通油能力强，过滤效果好，但不易清洗，一般用于低压系统液压泵的吸油口。

（3）烧结式过滤器

烧结式过滤器的滤芯一般由金属粉末（颗粒状的锡青铜粉末）压制后烧结而成，通过金属粉末颗粒间的孔隙过滤油液中的杂质。滤芯可制成板状、管状、杯状、碟状等。烧结式滤油器强度高，耐高温，抗腐蚀性强，过滤效果好，可在压力较大的条件下工作，是一种应用广泛的精过滤器。其缺点是通油能力低，压力损失较大，堵塞后清洗比较困难，烧结颗粒容易脱落等。

（4）纸芯式过滤器

纸芯式过滤器是利用微孔过滤纸滤除油液中杂质的。纸芯一般做成折叠形，以增大过滤面积，在纸芯内部有带孔的芯架，用来增加强度，以免纸芯被压力油压破。油液从滤芯外部进入滤芯内部，被过滤后从孔流出。

纸芯式过滤器过滤精度高，但通油能力低，易堵塞，不能清洗，纸芯需要经常更换，主要用于低压小流量的精过滤。

（5）磁性过滤器

磁性过滤器用于过滤油液中的铁屑。简单的磁性过滤器可以用几块磁铁组成。

四、压力继电器

1. 用途

压力继电器是用来将液压信号转换为电信号的辅助元器件。其作用是根据液压系统的压力变化自动接通或断开有关电路，以实现程序控制和安全保护功能。

2.结构

图 6-38 为压力继电器的原理图。控制油口 K 与液压系统相连通,当油液压力达到调定值时,薄膜 1 在液压作用力作用下向上鼓起,使柱塞 5 上升,钢球 8 和 2 在柱塞锥面的推动下水平移动,通过杠杆 9 压下微动开关 11 的触销 10,接通电路,从而发出电信号。发出电信号时的油液压力可通过调节螺钉 7,改变弹簧 6 对柱塞的压力进行调定。当控制油口 K 的压力下降到一定数值时,弹簧 6 和 3(通过钢球 2)将柱塞压下,这时钢球 8 落入柱塞的锥面槽内,微动开关的触销复位,将杠杆推回,电路断开。

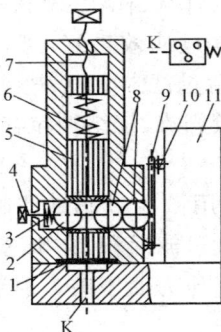

图 6-38　压力继电器的原理图

1——薄膜;2,8——钢球;3,6——弹簧;4,7——调节螺钉;
5——柱塞;9——杠杆;10——触销;11——微动开关

五、压力计

1.用途

观察液压系统中各工作点(如液压泵出口、减压阀等)的油液压力,以便操作人员把系统的压力调整到要求的工作压力。

2.结构

图 6-39 为常用的一种压力计(俗称压力表),由测压弹簧管

1、齿扇杠杆放大机构 2、基座 3 和指针 4 等组成。压力油液从下部油口进入弹簧管后,弹簧管在液压力的作用下变形伸张,通过齿扇杠杆放大机构将变形量放大并转换成指针的偏转(角位移),油液压力越大,指针偏转角度越大,压力数值可由表盘上读出。

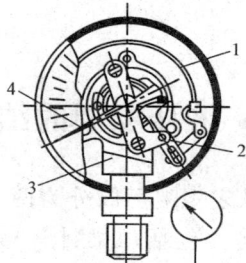

图 6-39　压力计

1——弹簧管;2——放大机构;3——基座;4——指针

第七章　液压支架的结构

第一节　液压支架的结构分析

液压支架的结构从宏观上可以分为两大部分,即金属结构件和液压元件。金属结构件包括顶梁、掩护梁、连杆和底座四大部分,其作用是承担顶板的压力并将其传递于底板,维护一定的工作空间。液压元件主要包括执行元件和控制元件两大部分。执行元件担负着液压支架各个动作的完成,由立柱和各种千斤顶组成;控制元件担负着液压支架各个动作的操作、控制任务,由操纵阀、控制阀等各种液压阀组成。液压元件的结构和性能的好坏直接影响到液压支架的工作性能的好坏和使用寿命的长短,所以,正确操作液压支架对于延长支架的使用寿命有着重要的作用。

一、金属结构件的结构分析

根据液压支架的使用情况,这里只着重说明掩护式和支撑掩护式液压支架的结构。

（一）顶梁的结构分析

1. 掩护式液压支架

掩护式液压支架分长顶梁和短顶梁两种,前者立柱多支撑在顶梁上,后者立柱多支撑在掩护梁上。下面介绍两种常见的掩护式液压支架顶梁。

（1）平衡式顶梁

平衡式顶梁一般为整体结构,顶梁下部与掩护梁铰接,由于铰接点前、后段比例接近于 2∶1,使顶梁两段趋于平衡,故又称为平衡式顶梁。如图 7-1(a)所示,为了防止支架下降时顶梁自动翻转,在顶梁与掩护梁之间装有机械与液压限位装置,即限位轴和限位千斤顶(立柱支撑在掩护梁上,在顶梁与掩护梁之间安装的千斤顶叫做限位千斤顶)。缺点是顶梁与掩护梁之间存在三角区,影响顶梁的受力与调整。

(2)铰接式顶梁

铰接式顶梁的立柱直接支撑在顶梁上,顶梁和掩护梁之间安装平衡千斤顶,如图 7-1(c)所示。除此之外,还有潜入式和带有前梁或前伸梁的铰接顶梁,如图 7-1(b),图 7-1(d)、图 7-1(e)所示。

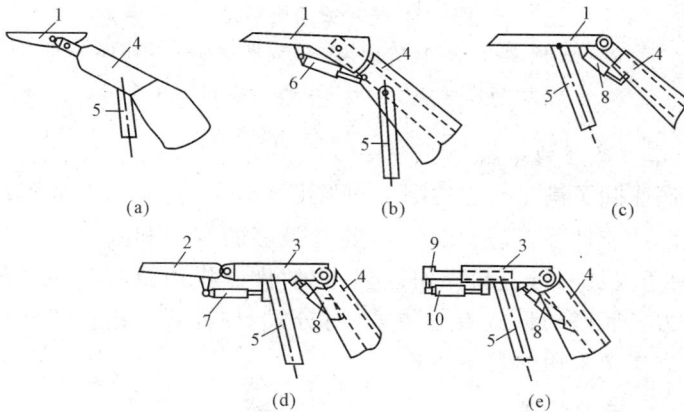

图 7-1 掩护式支架顶梁的结构形式

1——顶梁;2——前探梁;3——主梁;4——掩护梁;5——立柱;6——限位千斤顶;
7——前梁千斤顶;8——平衡千斤顶;9——前伸梁;10——前伸梁伸缩千斤顶

2. 支撑掩护式液压支架

支撑掩护式液压支架的顶梁一般为整体结构,只是在顶梁和掩护梁之间增设了侧护装置。

（二）掩护梁的结构分析

掩护梁是掩护式和支撑掩护式液压支架的主要承载构件，其作用是防止采空区冒落的矸石涌入工作面，并承受冒落矸石的压力。其结构为钢板焊接的箱式结构。

掩护梁上端与顶梁铰接，下端与前后连杆铰接，形成四连杆机构，其结构形式有折线型和直线型两种，如图 7-2 所示。

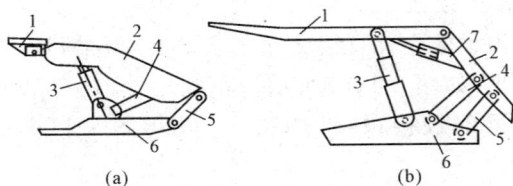

图 7-2　掩护梁结构形式

1——顶梁；2——掩护梁；3——立柱；4——前连杆；

5——后连杆；6——底座；7——限位千斤顶

（三）底座的结构分析

底座除了满足一定的刚度和强度要求外，还要求对底板起伏不平的适应性强，接触比压小，要有足够的空间和必要的安装条件，便于人员的行走和操作；起一定的排矸作用及具备一定的排矸能力。底座的形式有整体式、对分式、柱鞋式。掩护式和支撑掩护式支架采用的是整体式。

二、辅助装置

辅助装置主要包括推移装置、护帮装置、侧护装置、调架装置、防倒和防滑装置等。这里主要介绍推移装置的结构形式及要求。

推移装置的作用是完成支架的移架，同时也作为输送机向前移动的支点。推移装置按结构和移动的方式不同，可分为直接推移和间接推移装置。

直接推移装置由推移千斤顶和连接头组成。其连接方式有正装和倒装两种，结构简单，连接方便，但推拉力分配不合理。当泵站供液压力不变时，其推力明显大于拉力，与实际工作中的需要刚好相反。因此，解决推拉力分配不均的方法有以下几种：

（1）采用不同的供液压力。

（2）采用差动供液方式。

（3）采用浮动活塞式千斤顶。

（4）采用间接推移装置。

三、执行元件的结构

1. 立柱

立柱是液压支架的主要执行元件，用于承受顶板载荷、调节支护高度。

在国产液压支架中，立柱根据结构的不同大致可分为：单伸缩和双伸缩立柱两种。单伸缩立柱有不带机械加长杆和带机械加长杆的两种形式。当要求支架调高范围较大时，可选用带机械加长杆的单伸缩立柱，也可选用双伸缩立柱。单伸缩立柱结构简单，成本低，但不如双伸缩立柱使用方便。

单伸缩立柱有单作用和双作用之分，单作用立柱采用液压升柱、自重降柱的工作方式。

由于降柱不采用液压，故对其活塞杆表面的精度和粗糙度等要求较低，加工成本低。但是自重降柱速度慢，并且整架支架各个立柱降柱不同步，影响工作面快速推进，所以目前应用较少。双作用立柱靠液压力实现升柱和降柱，提高了立柱的可靠性，也为支架的遥控和自动控制提供了可能，因此目前应用较多。

单伸缩立柱主要由缸体、活柱、加长杆导向套、密封件和连接件组成。

不带机械加长杆的单伸缩立柱，其柱头直接焊在柱管端部。

2. 千斤顶

液压支架用的千斤顶种类很多,按其结构的不同有柱塞式和活塞式千斤顶。活塞式千斤顶可分为固定活塞式和浮动活塞式;按其进液方式的不同,可分为内进液式和外进液式;按其在支架中的用途不同,又可分为推移千斤顶、护帮千斤顶、侧推千斤顶、平衡千斤顶、限位千斤顶、防滑千斤顶等。随着支架的功能越来越多,不同用途千斤顶的种类也越来越多。

(1)柱塞式千斤顶

柱塞式千斤顶主要由缸体、柱塞、导向套、连接件和密封件组成,如图 7-3 所示。缸体 1 由缸底和缸筒焊接而成。缸底端有连接耳座,缸筒的一端为缸口。柱塞为圆柱体,装入缸体内,其端部外径与缸体内径为动配合,并在配合部位安有聚甲醛导向环 2,以防止由于柱塞的频繁动作而引起磨损。由于千斤顶采用内进液方式,因而在柱塞中心开有一纵向长孔作为进液通道。通道上另一横向孔通往柱塞与缸体间的环形腔。由于柱塞与缸体间只安有导向环,并无密封件,所以缸体与柱塞端部形成的柱塞腔与环形腔是连通的。进液时,压力液进入环形腔的同时也进入柱塞腔,但是由于环形腔远小于柱塞腔的横截面面积,故不影响柱塞伸出,其伸出作用力为柱塞杆面积供液压力的乘积,当柱塞在外力作用下收回时,柱塞腔的液体从输液口排出的同时也进入环形腔,以减少柱塞收回时的阻力。在柱塞的伸出端还有用于连接的环形槽口。

导向套 8 位于缸口部位的缸体与柱塞之间,导向套与缸体间的密封采用 O 形密封圈 4 和聚四氟乙烯挡圈 5,与柱塞间的密封采用蕾形密封圈 6 和聚甲醛挡圈 7。导向套与缸体通过卡环 9 连接,卡环外侧还装有防尘、防锈的 O 形防尘圈。缸口最外端为缸盖,缸盖由弹性挡圈 11 轴向固定,其作用是防止卡环 9 自动脱落。

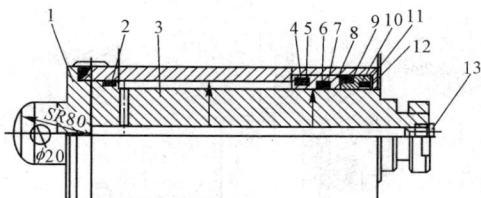

图 7-3　柱塞式千斤顶

1——缸体;2——导向环;3——柱塞;4——O 形密封圈;
5——聚四氟乙烯挡圈;6——蕾形密封圈;7——聚甲醛挡圈;8——导向套;
9——卡环;10——缸盖;11——弹性挡圈;12——防尘圈;13——塑料帽

（2）固定活塞式千斤顶

固定活塞式千斤顶主要由缸体、活塞头、导向套、连接件和密封件几部分组成,如图 7-4 所示。缸体 1 由带有连接耳座的缸底的缸筒焊接而成。缸筒上焊有两个管接头口,供装接输液软管。活塞杆 18 的一端为连接耳,另一端装有活塞头 6。活塞杆表面为乳白铬和硬铬复合镀层,以防止磨损和锈蚀。活塞通过半环 4 固定在活塞杆上。为防止半环自动脱落,在其外杆套有保持套 3,并由弹簧挡圈 2 进行轴向固定。活塞与缸壁之间通过鼓形密封圈 7 密封。为保护鼓形密封圈和减少活塞与缸体的磨损,提高滑动性能,在鼓形密封圈两侧装有聚甲醛活塞导向环 8。活塞腔的导向环由支承环 5 支承。活塞与活塞杆之间是通过两侧带挡圈 10 的 O 形密封圈密封。两侧的挡圈是为防止两侧压力液破坏 O 形密封圈。导向套 16 位于缸口部位,即缸体与活塞杆之间,导向套与缸体之间通过方钢丝挡圈 13 连接,并通过 O 形密封圈 11 和聚四氟乙烯挡圈 12 密封。导向套与活塞杆之间通过蕾形密封圈 14 和聚甲醛挡圈 15 密封,并通过防尘圈 17 防止外部煤尘进入液压缸内。

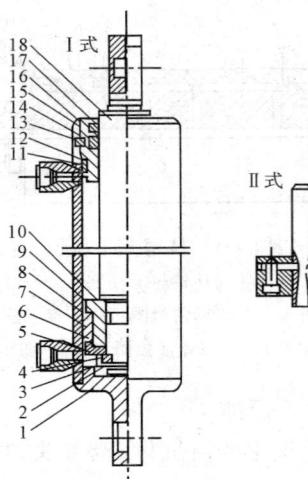

图 7-4　固定活塞式千斤顶

1——缸体；2,10,12,13,15——挡圈；3——保持套；4——半环；

5——支承环；6——活塞头；7——鼓形密封圈；8——导向环；

9,11——O 形密封圈；14——蕾形密封圈；16——导向套；17——防尘圈；18——活塞杆

（3）浮动活塞式千斤顶

浮动活塞式千斤顶也是由缸体、活塞杆、活塞头、导向套、连接件和密封件等组成，如图 7-5 所示。

缸体 11 也是由缸底和缸筒两部分焊接而成。由于这类千斤顶主要用做推移千斤顶，因而在缸筒两侧均焊有连接耳轴，以便和底座相连。缸筒的两端也焊有两个管接头，供装接输液软管。

活塞杆 12 的一端有连接耳，杆表面为乳白铬和硬铬复合镀层。活塞头 9 和距离套 10 可在活塞杆上来回滑动，为了保证滑动部位的密封可靠，在活塞头与活塞杆之间装有两组位置相对的蕾形密封圈和聚甲醛挡圈（蕾形密封圈与聚甲醛挡圈的结构同导向套上的件号 17、18 相同），这是由于活塞腔进液和活塞杆腔进

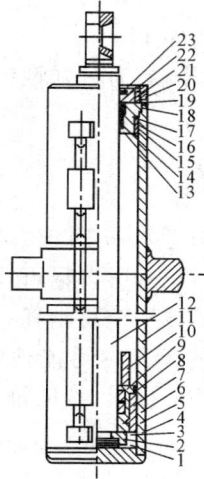

图 7-5　浮动活塞式千斤顶

1,21——弹性挡圈;2——保持套;3——半环;4——卡箍;5——卡键;
6——支承环;7——鼓形密封圈;8,14——导向环;9——活塞头;10——距离套;
11——缸体;12——活塞杆;13——导向套;15——O 形密封圈;16,18——挡圈;
17——蕾形密封圈;19——卡环;20——O 形防尘圈;22——缸盖;23——防尘环

液时的液体压力方向不同,活塞头与缸壁之间装有两片聚甲醛的活塞导向环 8,在两片导向环 8 之间装有鼓形密封圈 7。导向环和鼓形密封圈通过卡键 5 与卡箍 4 固定在活塞头上。

当活塞腔进液时,活塞头与距离套滑动,当滑动至缸口处被导向套 13 限位。当活塞杆腔进液时,活塞头与距离套的滑动被半环 3 所限位,半环 3 通过保持套 2 和弹性挡圈 1 进行径向和轴向固定。

导向套 13 位于缸口部位缸筒与活塞杆之间。导向套与缸体通过卡环 19 连接。紧靠卡环放置的是 O 形防尘圈 20,导向套与缸壁通过 O 形密封圈 15 和挡圈 16 密封,与活塞杆通过蕾形密封圈 17 和挡圈 18 密封。为减少导向套与活塞杆间的磨损,在导向套与活塞杆间还装有导向环 14。

缸盖 22 位于缸口最外端,通过弹性挡圈 21 固定。缸盖与活塞杆间装有防尘环 23。

3. 立柱和千斤顶的区别

(1)活塞杆直径的差异

立柱和千斤顶活塞杆直径差别较大。这是因为立柱承受较大的顶板载荷,而降柱力较小,所以尽可能增大活柱直径,以保证足够的刚度和强度。为了减少钢材消耗,往往采用空心管材。而千斤顶则要求其推拉力的差距尽可能地缩小,以满足工作需要。一般是在保证一定刚度的前提下,按照推拉力的比例来选择活塞杆直径的大小。

(2)外部连接的差异

立柱的缸底和柱头分别坐落在底座和支撑在顶梁的柱窝中,为了便于两者间的接触以适应工作的具体要求,一般采用球面形状,一类为凸球面,一类为凹球面,目前多采用凸球面。千斤顶两端的连接结构形式很多,常见的有:单连接耳、双连接耳、圆柱体、耳轴等。

(3)调节范围的差异

立柱在使用过程中要适应煤层的变化,所以其调节范围比较大。有的立柱制成双伸缩结构,而千斤顶的调节范围较小,最大的调节范围为 700 mm,故均为单伸缩结构。

(4)活塞的连接差异

立柱的活塞一般为整体式结构,即活塞与活柱焊接为一体。而千斤顶则大多数为组合结构,即活塞与活塞杆组装在一起,有固定组合和滑动组合两种,采用滑动组合的往往是推移千斤顶。

四、控制元件的结构

液压支架的控制元件主要有操纵阀、液控单向阀和安全阀。

1. 操纵阀

按阀芯动作原理的不同,液压支架的操纵阀分为往复式和回转式两大类;按控制方法的不同,分为手动、液控、电控和电液控等。

下面以 CF-PZl25/320 型操纵阀为例说明。

(1) CF-PZl25/320 型纵阀的技术特征

CF-PZl25/320 型操纵阀的额定工作压力为 31.5 MPa;流量为 125 L/min,是一种流量较大的操纵阀。它由不同数量的片阀组合而成,其中一片为首片阀,其余为结构完全相同的中片阀。首片阀上设有供、回液接头。各片阀之间通过 O 形密封阀密封,使用中不能分片单独拆卸更换。尾片阀中,设有初撑力自保阀(简称自保阀),能自动保持立柱达到泵压的初撑力。如图 7-6 所示为配有自保阀的尾片阀。

(2) 工作原理

① 升柱:将操作手把 3 扳至如图 7-6 所示位置,凸轮 2 通过压块 4 将顶杆 5 压向左方,使阀垫 6 与空心阀 7 接触密封,同时空心阀顶开阀芯 9 压缩弹簧 10,这时压力液从 P 口经阀座 8 的 C 口、阀套 12 的 B 口进入立柱活塞腔,立柱环形腔的液体从 A 口进入操纵阀,经上方空心阀 7 从 R 口回液。

② 降柱:将操作手把 3 扳至上方位置,这时压力液从 P 口经上方阀座 8 的 C 口、阀套 12 的 A 口进入立柱环形腔,立柱活塞腔的液体经 B 口从 R 口回液。

(3) 自保阀的工作原理(图 7-7)

操作手把在升柱位置,压力液从 P 口,经卸压阀套 8 上的两个孔、卸压阀芯 10 与卸压阀座 9 的中心孔进入 F 腔,压力液在 F 腔内推动卸压阀杆 7、顶杆帽 6 向右移动一个距离 L。当支架顶梁接触顶板,立柱活塞腔压力上升到弹簧 3 的调定压力时,顶杆 5 向右移动,推动凸轮 1 复位,凸轮复位后,操纵阀口 B 与回液口 R

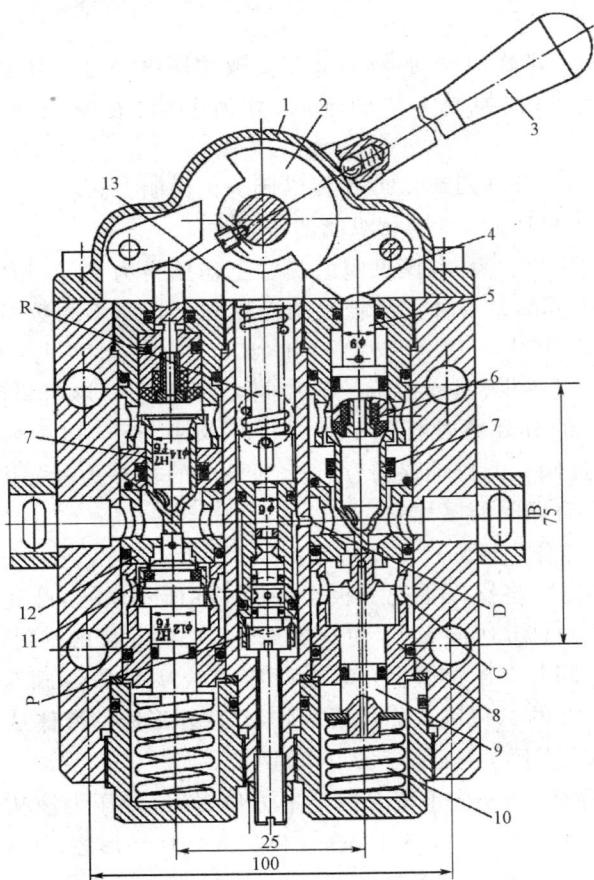

图 7-6 CF-PZ125/320 型操纵阀尾片阀

1——盖;2——凸轮;3——手把;4——压块;5——顶杆;
6——阀垫;7——空心阀;8——阀座;9——阀芯;10——弹簧;
11——密封圈;12——阀套;13——自保阀

相通,自保阀内的液压也降低,在弹簧 3 的作用下,顶杆 5、顶杆帽 6 都复位。螺杆 11 用以调定自保阀的动作压力,背帽 12 用以固定螺杆。使用这种阀时,操作者扳动手把升柱后,手把在支架达到一定初撑力后能自动复位,可提高操作效率,但由于泵站压力不可能调得十分精确,且调定自保阀的导通压力必须低于泵站实际压力(一般为供液压的 90% 以下),所以,自保阀不能达到泵站的实际压力,支架也达不到设计初撑力。

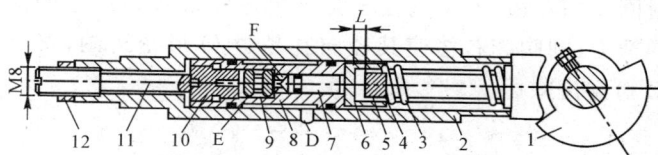

图 7-7　自保阀的结构

1——凸轮;2——阀壳;3——弹簧;4——穿销;5——顶杆;
6——顶杆帽;7——卸压阀杆;8——卸压阀套;9——卸压阀座;
10——卸压阀芯;11——螺杆;12——背帽

2. 安全阀

液压支架上采用的安全阀均为直动式安全阀,其结构简单、动作灵敏、过载时能迅速地起到卸载溢流的作用。

安全阀的工作原理是通过阀口前的液压力与作用于阀芯上弹性元件作用力的相互作用,实现阀的开启溢流和关闭定压的作用。根据弹性元件的不同,安全阀有弹簧式和充气式两类;根据安全阀密封副结构形式的不同,有阀座式和滑阀式两类。按溢流能力不同,又分为:小流量安全阀,一般小于 16 L/min,适用于顶板来压不强烈的工作面支架立柱;中流量安全阀,一般16~100 L/min,适用于顶板来压强烈的工作面支架立柱及某些千斤顶,如前梁千斤顶、平衡千斤顶等;大流量安全阀,一般大于 100 L/min,主要起过载保护作用,适用于顶板来压强烈的工作面支架立柱。

(1) YF5 型安全阀

弹簧式滑阀安全阀由阀座 2、阀芯 3、弹簧座 5、阀壳 6、弹簧

7、接头等零部件组成,如图 7-8 所示。它的密封副是靠阀芯 3 与
O 形密封圈 4 的紧密接触来密封的,阀芯 3 中心有轴向盲孔,与
其头部的径向孔相通。O 形密封圈 4 嵌在阀座 2 中,当 A 口液压
对阀芯的作用力小于由空心调整螺钉 8 所调定的弹簧 7 的作用
力时,弹簧通过弹簧座 5 把阀芯压入阀座,使阀芯径向孔位于 O
形密封圈 4 的左边,安全阀处于关闭状态。如 A 口产生的液压力
大于弹簧力,则阀芯右移使其径向孔越过 O 形密封圈,安全阀开
始从 B 口溢流限压。

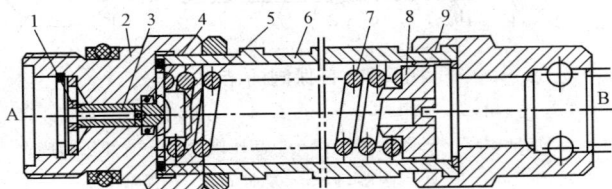

图 7-8　YF5(YF5A)型安全阀

1——过滤网;2——阀座;3——阀芯;4——O 形密封圈;5——弹簧座;
6——阀壳;7——弹簧;8——空心调整螺钉;9——管接头

(2) 弹簧式逆流型安全阀

弹簧式逆流型安全阀的结构如图 7-9 所示。它的主要特点是
阀座 5 可以在阀壳 2 的导向孔中移动,故称为浮动阀座。浮动阀
座上装有阀垫 6,它与阀芯 7 的锥面接触,增强了密封性能。该阀
的开启压力由调整螺母 1 调定。弹簧 9 用来给定密封副的初始
接触压力。

弹簧式逆流型安全阀的工作原理是:高压液体经过滤器 8 流
入 A 腔,然后沿锥形阀芯 7 的孔道集聚于浮动阀座 5 的右侧,若
液体压力小于阀调定的开启压力,则碟形弹簧 3 通过碟簧座 4、钢
球 12,对浮动阀座左侧的作用力大于阀座右侧受到的液压作用
力,浮动阀座不动。因此,A 腔液压力增高,但低于调定的开启压

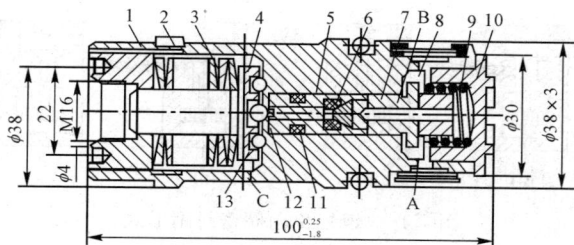

图 7-9 弹簧式逆流型安全阀

1——调整螺母；2——阀壳；3——碟形弹簧；4——碟簧座；
5——浮动阀座；6——阀垫；7——锥形阀芯；8——过滤器；
9——弹簧；10——螺纹端套；11——O 形密封圈；12——钢球；13——密封垫

力时,仅仅增大了阀芯 7 对阀垫 6 的压紧力,使之密封更严。只有 A 腔液压力升高到超过阀调定的开启压力时,浮动阀座受到的液压力才大于碟形弹簧预压缩力,阀芯便推动浮动阀座向左移动。阀芯凸肩被阀壳 2 的端部 B 阻挡后不再移动,但浮动阀座继续在液压力作用下向左移动,使阀座和阀芯脱离接触,即安全阀开启溢流卸压,溢流液体从 C 口排出阀外。

从上述可知,弹簧式逆流型安全阀由于在开启前的瞬间,密封副的接触压力最大,所以这种安全阀在即将开启前不会有微小的泄漏,避免了顺流型安全阀的缺点。换句话说,逆流型安全阀具有起始溢流压力准确的优点。不过,它的结构比较复杂。

3. 液控单向阀

液压支架上泵采用的液控单向阀的工作原理与上述基本相同,主要由单向阀芯和液控顶杆两部分组成。按单向阀密封副形式的不同,液控单向阀有平面密封式、锥面密封式、球面密封式和圆柱面密封式四种类型,如图 7-10 所示。

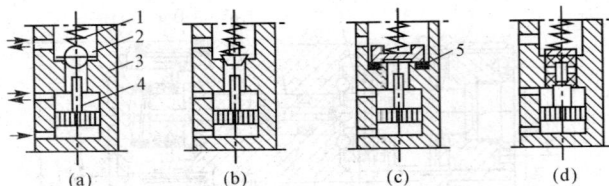

图 7-10　液控单向阀密封副形式

1——弹簧;2——阀芯;3——阀体;4——顶杆;5——阀垫

（1）KDF1C 型液控单向阀

KDF1C 各符号的含义如下：

```
K D F 1 C
            第三次修改
          第一次设计
        阀
      单向
    液控
```

　　KDF1C 型液控单向阀是一种平面密封液控单向阀，密封垫 9 与阀芯 10 平面接触构成密封副，如图 7-11 所示。密封垫座 8 的凸缘和阀芯 10 的面互相软接触，并通过它们的结构公差来控制密封垫的最大变形量（0.1～0.35 mm），以延长密封副的工作寿命，这种密封方式称为面接触、软密封。

　　高压液从 A 口进入后，克服小弹簧 13 的作用力，使阀芯 10 抬起，通过阀口从液口 B 流出，A 口一旦与回液管连通，阀芯即在小弹簧的作用下立即与密封垫 9 紧密接触，关闭通道，液口 B 的液体不能回流，并且 B 腔压力比 A 腔压力越大，关闭越严。欲使液口 B 卸载回流，必须使液控口 K 连通高压，这样，顶杆 3 将在液口 K 液压力作用下先克服大弹簧 4 的作用力，然后克服小弹簧 13 的作用力以及液口 B 对阀芯 10 的作用力，把阀芯顶开，允许工作液从液口 B 回流到液口 A。K 口液压一旦撤除，则顶杆在大弹簧作用下回到原位，阀芯在小弹簧作用下迅速关闭。

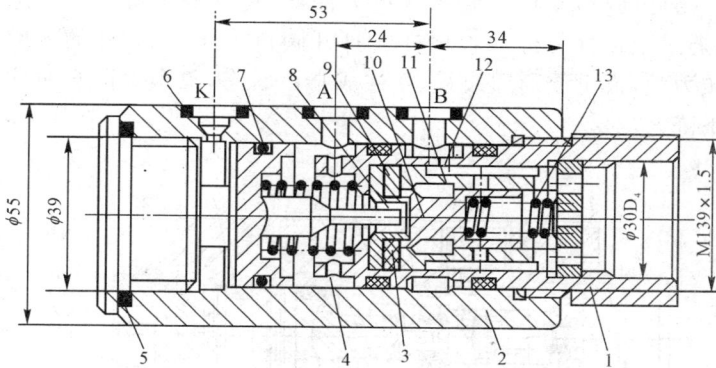

图 7-11　KDF1C 型液控单向阀

1——阀体;2——阀壳;3——顶杆;4——大弹簧;

5,6,7——O 形密封圈;8——密封垫座;9——密封垫;

10——阀芯;11——导向套;12——节流孔;13——小弹簧

KDF1C 液控单向阀的特征:

公称压力　　　　　42 MPa

控制压力　　　　　6.5 MPa

公称流量　　　　　40 L/min

外形尺寸　　　　　132 mm×75 mm×55 mm

　　　　　　　　　148 mm×75 mm×55 mm(K_2DF_1)

质量　　　　　　　3.2 kg,3.36 kg(K_2DF_1)

连接尺寸板式　　　4—ϕ3.5 通孔连接

(2) ZDF1 型双液控单向阀

双液控单向阀有两个液控口、两个顶杆,可使立柱实现强迫降柱和自重降柱两种降柱方式。ZDF1 型双液控单向阀的结构如图 7-12 所示,其阀芯 3 为锥形,有两个顶杆 6 和 7,两个液控口 C和 D。C 口进液时,长顶杆 6 左移,推动锥阀芯 3,使其离开阀座4,立柱下腔压力液通过 A 口经阀芯与阀座之间的间隙由 B 口回液。与此同时,立柱上腔供入压力液,强迫立柱下降。D口进液时,通过短顶杆7推动长顶杆6打开阀口。此时,立柱的上腔不供压力液,而下腔通回液管,立柱成自由状态,靠顶梁的自重作用而下降。

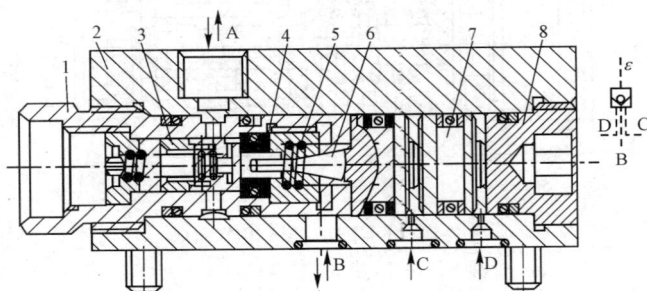

图 7-12　双液控单向阀

1——阀体;2——阀壳;3——阀芯;4——阀座;

5——弹簧;6——长顶杆;7——短顶杆;8——端盖

（3）双向液压锁

液压支架中,有些千斤顶的前、后两腔均需锁紧,即需要设置两个液控单向阀。为了简化结构,往往将两个液控单向阀装入一个阀壳内,并通过一个双头顶杆双向分别控制两个液控单向阀的开启。这种结构的阀称为双向液压锁。

如图 7-13 所示。两个结构完全相同的液控单向阀分别设置在阀壳 2 中心孔的两端,由双头顶杆 8 分别控制,当 A 口供压力液时,一方面打开左侧钢球 4,从 C 口进入千斤顶的一腔,另一方面通过顶杆将右侧钢球顶开,使千斤顶另一腔回液。反之,从 B 口供压力液时,压力液将右侧钢球打开,从 D 口供给千斤顶,而顶杆将左侧钢球顶开,使 C 口回液。A、B 口均不供液时,两钢球分别在弹簧作用下压紧在自己的阀座 5 上,液口 C、D 连接的千斤顶两腔压力封闭。

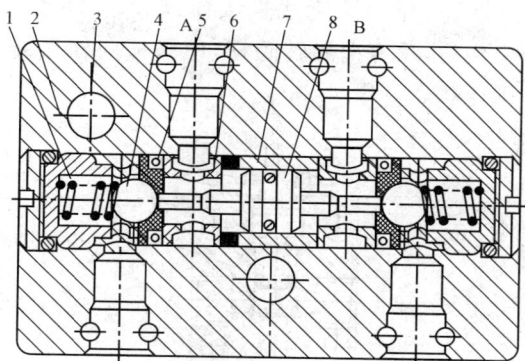

图 7-13　双向液压锁
1——弹簧；2——阀壳；3——端套；4——钢球；5——S—M 座；
6——进液套；7——导向套；8——双头顶杆

五、其他液压元件的结构

1. 截止阀

截止阀的作用是：当工作面上某一支架液压系统发生故障而需要检修时，它能够使该支架的液压系统与主管路断开，而不影响其他支架的正常工作。

截止阀有平顶密封式和球面密封式两种。

平面密封式截止阀如图 7-14 所示。它由端盖 2、阀杆 3、阀垫 6、螺钉 7、阀体 8 等零件组成。阀体 A 孔和 B 孔，通过快速接头与邻架支架的主管路连接；C、D 孔可任选一端接通往操纵阀的高压软管，另一端则用端堵堵住。截止阀在正常工作状态是常开的，由泵站来的压力液从 A、B 口的一端进入后，一方面流向另一端，为下一架支架供液；另一方面经截止阀由 C(或 D)孔供给操纵阀，当支架的液压系统出现故障需要检修而停止向操纵阀供液时，用专用工具转动阀杆的方形头，使阀杆向里拧紧，直到阀杆上

的阀垫 6 压紧在阀体 8 的内孔平面上,使 C、D 孔和 A、B 孔断开,
即阀处于关闭状态,压力液无法进入操纵阀,但不影响主管路的
供液。检修完毕后,反方向旋转阀杆,使阀杆向外松开,截止阀重
新恢复正常工作状态。

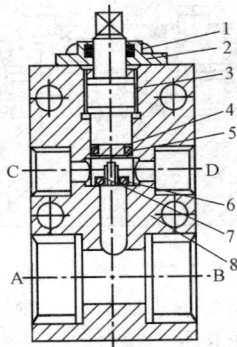

图 7-14　平面密封式截止阀

1——螺钉;2——端盖;3——阀杆;4——挡圈;

5——O 形密封圈;6——阀垫;7——阀垫压紧螺钉;8——阀体

　　球面密封式截止阀如图 7-15 所示。该阀是一个二位二通阀,
在接支架操纵阀时,需在主进液管上连接一个三通阀。在正常工
作时,阀处于常开状态,如图示位置。在球 M14 的中心有一通
孔,手把 8 可带动球阀转动。当手把 8 转动到与阀体中液体流动
的方向平行时,球阀上的孔正好可以使液体通过。当支架的液压
系统出现故障需要检修时,只需将手把旋转 90°,此时球阀上的中
心孔也随之旋转 90°,则压力液无法通过。该阀的压力液进、出口
方向不能接反,这是由于阀处于断开状态时,碟形弹簧 16 和压力
液作用于阀座垫 15 上,使阀座 11 与球阀之间紧密接触,从而提
高球阀的密封性能。若接反,压力液就会使球阀压缩碟形弹簧而
离开阀座,造成阀在关闭后仍然出现漏液现象。该阀也用于主管

路中,在主管路出现故障时,通过其切断主液路,处理完故障后再打开供液。

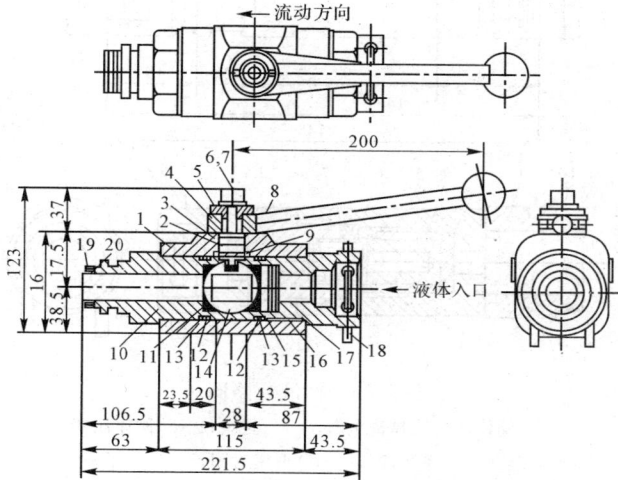

图 7-15 球面密封式截止阀

1——阀体;2,12,19——O 形密封圈;3,13,20——挡圈;

4——阀杆;5——方向指示盘;6——螺钉;7——弹簧垫圈;

8——操作手把;9——衬垫;10——螺纹接头;11——阀座;

14——球阀;15——阀座垫;16——碟形弹簧;17——管座;18——销子

2. 回液断路阀

回液断路阀实际是一个单向阀,安装在操纵阀的回液管路上。其作用主要有两个:一是防止主回液管由于相邻支架动作而产生较高的背压液体进入支架的液压系统,引起千斤顶误动作;二是支架液压系统检修时,不影响工作面主回液管流回液箱。

回液断路阀的结构如图 7-16 所示,该阀由阀体 1、弹簧压座 2、阀座 3、阀芯 5、阀座压套 4 等主要零件组成。正常工作时,支架回液管的液体不会返回支架液压系统中。

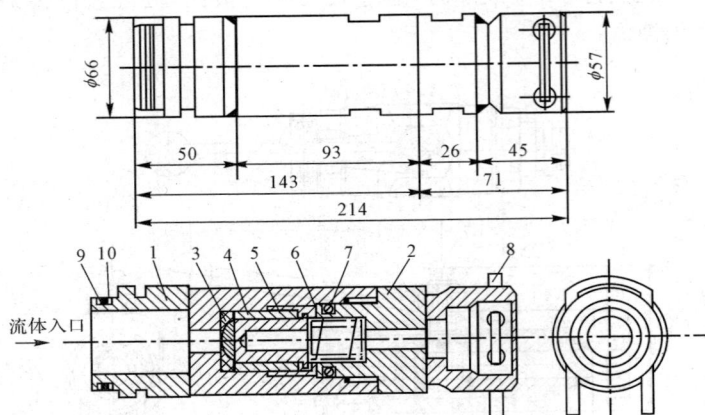

图 7-16　回液断路阀

1——阀体;2——弹簧压座;3——阀座;4——阀座压套;
5——锥形阀芯;6——弹簧;7,9——O 形密封圈;8——销子;10——挡圈

该阀也可使用于主回液管下主进液管之间,当回液压力因故障增大时,可向主进液管卸压,以保证回液管路因背压过大而损坏。

3. 交替单向阀

在支架动作中,若两个不同的动作均需携带另一个动作,或两个动作均需向某一液压腔供液时,需设置交替单向阀,例如在垛式支架的降架和移架两个不同的动作中均需携带另一个动作。

复位动作则需在降架、移架、复位 3 个动作液路中设置交替单向阀。又例如在差动推移千斤顶中,为了使推移千斤顶的推力小于拉力,则需在推溜和移架两个动作液路中设置交替单向阀。

交替单向阀的结构如图 7-17 所示。该阀相当于两个单向阀组合在一个阀壳内,主要由阀芯 3、阀座 4、阀套 2 和阀壳 5 组成。

阀壳上有 3 个液口 A、B、C,其中液口 A 和 C 为进液口,液口 B 为出液口。由于阀芯可左、右移动,因此,不论从液口 A 或 C 进液,均可保持从 B 口出液。

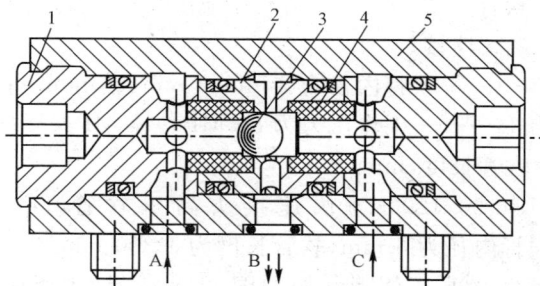

图 7-17　交替单向阀

1——螺母;2——阀套;3——阀芯;4——阀座;5——阀壳

4. 软管

液压支架所用的供液管的软管很多,根据软管的连接方式不同,有快速接头和螺纹接头两种形式,其技术要求见表 7-1。

表 7-1　　　　　　　　高压软管技术要求表

序号	K 型	L 型	拔脱力不小于/ (kN·根$^{-1}$)	工作压力/ MPa	爆破压力/ MPa
1	KJR6-60/L	LJR6-30/L	6 000	60	150
2	KJR8-42/L	LJR8-42/L	8 000	42	100
3	KJRl0-38/L	LJRl0-38/L	10 000	38	95
4	KJRl3-30/L	LJRl3-30/L	10 000	30	90
5	KJRl6-21/L	LJRl6-18/L	10 000	21	62
6	KJRl9-18/L	LJRl9-18/L	15 000	18	53
7	KJR25-15/L	LJR25-15/L	18 000	15	45
8	KJR32-11/L	UR32-11/L	18 000	11	33

表 7-1 中各符号及数字的意义如下：

K——快速连接；

J——接头；

R——软管；

L——螺纹连接；

6、8、10⋯——软管内径为 6 mm、8 mm、10 mm⋯；

60、42、38⋯——工作压力为 60 MPa、42 MPa、38 MPa⋯；

L——软管长度,mm。

如：KJR6-60/1200 为快速接头高压软管,工作压力为 60 MPa,软管内径为 6 mm,软管长度为 1 200 mm。

KJR 系列的高压软管结构如图 7-18 所示,主要由管接头芯子 1、外套 4、橡胶套 5 和钢丝套 6 等组成。

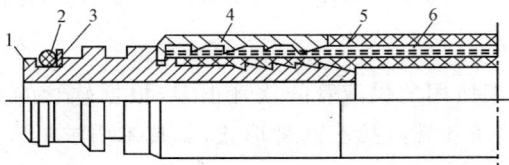

图 7-18　高压软管结构

1——管芯；2——O 形密封圈；3——挡圈；4——外套；5——橡胶套；6——钢丝套

高压软管在液压支架中使用较多,每架支架使用量大约为 10～30 根,因此,高压软管的结构、使用方法的好坏以及连接方法的得当与否都将直接影响支架的工作稳定性。

（1）对高压软管的使用要求

① 使用前应检查型号、长度是否符合规定要求,并做抽样压力试验,合格后方可使用。

② 检查管接头和胶管连接处有无裸露钢丝,外胶层是否出现离层,如有上述现象不得使用。

③ 管接头端部的连接处镀层不得有损坏和脱落,出现脱落不

得使用,以免密封不严而产生漏液。

④ 新安装的软管先对管内壁进行清洗,以免胶末和杂物进入液压系统。

(2) 对高压软管的连接要求

① 连接时应防止软管扭转,以免造成骨架改变而使其提早破坏,如图 7-19(a)所示。

② 连接后应使软管长度留有一定的余量,以免受拉力作用引起软管长度变化而降低其承压能力,如图 7-19(b)所示。

③ 软管的固定夹子应放在曲线和直线交点的直线上,夹子不能将软管卡变形,也不能卡得太松,如图 7-19(c)所示。

④ 连接运动部件时,应留有足够的长度,以免运动时拉伤软管,如图 7-19(d)所示。

⑤ 连接的弯曲半径应符合表 7-2 的要求,如图 7-19(e)所示。

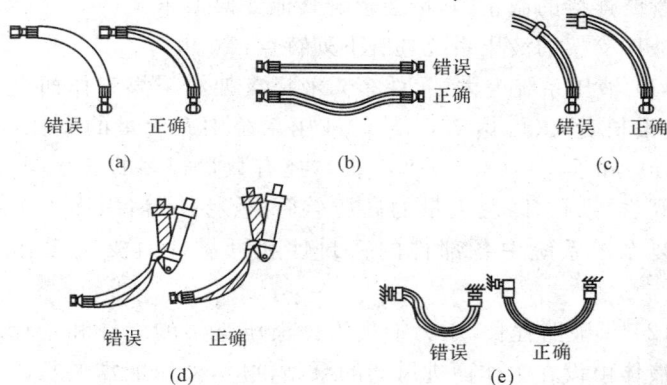

图 7-19　高压软管的连接方法

表 7-2　　　　　　软管连接的弯曲半径　　　　　　mm

规格(内径)	6	8	10	13	16	19	25	32
最小弯曲半径	120	140	160	190	240	300	380	450

第二节　液压支架的液压控制系统

一、液压支架的液压系统及其特点

液压支架的液压系统属于液压传动中的泵—缸开式系统。动力源是乳化液泵,执行元件是各种液压缸。乳化液泵从乳化液箱内吸入乳化液并增压,经各种控制元件供给各个液压缸,各液压缸回液流入乳化液箱。乳化液泵、液箱、控制元件及辅助元件组成乳化液泵站,通常安装在工作面进风巷,可随工作面一起向前推进。泵站通过沿工作面全长敷设的主供液管和主回液管,向各架支架供给高压乳化液,接收低压回液。工作面中每架支架的液压控制回路多数完全相同,通过截止阀连接于主管回路,相对独立。其中任何一架支架发生故障进行检修时,可关闭该架支架与主管路连接的截止阀,不会影响其他支架工作。

液压支架的液压系统具有下列特点:

(1)液压系统庞大,元件多。液压支架沿采煤工作面全长铺设,铺设长度大(可达 200 m)。液压系统中有大量的立柱(80～1 000根)和千斤顶(80～1 500 根),还有数量很多的安全阀、液控单向阀、操纵阀,以及大量的高压软管、管接头等,因而整个系统错综复杂。系统中各部件的密封性和可靠性对支架工作影响很大。

(2)供液路程长,压力损失大。液压支架的立柱和千斤顶的工作液体由设在工作面进风巷的泵站供应,液压能需要长距离输送,压力损失较大,尤其是移架和推移输送机时,支架液压系统中有很大容量的工作液体进行循环流动,所以要求主管路有足够的过流断面。

(3)工作环境恶劣,潮湿、粉尘多,工作空间有限,采场条件经常变化,检修不方便,要求液压元件可靠、工作时间长。

（4）对液压元件要求高。液压支架的工作液体采用乳化液，水占95％左右，故黏度低，润滑性能和防锈性能都不如矿物液压油。因此，要求液压元件的材料好、精度高，具有较好的防锈、防腐蚀能力。

二、液压控制系统的基本回路

液压支架的液压控制系统由主管路和基本控制回路两大部分组合而成。本节着重分析支架内液压控制系统的基本组成单元。

（一）主管路

1. 两线主管路

通常，由泵站向工作面引出两条主管路：一条供压力液，称为主压力管路，用字母 P 表示；另一条接收低压回液，称为主回液管，用字母 O 表示。

如果所有支架都直接与主管路并联，称为整段供液，如图7-20(a)所示。整段供液时，主管路一段由各架支架间的短管串接而成。如果将工作面所有支架分为若干组，每组 8～12 架，各组内的支架并联于该组的分管路，然后各分管路再并联于主管路，称为分段供液，如图 7-20(b)所示。分段供液时，主管路仅由几根较长的大断面软管串接而成，可降低管路液压损失。

每架支架的压力支路上都有截止阀 2，截止阀后面还装有过滤器 1，保持进入支架液压系统的液体清洁。回液支路上可设回液逆止阀 3，以便在支架检修时，防止其他支架回液返向检修支架液压系统内，影响其他支架正常工作。主压力管 P 每隔一段距离还装有截止阀 4，当主压力管某处断裂时，可立即关闭截止阀，防止泵站排出的乳化液大量泄露。为减小回液阻力，回液管路上一般不设截止阀。为了防止主回液管路因堵塞引起回液背压升高，在主回液管路上安装有低压安全阀 5。通常，低压安全阀的开启压力为 2 MPa 左右。

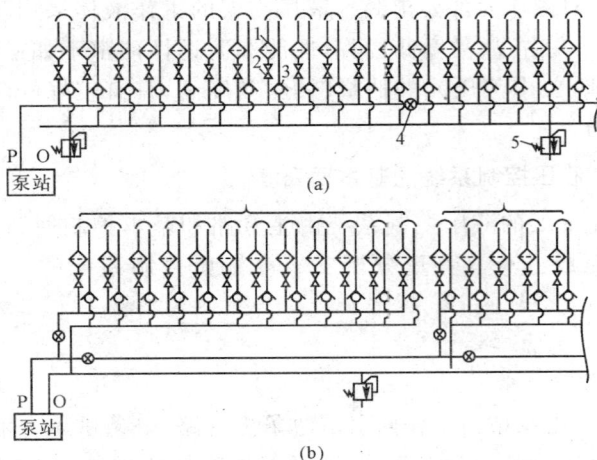

图 7-20　两线主管路

(a) 整段供液；(b) 分段供液；

1——过滤器；2,4——截止阀；3——回液逆止阀；5——低压安全阀

2. 多线主管路

目前,有些支架采用了多线主管路。如图 7-21 所示为三线管路,除了压力管路 P 和主回液路 O 以外,或是增设一条高压管路

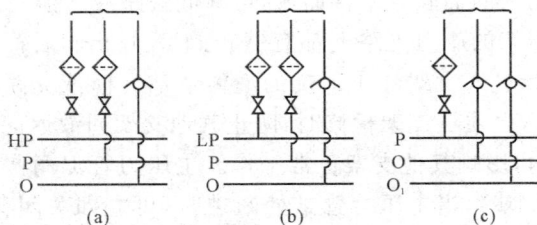

图 7-21　三线主管路

HP——高压管路；P——主压力管路；LP——低压管路；

O——主回液管路；O_1——回液管路

HP，来满足立柱对较高液压力的要求，提高支架的初撑力；或是增设一条低压管路 LP，以满足个别液压缸对较低液压力的要求；或是增设一条回液管路 O_1，来降低回液背压。

个别支架甚至采用四线主管路，即 4 条主管路 HP、P、LP 和 O，可以向支架提供 3 种不同压力的液体。

（二）基本控制回路

1. 换向回路

换向回路用来实现支架各液压缸工作腔液流换向，完成液压缸伸出、缩回动作，控制元件是操纵阀，如图 7-22 所示。

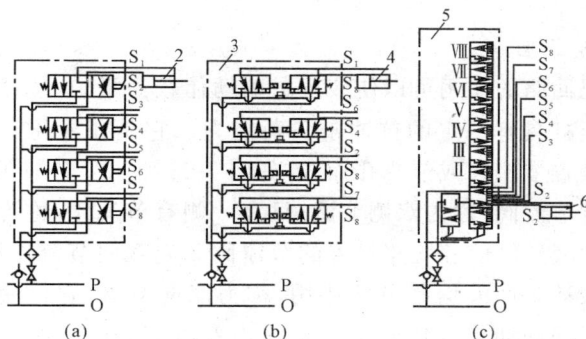

图 7-22　换向回路

1,3,5——操纵阀；2,4,6——液压缸

（1）简单换向回路

图 7-22（a）中操纵阀 1 由数个三位四通阀组成，图 7-22（b）中操纵阀 3 由数组二位三通阀组成。每个三位四通阀或每组（2 个）二位三通阀实现一个液压缸换向，用一个手把操作，这是简单换向回路。简单换向回路中各阀可以独立操作，不影响其他液压缸的工作，可以根据具体情况，合理调配各液压缸的协同动作。不过，它要求操作人员具有较高的操作水平和熟练的操作技能，否则会发生误动作，造成支架损坏。

简单换向回路中的操纵阀多为数片集装在一起的片式组合操纵阀。

（2）多路换向回路

图 7-22(c)中操纵阀 5 为带有供液阀的九位十通平面转阀，用一个手把操作，能够依次实现数个液压缸的伸缩动作，这是多路换向回路。多路换向回路的操纵阀也可采用凸轮回转组合操纵阀。多路换向回路每个工作位置只能使一个工作通道的相应液压缸动作，因而它不会发生由于支架内各液压缸的动作不协调而引起的支架损坏，对操作人员的操作水平和熟练程度要求也不太高。

2. 阻尼回路

阻尼回路的作用可以使液压缸的动作较为平稳，使浮动状态下的液压缸具有一定的抗冲击负荷能力。它是在液压缸的工作支路上设置节流阀或节流孔而成，如图 7-23 所示。若液压缸两侧都设置有节流阀，称为双侧节流；只有一侧有节流阀，称为单侧节流。图中液压缸前腔支路设置的节流阀 2 起双向节流作用，即无论是进液还是回液均起节流作用，称为双向节流，它可使液压缸的伸出或缩回动作都比较平稳。图中液压缸后腔支路上设置的节流阀并联一个单向阀，起单向节流作用，即进液时，液流主要通过单向阀，故不起节流作用，只有在回液时起节流作用，它使得液压缸的缩回动作比较平稳，能承受一定的推力。在液压支架中，阻尼回路多用于调架千斤顶、侧推千斤顶或防倒千斤顶等的控制。

3. 差动回路

差动回路如图 7-24 所示，它采用交替逆止阀作为控制元件。差动回路能减小液压缸的推力，提高推出速度。

操纵阀 2 置于左位，在压力液进入液压缸后腔的同时，使交替逆止阀 1 的 B 口断开，把 A 口与前腔连通。这样，液压缸前腔向回液管回液的通道被堵死,前、后腔同时供液体压力。若忽略交替逆止阀的流动阻力,液压缸两腔液压力相等。由于后腔活塞作用面积大于前腔环形作用面积,故活塞及活塞杆还是向右运动伸出,但其推力减小。在液压缸活塞杆伸出过程中,由于前腔的回液通道被堵死,前腔液体只能返回到后腔,增加了后腔的供液量(供液量在于泵站所提供的流量),使得推出速度加快。

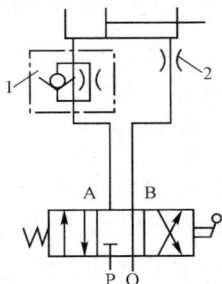

图 7-23 阻尼回路
1——单向节流阀;2——双向节流阀

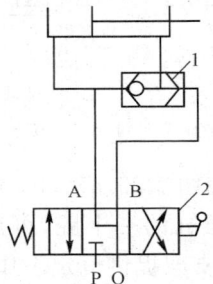

图 7-24 差动回路
1——交替逆止阀;2——操作阀

操纵阀 2 置于右位时,压力液从交替逆止阀 1 的 B 口进入液压前腔,液压缸后腔回液压力小于供液压力,因而不能打开交替逆止阀 A 口,只能通过操纵阀回液。所以,采用差动回路时,液压缸的拉力和缩回速度均不改变。差动回路一般用于推移千斤顶的控制。

4. 锁紧限压回路

在锁紧路回中增设限压支路就构成锁紧限压回路,如图 7-25 所示。限压支路的控制元件是安全阀,它能限制被锁紧的工作腔的最大工作压力,保证液压缸用其承载构件不致过负荷。可解锁的安全阀 4 既是一个限压元件,也是一个解锁元件,如图 7-25(c)所示。安全阀的溢流液可以直接排入大气中,如图 7-25(e)所示;也可以直接导入回液管,如图 7-25(b)所示;还可以通过操纵阀回液,如图 7-25(a)和图 7-2(d)所示。

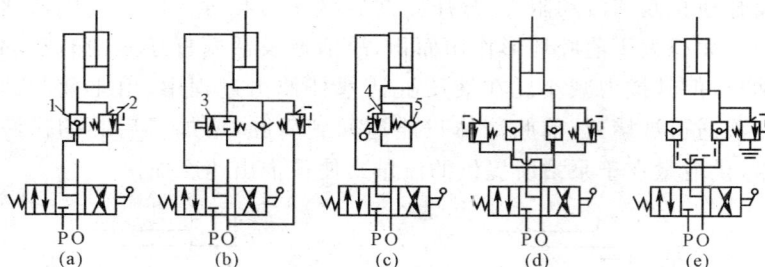

图 7-25 锁紧限压回路

1——液压单向阀;2——安全阀;3——卸载阀;4——可解锁的安全阀;5——单向阀

如图 7-25(a)、(b)和(c)所示是单向锁紧限压回路,锁紧和限压液压缸的一个腔,可用来控制立柱、前梁千斤顶、护帮千斤顶等,为支架提供恒定工作阻力。图 7-25(d)为双向锁紧限压回路,锁紧和限压液压缸的两个腔,可作为平衡千斤顶的控制回路。图 7-25(e)为双向锁紧单侧限压回路,锁紧液压缸两腔,但限压为液压缸一个腔,可用于控制护帮千斤顶。护帮千斤顶伸出后被锁紧,千斤顶承受煤壁载荷,有安全阀防止煤壁载荷过大而损坏护帮装置;护帮千斤顶缩回后被锁,防止护帮板落下伤人。因为缩回后负荷较小,故不设置安全阀限压。

5. 双压回路

双压回路如图 7-26 所示,它能对液压缸的伸出和缩回动作提供不同的液压力。它需要两个二位三通阀分别与不同压力的管路连接。两个阀可以共用一个操作手把,也可以分别有操作手把,视阀的具体结构而定。

图 7-26(a)表示对一根立柱的双压。降柱时,使用普通压力管路 P;升柱使用较高的压力管路 HP。因此,它可以提高立柱的初撑力。连接于 P 和 HP 两条压力管路之间的单向阀允许 P 管液体流到 HP 管,但不允许 HP 管路液体流入 P 管路。这样,在

支架升架过程中顶梁未接顶时,因负载较小,HP 管路的压力不高,P 管路的压力液可以打开单向阀,和 HP 管路压力液一起进入立柱下腔,提高升柱速度。顶梁接顶后,负载急剧变大,HP 管路的压力高于 P 管路压力时,单向阀就被关闭,由 HP 管路单独供液,使支架获得较大的初撑力。

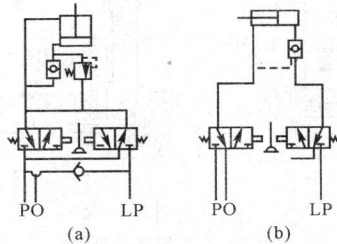

图 7-26　双压回路控制

图 7-26(b)表示对一个推移千斤顶的双压控制。它用 P 管路提供普通压力使千斤顶缩回,用 LP 管路提供较低压力使千斤顶伸出,使得千斤顶的推溜力小于移架力。

6. 自保回路

自保回路如图 7-27 所示,在扳动操纵阀手把向液压缸工作腔供压力液开始后,尽管将手把放开,仍可能通过工作腔的液压自保保持对工作腔继续供液。

如图 7-27(a)所示的自保回路可实现对立柱 1 的下腔自保供液,自保控制元件是二位三通自保阀 3。操纵阀置于左位升柱时,立柱下腔液压力升高,作用于二位三通自保阀 3 的液控口 K 使之开启(右位),压力液直接从压力管路 P 通过单向阀 2 进入立柱下腔。因而,即使操纵阀手把已回到零位,仍然能保持向立柱下腔供液。操纵阀置于右位降柱时,立柱下腔卸载回液,压力降低,二位三通自保阀 3 在弹簧作用下复位关闭(左位)。

对立柱下腔设置自保供液回路,可以保证立柱支撑力达到额定初撑力而不受操作人员操作因素的影响,大大改善了支架的实际支护能力,有利于维护好顶板。可以把二位三通自保阀 3 和单向阀 2 做成一体,按其用途,称为定压升柱阀。

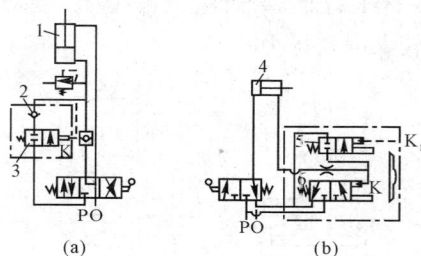

图 7-27 　自保回路

1——立柱;2——单向阀;3——二位三通自保阀;4——推移千斤顶;

5——二位二通解锁阀;6——二位三通自保操纵阀

如图 7-27(b)所示自保回路使用了二位三通自保操纵阀 6,实现推移千斤顶 4 的前腔自保供液。按压二位三通操纵阀 6 的手把,在操纵阀开启向液压缸前腔供液的同时,部分压力液通过一节流阀返回操纵阀 6 的液控口 K,代替操作手把保持操纵阀 6 的开启供液状态。液控口 K_1 有压或操作手把都可以使二位二通解锁阀 5 开启,使操纵阀 6 液控口 K 和回液管路 O 连通而卸压;操纵阀 6 则在弹簧作用下复位,停止向推移千斤顶前腔供液。节流阀的作用是防止压力管路 P 与回液管路 O 在解除液压自保时短路。

采用自保回路控制推溜动作,操作人员只需在走动中依次按一下各个支架的推溜手把,不必停留在支架前操作,推移千斤顶就能自动把刮板输送机推到煤壁前,从而节省了操作时间。可以把图中二位二通解锁阀和二位三通自保操纵阀以及节流阀做成一体,用来推溜,称为推溜阀组。

7. 背压回路

背压回路如图 7-28 所示。使液压缸工作腔在回液时保持一定的压力,即背压。支架立柱下腔的背压可以实现支架擦顶带压移架。

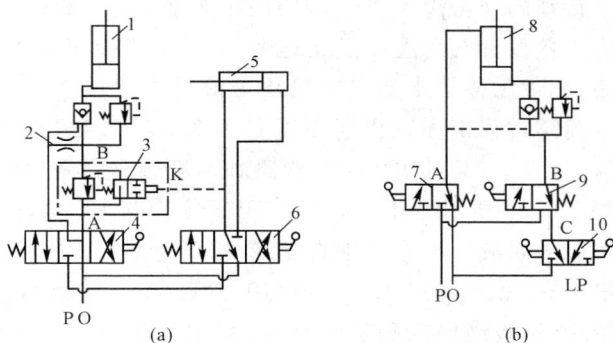

图 7-28 背压回路
1,8——立柱;2——节流阀;3——背压阀;4,6,7,9——操纵阀;
5——推移千斤顶;10——二位三通阀

图 7-28(a)中立柱下腔的回液背压是一个特殊的背压阀 3 建立起来的。该背压阀由溢流阀和液控常开式二位二通阀组成。将操纵阀 6 置于左位,向推移千斤顶 5 前腔供给压力液准备移架,但因支架未卸载还撑紧于顶底板之间,此时支架并不移动。然而压力管路 P 的液压力已经传至背压阀,使其在立柱上腔液压力作用下开启,但由于背压阀 3 中的二位二通阀早已关闭,所以立柱下腔液体压力必须大于背压阀中液流阀的开启压力才能回液。这样,立柱下腔就保持了一定的压力,即背压。通常将该溢流阀的开启压力,即立柱下腔的回液背压调整到恰好使立柱能保持对顶板 39～49 kN 的作用力,所以实际上支架并不脱离顶板。如果推移千斤顶移架力大于支撑力所引起的摩擦阻力,则支架将紧贴顶板向前移动。

　　如果只将操纵阀 4 置于左位降柱位置而操纵阀 6 仍在零位，由于此时背压阀液控口 K 无压，背压阀中二位二通阀是开启的，因此立柱可以降下来。只将操纵阀 4 置于右位升柱位置而操纵阀 6 仍在零位，则此时液控口 K 无压，立柱升柱动作也能顺利实现。

　　这个特殊的背压阀 3，在支架中的用途是保持移架时撑顶，所以也称为支撑保持阀。连接于立柱上、下腔液路之间的节流阀 2 的作用是：在带压移架中通过它将压力液补入立柱下腔，从而保证支架在前移过程中无论煤层厚度是否变大，都能贴紧顶板；而在降、升柱过程中，又可防止压力管路和回液管路之间短路，减少泄漏。如图 7-28 所示背压回路是利用低压管路 LP 的压力来保持立柱下腔的回液背压的。在该回路中，立柱下腔操纵阀 9 的回液管路串接有一个手动二位三通阀 10。当二位三通阀 10 位于图示左边位置时，扳动操纵阀 7 降柱时，立柱下腔通过已开启的液控单向阀、操纵阀 9 和二位三通阀 10 与低压管路 LP 连通，因而立柱下腔的压力等于低压管路的压力。低压管路和压力数值应使得立柱还能对顶板产生 39～49 kN 的支撑力。如果二位三通阀 10 被置于右边位置，使操纵阀 9 的回液孔与回液管连通，则立柱可以顺利降下来。二位三通阀 10 按其在支架中的用途也称为擦顶移架阀或移架方式选择阀。

　　8. 连锁回路

　　由不同操纵阀分别控制的几个液压缸，应用连锁回路。连锁回路能使它们的动作相互联系或相互制约，防止因误操作引起不良后果。

　　如图 7-29(a)所示的连锁回路，可用于防止两个立柱同时降柱。它采用了两个单向顺序阀 2 和 6，以及两个单向阀 3 和 7 作为连锁回路控制元件。

　　将操纵阀 4 置于右位立柱 1 时，从压力管路 P 到达单向顺序阀 2 前的液体将受到顺序阀的阻挡，于是打开单向阀 3 进入立柱

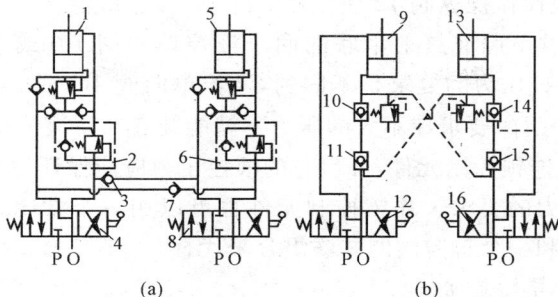

图 7-29　连锁回路

1,5,9,13——立柱;2,6——单向顺序阀;3,7——单向阀;

4,8,12,16——操纵阀;10,11,14,15——液控单向阀

5 的下腔液路。如果此时立柱 5 处于支撑承载状态,则单向顺序阀 2 前的液压力就会很快建立起来将该阀开启,使压力液进入立柱 1 的上腔并使下腔液路解锁,实现立柱 1 的降柱。如果此时立柱 5 也正在进行降柱操作,即操纵阀 8 变在右位,则单向顺序阀 2 前的液体就会经单向阀 3 和操纵阀 8 已回到零位,则压力液经操纵阀 4 和单向阀 4 进入立柱 5 的下腔,使立柱 5 升柱接顶。待立柱 5 下腔压力达到一定数值后,单向顺序阀 2 才能开启,从而实现立柱 1 降柱。简单地说,只有立柱 5 处于支撑承载状态,立柱 1 才能降下,反过来也是一样。两柱同时进行降柱操作,两柱都不会下降,降下一根立柱后再接着降另一根立柱,则前一根立柱又会自动升柱接顶承载。

单向顺序阀开启压力的整定值,依我们对未降立柱所要求的最小支撑力而定。

如图 7-29(b)所示连锁回路的连锁控制元件是液控单向阀 11 和 15,它也能使两根立柱 9 和 13 不能同时降柱。这是由于每根立柱下腔液路都有两个液控单向阀,开成两道阻止下腔回液的关卡,因此,只有立柱 3 处于支撑承载状态,液控单向阀 11 被解锁后,才通报操作操纵阀 12 使立柱 9 降下,反之亦然。

　　对立柱下腔液路上串联的两个液控单向阀 10(或 14)和 11 (或 15)液控压力的要求是不同的,液控单向阀 10(或 14)是立柱下腔锁紧元件,要求在不大的压力下就能开启。而液控单向阀 11 (或 15)是连锁控制元件,开启它的液控压力应能保证对未降立柱最小支撑力的要求。连锁控制元件也可以用一个常闭式液控二位二通阀和一个单向阀的并联组合来代替。

　　9. 先导控制回路

　　先导控制回路如图 7-30 所示,它的主要控制元件是先导液压操纵阀和液控分配阀。先导液压操纵阀发出先导液压指令,液压分配阀接到指令后立即动作,向相应液压缸工作腔供液。先导控制可以减少液压损失,减少采用邻架控制方式时的过管路(因为先导液压控制管路的流量极小,可以采用多芯管传输多路液压指令),便于向集中控制、遥控和自动控制方式发展。

　　如图 7-30(a)所示先导控制回路的液控分配阀 2 是由 4 个液控二位二通阀组成的,它不仅可以根据先导液压指令实现液压缸的换向动作,还可以实现闭锁功能。图 7-30 所示液压缸 3 为支架立柱。液控分配阀 2 中,右边两个常闭式二位二通阀 E 和 F 组合控制立柱 3 下腔的进液和回液,左边一个常闭式和一个常开式二位二通阀 C 和 D 组合控制立柱上腔的进液和回液。操作先导液压操纵阀 1 中 B 阀动作,则先导液压指令将传至 E 阀液控口使之开启,压力液从压力管路 P 经 E 阀进入立柱 3 的下腔,使之升柱接顶。松开 B 阀手把,E 阀则在弹簧作用下复位关闭,立柱下腔被锁紧。操作先导液压操纵阀中 A 阀,使之发出液压指令,则 C 阀开启、K 阀关闭、F 阀开启,压力液从压力管路 P 经 C 阀进入立柱 3 的上腔,立柱 3 的下腔经 F 阀与回液管路 O 连通,所以立柱 3 降柱。

　　如图 7-30(b)所示先导控制回路中液控分配阀 5 为三位三通

阀,它具有闭锁功能,控制立柱 6 的下腔液路;液控分配阀 7 为三位三通阀,控制立柱 6 的上腔液路,无先导液压时将立柱上腔与回液管路 O 接通。若先导液压操纵阀 4 被置于 II 位发出液压指令,则液控分配阀 5 的液控口 K_1 有压,使三位三通阀位于左边位置,压力液从压力管路 P 直接通过液控分配阀 5 进入立柱下腔,而此时立柱上腔可通过液控分配阀 7 回液,立柱 6 将升起。当先导液压操纵阀置于 I 位发出先导液压指令时,液控分配阀 5 的液控口 K_2 有压,使立柱下腔与回液管连通;同时液控分配阀 7 的液控口 K_3 有压,压力液经液控分配阀 7 进入立柱上腔,立柱降下。先导液压操纵阀位于零位时,液控口 K_1 和 K_2 都无压,液控分配阀 5 位于中立位置,立柱下腔被闭锁承载。

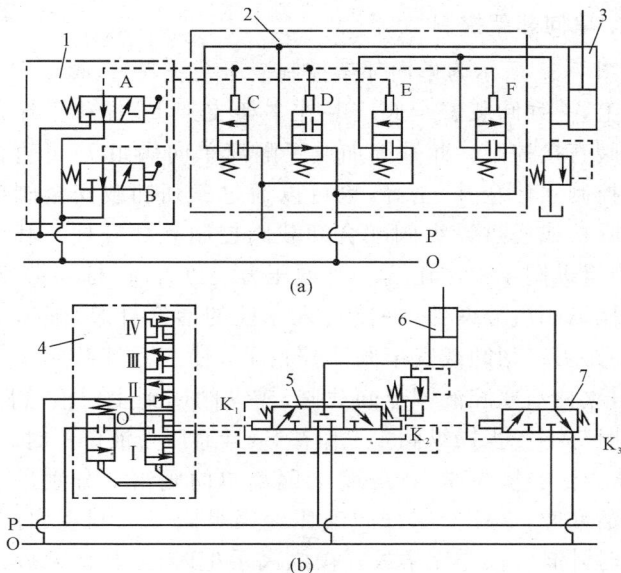

图 7-30　先导控制回路

1,4——先导液压操纵阀;2,5,7——液控分配阀;3,6——立柱

第三节　液压支架的控制方式

一、本架控制

液压控制系统是较简单的本架手动控制系统。执行机构是立柱、推移千斤顶和前梁千斤顶。其动作由回转式操纵阀和三列卸载安全阀控制。立柱和前梁千斤顶为单作用液压缸,可以通过回转式操纵阀控制其全降,也可以通过三列卸载安全阀控制前柱、后柱、前梁千斤顶分别单独降。升柱动作可由回转式操纵阀配合三列卸载安全阀控制全升或前柱、后柱、前梁千斤顶分别单独升。

二、单向邻架控制

如图 7-31 所示为单向邻架控制液压系统,操纵阀 4 安装在相邻支架上,三列卸载安全阀安装在本架支架上,推移千斤顶由邻架操纵阀直接控制。此系统加设了隔离单向阀组 7,可直接通过操纵阀控制立柱全升、全降,也可以通过三列卸载安全阀单独控制立柱降柱或通过操纵阀配合卸载阀控制立柱升柱。其工作原理是:当操纵阀 4 工作在 S_3。且通压力液位置时,打开供液阀,压力液经操纵阀后分两路:一路进入立柱的活塞杆腔,强迫立柱下降;另一路去三列卸载安全阀液控口 P,使三列卸载阀工作在导通位置,立柱活塞腔液体经卸载阀、操纵阀回到主回液管路,6 根立柱同时降下。当操纵阀 4 工作在 S_4 且通压力液位置时,打开供液阀,压力液经操纵阀、断路阀 6、隔离单向阀组 7 分别进入 6 根立柱的活塞腔,立柱活塞杆腔液体经操纵阀 4 回到主回液管路,立柱同时升起。操作完毕放开操纵阀手把时,立柱活塞腔液体被卸载阀封闭,并由安全阀限压。当需要调整个别立柱高度时,可操作本架手动卸载阀进行单独降立柱,或通过邻架操纵阀配合本

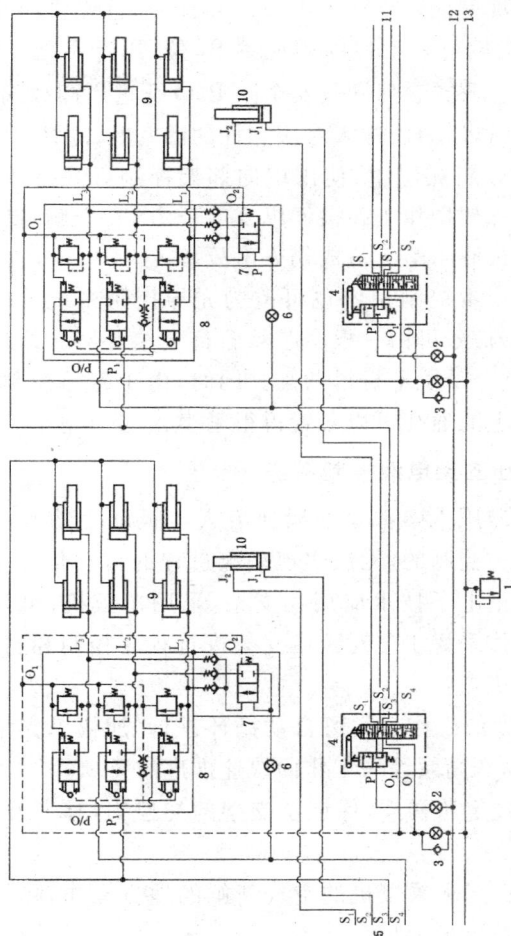

图 7-31　单向邻架控制液压系统

1——低压安全阀；2——主进液管隔离阀；3——主回液管隔离阀；

4——操纵阀；5——从邻架操纵阀来的管路；6——断路阀；

7——隔离单向阀组；8——三列卸载安全阀；9——立柱；

10——推移千斤顶；11——到下一架支架；12——主进液管；13——主回液管

架卸载阀实现单独升立柱。单独升立柱时,首先将断路阀 6 打到断开位置,然后将邻架操纵阀放到 S₄ 位,压下手把并锁住,压力液经操纵阀 S₄ 孔、三列卸载安全阀 P/O 孔进入卸载阀内;当扳起卸载阀手把时,压力液进入对应立柱的活塞腔,立柱升起。

在倾斜煤层中,使用单向邻架控制方式是非常合理的,因为它能使支架操作工在被操纵支架上方(安全侧)操作,避免降柱后发生顶板矸石落下造成伤人事故。

上述全流量控制系统也可改为先导控制系统。在先导控制系统中,控制信号可由一根多芯软管传输给邻架。这样可减少回液管路,使整个系统不显得杂乱。同时,由于先导控制流量很小,因此操纵阀上的通孔可以布置得很紧凑。

三、液压支架电液控制系统

目前的液压支架都是由操作者人工扳动手动操纵阀来实现支架的操作与控制的,无法实现采煤过程的自动化。支架电液控制系统就是把电子技术应用在支架,采用单扳机、单片机的集成电路来实现按采煤工艺对液压支架进行程序控制和自动操作的,它有如下的优点:

(1)支架的工作过程可自动循环进行,加快了支架的推进速度,以适应高产高效综采工作面快速推进的要求。

(2)实现定压初撑,保证了支架的初撑力,移架及时,改善支护效果。

(3)可在远离采煤机的空气新鲜的地方操作,降低操作工劳动强度,改善劳动条件。

(4)可进一步发展与采煤机、输送机的自动控制装置配套,实现工作面的完全自动化,如图 7-32 所示。

四、先导控制式电液控制系统

电液控制的程序控制系统是目前应用较为广泛的自动控制

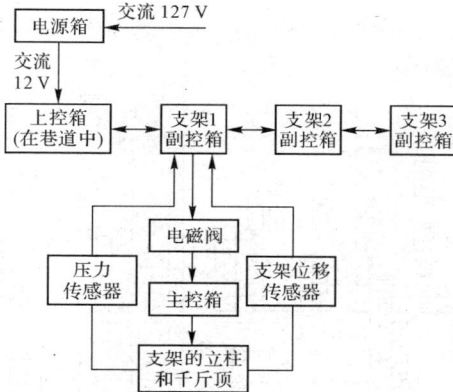

图 7-32　支架电液控制系统方框图

系统,它的控制技术较先进,控制系统范围不受限制。如图 7-33
所示为先导控制式电液控制系统。在这个系统中,用安全火花型
电磁阀来控制传导先导阀的先导控制回路,所有程序都用电子回
路控制。本系统中除了设有卸载安全阀 14、移架阀 13、推溜阀组
12 和伸前梁阀 15 等主要阀组外,还增加了升柱、卸载、移架、推溜
和伸前梁等电磁阀。这个系统的特点是:立柱活塞杆腔始终通压
力液,立柱以差动液压缸原理动作,如果关闭或卸下立柱活塞杆
腔液路上的断路阀,立柱就按单作用液压缸的原理动作。

　　设支架的动作过程是从左向右移架。首先按动按钮盒 1 上
相应按钮,使卸载、移架电磁阀 9 动作,工作在右位,主进液管 3
来的先导压力液经阀 9 出来分为 3 路:一路去 3 个立柱卸载安全
阀 14 左侧,使卸载阀右移工作在左边位置,立柱活塞腔液体经卸
载阀到主回液管,立柱卸载降柱;第二路去推溜阀 12,使之解锁,
推溜千斤顶活塞腔的油液经推溜阀组回到主回液管路 4;第三路
去移架阀 13,使其工作在左位,压力液经移架阀 13 分别进入推移
千斤顶 19 和前梁千斤顶 18 的活塞杆腔。进入推移千斤顶的压力

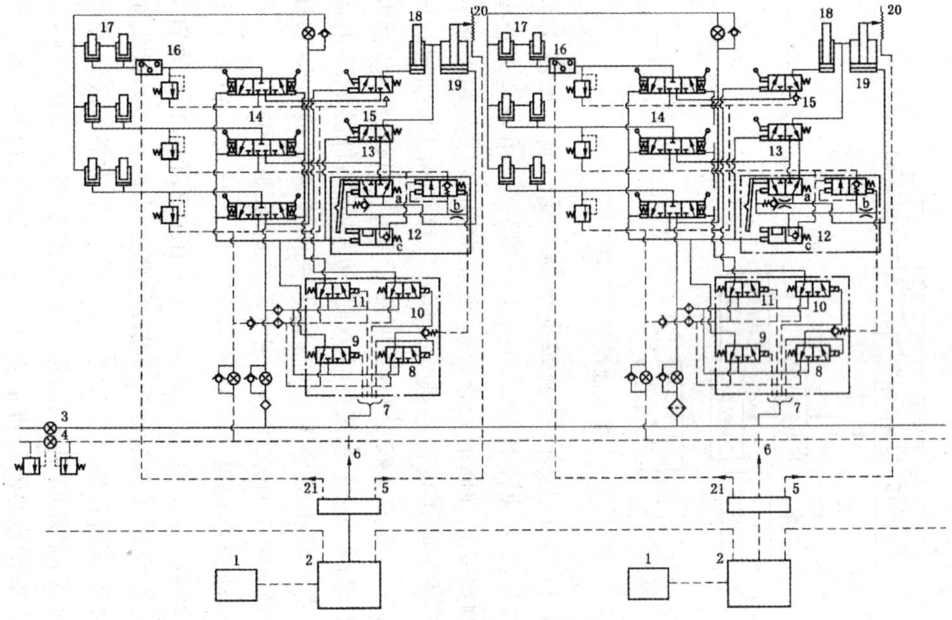

图 7-33 先导控制式电液控制系统

1——按钮盒；2——支架控制装置；3——主进液管；4——主回液管；5——至千斤顶位置传感器；6——电磁阀控制回路；7——电磁阀组；8——推溜电磁阀；9——卸载电磁阀；10——伸前梁电磁阀；11——升柱电磁阀；12——推溜阀组；13——移架阀；14——卸前梁阀；15——卸载安全阀；16——压力开关；17——立柱；18——前梁千斤顶；19——推移千斤顶；20——千斤顶位置传感器；21——至立柱压力开关

液迫使其活塞杆缩回移架；进入前梁千斤顶的压力液迫使前梁千斤顶活塞杆缩回，前梁千斤顶活塞腔的液体经伸前梁阀 15 回到主回液管，前梁收回。当移架结束时，千斤顶位置传感器 20 发出信号，然后控制升柱按钮和伸前梁按钮动作。升柱按钮动作使升柱电磁阀 11 带电动作（工作在右位），主进液管 3 来的先导压力液经升柱电磁阀到立柱卸载阀右侧，控制其工作在右位，压力液分别经 3 个卸载阀进入立柱活塞腔，立柱升起；伸前梁按钮动作使伸前梁电磁阀 10 带电动作（工作在右位），主进液管 3 来的先导压力液经伸前梁电磁阀到伸前梁阀 15，控制其工作在左位，使主进液管和前梁千斤顶达到初撑力时，压力开关 16 动作，发出信号，再控制前梁千斤顶伸出。当立柱和前梁千斤顶达到初撑力时，压力开关 16 动作，发出信号，再控制推溜按钮动作，使推溜电磁阀 8 带电动作（工作在右位）。这时，先导压力液经推溜电磁 8 到推溜阀 12，使阀 a 工作在左位（并且自保），压力液经阀 a 进入推移千斤顶活塞杆腔；推移千斤顶活塞杆腔油液经移架阀 13 回到主回液管，推移千斤顶活塞杆伸出推溜。推溜阀组中 b 阀的作用是保证 a 阀的先导压力不致过大。若压力过大时，阀 b 右移工作在左位，使先导压力液与主回液管接通降压。推溜完毕后，千斤顶位置传感器 20 发出信号，说明前一架支架操作完毕，信号传至下一架支架，然后控制下一架支架动作。

　　本系统的电控部分按照相应的线路布置，可以分别控制，也可以集中控制（按一次按钮）；可以本架控制，也可以邻架控制；可以邻架程序控制，也可以分组程序控制。

　　自动控制方式中除程序控制外，还有电液遥控和全液压遥控等。自动控制是今后液压支架控制的主要发展方向。

第八章　乳化液泵站

第一节　乳化液泵

一、乳化液泵的工作原理

乳化液泵一般为卧式三柱塞往复泵,它是将曲轴的转动经过连杆—滑块机构而使柱塞成直线做往复运动。它的工作原理如图 8-1 所示,电动机带动曲轴 1 按图示箭头方向旋转时,曲轴就带动连杆 2 运动,连杆带动滑块 3 沿滑槽 4 做往复直线运动,从而带动柱塞 5 做左、右往复直线运动。当柱塞向左运动时,在柱塞右塞右端的缸体 6 内形成真空,乳化液箱内的乳化液在大气压力的作用下,把进液阀 9 打开,进入缸体并充满柱塞腔的空间,此时,排液阀 7 在排液管道内的乳化液的压力作用下关闭,从而完成吸液过程。当柱塞向右运动时,缸体内容积减少,乳化液受柱挤压而压力增高,从而使吸液阀关闭,排液阀打开,乳化液被挤出缸体,经主进液管而输送到工作面支架,完成排液过程。这样,柱塞每往复运动一次,就吸、排液一次,柱塞不断运动,就不断进行吸、排液。由此可知,一个柱塞在吸液过程中就不能排液,所以单柱塞泵的排液量是很不均匀的。为了使排液比较均匀,一般都将泵做成三柱塞或五柱塞泵,即使这样,三柱塞往复泵所排液量还是不均匀,致使压力有所波动。

二、乳化液泵的结构

国产各种型号的柱塞式乳化液泵的泵体,其结构都大同小异,主要由箱体和泵头两部分组成,如图 8-2 所示。

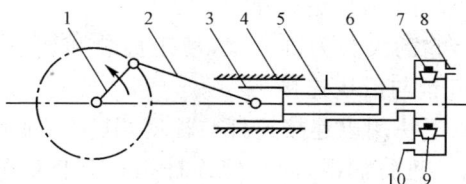

图 8-1　乳化液泵工作原理

1——曲轴;2——连杆;3——滑块;4——滑槽;5——柱塞;
6——缸体;7——排液阀;8——排液口;9——进液阀;10——进液口

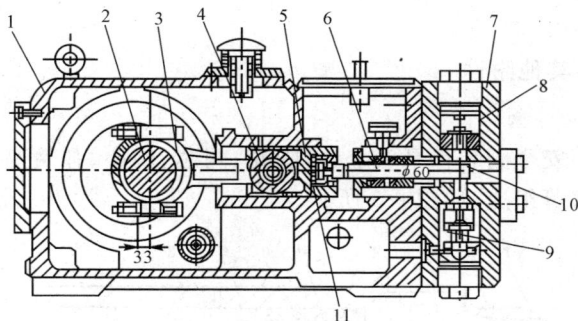

图 8-2　WRB200/31.5型乳化液泵剖面图

1——箱体;2——曲轴;3——连杆;4——连杆销;5——滑块;6——柱塞;
7——泵头;8,9——排、进液阀组;10——柱塞缸;11——刮油圈

1. 箱体部分

箱体部分包括箱体 1、曲轴 2、齿轮组件、连杆 3、滑块 5 和柱塞 6 等部件,各部件的主要结构是:

(1)箱体:它既是安装曲轴、轴承、减速齿轮箱(图中未示)连杆、滑块及泵头的基架,又是承受运转过程中反作用力的主要部件,因此,采用高强度铸铁整体结构,具有足够的强度和刚性。

(2)曲轴和齿轮:曲轴是三曲拐,由优质 40 Cr 钢锻制而成。

前后轴瓦为钢壳高锡铝合金标准轴瓦,不需刮研,有较好的耐磨性,齿轮(图中未示)为一级减速。

(3)连杆:它的大头为剖分式,便于拆装和调整;小头为圆柱销形,通过连杆销与滑块连接。

(4)滑块:滑块用以连接连杆与柱塞,其上有油孔用以接受箱体油孔的润滑油进行润滑,同时使连杆销得到良好的润滑。在箱体上装有刮油圈(带有钢骨架的橡胶防尘圈)11,用以阻止滑块润滑油外泄。

2. 泵头部分

它是由3组排液阀组8与3组进液阀组9和3组柱塞缸10组成。

三、其他附件

1. 安全阀

泵用安全阀装在泵头上,由阀壳、阀芯、阀座、弹簧座、橡胶阀垫及弹簧等组成,如图8-3所示。

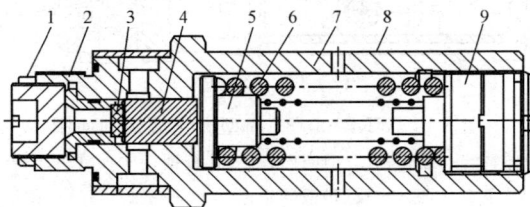

图 8-3　泵用安全阀

1——锁紧螺母;2——阀座;3——阀垫;4——阀芯;5——顶杆;
6——大弹簧;7——小弹簧;8——阀壳;9——调压螺钉

该阀为直接作用二级卸载的平面密封式安全阀,阀芯外与阀壳间有一隙缝阻尼段。该阀打开前的密封直径为6.5 mm,打开后隙缝阻尼的直径为15 ram,这就使阀打开前后液压力作用面积发生变化,其结果是以高压瞬时打开,以降低了的压力持续泄液。

在长期放置后,乳化液因化学变化而分解出黏状物,加上阀芯开始移动的静摩擦力,可能造成安全阀开启压力超调。为此,本阀采用浮动装配的方法,首先让弹簧座靠紧阀壳端面,螺套则轻轻地压住阀垫,使阀垫仅受小的比压,在打开阀前,阀芯先移动,从而可防止阀的超调。该阀可根据乳化液泵额定工作压力的大小分别采用单弹簧或双弹簧。当乳化液泵站的额定工作压力为20 MPa时,采用一个大弹簧;当压力为 20 MPa 时,采用一个大弹簧;当乳化液泵站额定工作压力为 35 MPa 时,采用两根弹簧。

2. 蓄能器

为了减少压力波动,稳定工作压力,在供液系统中心须设置蓄能器。乳化液泵站中一般都采用气囊式蓄能器,XRXT 型乳化液箱上安设的蓄能器(XNQ-350 型)的容积约为 4 L,工作压力为34.3 MPa,如图 8-4 所示。外壳 4 是一个长圆形钢瓶,由优质无缝钢管收口成形,内装有波纹无接缝结构橡胶气囊。气囊口端装有充气阀 3(实际上是一个单向阀),由此阀向气囊中充氮气。为了防止蓄能器爆炸,在胶囊中禁止充氧气或压缩空气。在蓄能器的进液端装有托阀 6,以防止充满气体的胶囊被挤出进液口。

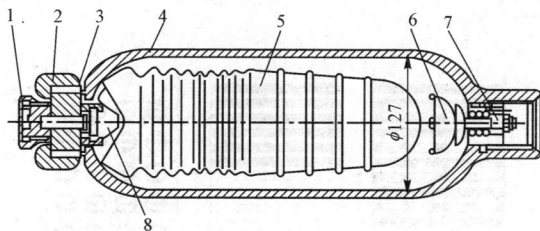

图 8-4 蓄能器

1——螺盖;2——压帽;3——充气阀;4——壳体;
5——胶囊;6——托阀;7——阀座;8——橡胶塞

当蓄能器接入液压系统后,压力液进入进液口,压缩胶囊,使蓄能器壳体内形成两部分：囊中是压缩氮气，囊外是乳化液。当泵压升高时，有一部分乳化液进入蓄能器，胶囊进一步被压缩，从而减缓了管路压力的升高；当泵压降低时，胶囊中氮气膨胀，将一部分乳化液挤出蓄能器而进入管路系统，从而补偿了系统中的压力降低，这样，蓄能器就起到了减小压力波动的作用。

第二节　乳　化　液

目前，国内外广泛使用乳化液作为液压支架传递液压能、润滑和防锈的工作介质。

一、乳化液的组成及特性

乳化液是由两种互不相溶的液体混合而成，其中一种液体呈细粒状均匀分散在另一种液体中，形成乳状液体，呈细粒状的一相称为分散相或内相；而另一相称为连接相或外相。

若将油分散于水中，即油为内相，水为外相，混合成的乳化液称为水包油型乳化液，以 O/W 表示；若将水分散于油中，即水为内相，油为外相，混合成的乳化液称为油包水型乳化液，以 W/O 表示，如图 8-5 所示。

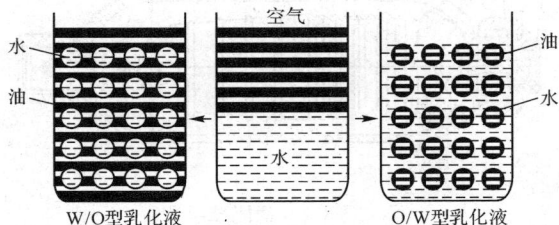

图 8-5　乳压液的组成

一般来说，能使油和水形成稳定的乳化液的物质称为乳化剂，而能与水"自动"形成稳定的水包油型乳化液的"油"称为乳化油。由此可知,水包油型乳化液由水和乳化油组成。

目前,国内外液压支架均采用由水和乳化油组成的水包油型乳化液,即由 5% 的乳化油均匀分散在 95% 的水中,其颗粒度为 0.001~0.005 mm。

1. 乳化油

乳化油的主要成分是基础油、乳化剂、防锈剂和其他添加剂(耦合剂、防霉剂、抗泡剂、络合剂)。

(1) 基础油

基础油是浮化油的主要成分,它作为各种添加剂的载体时,会形成水包油型乳化液中的小油滴,增加乳化液的润滑性,其含量一般占乳化油组成的 50%~80%。

常用的基础油为轻质润滑油。为了使乳化油流动性好,易于在水中分散乳化,多半选用黏度低的 5 号或 7 号高速机械油,常用的 M-10 乳化油以 5 号高速机械油为基础油。

(2) 乳化剂

乳化剂是使基础油和水乳化成稳定乳化液的关键性添加剂,它是一种能强烈地吸附在液体表面或聚集于溶液表面,并改变液体的性能(如降低液体的表面张力),促使两种互不相溶的液体形成乳化液的表面活性物质,乳化剂能在基础油的油滴周围形成一层凝胶状结构的保护薄膜,以阻止油滴发生积聚现象,使乳化液保持稳定,同时它还具有清洗、分散、起泡、渗透、润滑等作用。

(3) 防锈剂

防锈剂是乳化液的一个不可缺少的组成部分,用以防止与液压介质相接触的金属料不受腐蚀,或使腐蚀速度降低到不影响使用性能的最低限度。用于乳化油的防锈剂主要为油溶性防锈剂,是一种能溶于油中,并能降低油的表面张力的表面活性剂。油溶性防锈剂是由极性和非极性两种基团组成。使用过程中,极性基团吸附在金属与油的界面,同金属(或氧化膜)发生作用,在金属表面形成水不溶性或难溶性化合物;而非极性基团则向外和油互溶,从而形成紧密的栅栏,阻止水、氧等其他腐蚀介质进入表面,起到防锈作用。

（4）其他添加剂

乳化油除基础油、乳化剂、防锈剂这 3 种主要成分外,为了满足使用性能的全面要求,还加入了一些其他添加剂。

① 耦合剂

乳化油中应用耦合剂的目的,在于使乳化油的皂类借耦合剂的附着作用与其他添加剂充分互溶,以降低乳化油的黏度,改善乳化油及乳化液的稳定性。

② 防霉剂

加入防霉剂后,可防止乳化油中的动植物脂的皂类在温度适宜或使用时间较长的情况下引起霉菌生长,造成乳化液变质、发臭。

③ 抗泡剂

加入抗泡剂后,可降低乳化液的起泡性。由于乳化液中含有较多的表面活性剂,具有一定的起泡能力,在使用过程中,有时因激烈搅动或者水质变化,会产生大量气泡,严重时可造成气阻,影响液压支架的正常动作。另外,由于气泡的存在,使乳化液的冷却性能和润滑性能降低,甚至造成摩擦部位的局部过热和磨损,因此,在乳化油的配方中必须考虑加进抗泡剂,以满足使用要求。

④ 络合剂

络合剂可在乳化油中与钙、镁等金属离子形成稳定常数大的水溶性络合物,以提高乳化液的抗硬水能力。

2. 水

配制乳化液所用的水的质量十分重要,它不但直接影响到乳化液的稳定性、防腐性、防霉性和起泡性,也关系到泵站和液压支架各类过滤器的效率和使用寿命。

世界各国对配制乳化液的用水都有严格的要求,我国根据矿井水质的具体条件,参照国内外使用液压支架的经验和当前国内乳化油的研究和生产情况,对配制乳化液的用水质量有如下要求:

(1) 配制乳化液的用水应为无色、透明、无臭味、不能含有机械化杂质和悬浮物。

(2) 配制乳化液用水的 pH 值在 6~9 范围内为宜。

(3) 氯离子的含量不大于 200 mg/L。

(4) 硫酸根离子的含量不大于 400 mg/L。

(5) 水的硬度不应过高,以避免降低乳化液中阴离子乳化剂的浓度和丧失乳化能力。应根据不同水质硬度来确定乳化油的种类(抗低硬、抗中硬、抗高硬、通用型等类)。

3. 液压支架用水包油型乳化液的特性

(1) 具有足够的安全性,因水包油型乳化液含有 95% 以上的中性水溶液,既不引燃,也不助燃,所以在要求防爆井下具有足够的安全性。

(2) 经济性好。水包油型乳化液的来源广、价格便宜。

(3) 黏度小、黏温性能良好。水包油型乳化液的黏度接近于水的黏度。由于黏度小,减少了支架管路中能量的损耗。良好的黏温性能(即黏度随温度变化的值)有利于泵站和各种阀类工作性能的稳定。

(4) 具有良好的防锈性与润滑性。由于水包油型乳化液中有一定成分的防锈剂和基础油,所以在井下使用时,对支架具有良好的防锈性能和润滑性能。

(5) 稳定性好。由于水包油型乳化液中有一定成分的乳化剂、耦合剂和抗泡剂,使其不易产生气泡,故具有良好的稳定性。

(6) 对密封材料的适应性好。水包油型乳化液对常用的丁腈橡胶密封材料有良好的适应性,不会使密封材料过分收缩和膨胀,造成密封失效。

（7）对人身体无害,无刺激性,对环境污染小,冷却性好。

水包油型乳化液的缺点是:黏度小,容易漏损,润滑性不好,故要求乳化液泵和液压阀有很好的密封性能和防锈性能。

二、乳化液的使用和管理

1. 乳化油的贮存和管理

（1）使用单位要有乳化油油库,不同牌号的乳化油要分类保管,统一分发,做到早生产的乳化油先用,防止超期变质。

（2）乳化油的贮存期不得超 1 年,凡超过贮存期的,必须经检验合格后才能使用。

（3）桶装乳化油应放置在室内,防止日晒雨淋。冬季室内温度不得低于 10 ℃,以保证乳化油有足够的流动性。

（4）乳化油是易燃品,在贮存、运输时应注意防火

（5）井下存放乳化油的油箱要严格密封。油箱过滤器要齐全,防止杂物进入油箱。

（6）乳化油的领用和运送应由专人负责。使用专用的容器和工具,不得使用铝容器。防止杂物混入,影响乳化油的质量。

2. 乳化液的配制和使用

（1）配液后,应严格检验配油浓度是否达到 5% 的规定要求。浓度检验可用折光仪,也可用计量法或化学破乳法。

（2）工作过程中如发现浮化液大量分油、析皂、变色、发臭或不乳化等异常现象,必须立即更换新液,然后查明原因。

（3）泵站乳化液箱可备有容量足够的副液箱,以备存贮大量回液和清洗液。

（4）杜绝乳化液随意放泄,保持工作环境卫生,以防污染。

（5）应采用同一牌号、同一工厂生产的乳化油,如果两种牌号的乳化油混用,要进行乳化油的相容性、稳定性和防锈性试验,合格后才能使用。

（6）乳化液的工作温度不得高于 40 ℃。

3．乳化液的防冻问题

水包油型乳化液是低浓度的乳化液，它的凝固点在－3 ℃左右，并具有与水相类似的冻结膨胀性，受冻后不但体积膨胀，而且稳定性也受到严重影响，3％浓度的乳化液受冻后，几乎全部破乳。因此，在严寒季节、对于液压支架（包括乳化液泵站）的地面贮存、运输、检修，必须采取足够的有效措施，以防缸体、管路受冻损坏。

第九章　液压支架的安装与撤出

第一节　综采工作面安装前的准备

一、综采工作面开切眼的准备

综采工作面必须按设计和衔接要求把整个工作面按时掘出来,其中,工作面运输巷和回风巷的掘进与一般巷道掘进基本相同,而综采开切眼断面则较大,施工较困难。开切眼内要安装采煤机、可弯曲刮板输送机、液压支架,其宽度和高度须根据液压支架的高度和宽度以及便于设备的安装来确定。在施工手段上应尽量采用掘进机全断面一次掘成,用锚杆支护。顶板松软破碎一次掘全宽确有困难时,可先掘小断面,在支架安装过程中,边扩帮边安装。

1. 开切眼位置的选择

综采工作面开切眼应布置在煤层赋存平缓、围岩稳定的地带。尽量避开地质构造(如断层、冲刷带、节理裂隙发育带、陷落柱等)、上层煤柱下方、老巷上下方及有煤和瓦斯突出危险的地带。

2. 对开切眼的要求

近水平煤层,开切眼应与工作面巷道垂直。缓倾斜煤层时,为防止工作面输送机和液压支架的下滑,开切眼与工作面巷道可有一定的夹角。开切眼一定要有足够的安装空间和可靠的支护方式。上、下两个端头处安全出口要畅通,所有支架必须架设牢固。开切眼内浮煤、杂物等要清理干净。为了便于液压支架的运输,开切眼与工作面回风巷连接处应弯曲,曲率半径适宜,轨道铺设符合标准。

3. 开切眼的准备方式

根据我国综采设备的安装方法,开切眼的准备方式一般有 3 种,即全长全断面一次掘成、一次扩全长及边扩帮边安装。

(1)全长全断面一次掘成,即据设备安装需要设计的开切眼宽度和高度,采用综掘机全断面一次掘成,如图 9-1 所示。掘出的开切眼采用锚杆点柱混合支护。开切眼内设备的安装顺序依次是工作面刮板输送机、液压支架和采煤机。其准备方式、设备方式、设备安装不受巷道工程的影响,有良好的安装条件,能充分利用人力、空间和时间,有利于提高设备安装质量,快速完成设备安装任务。施工组织简单,支护用材料少,适用于顶板完整、稳定的条件下。

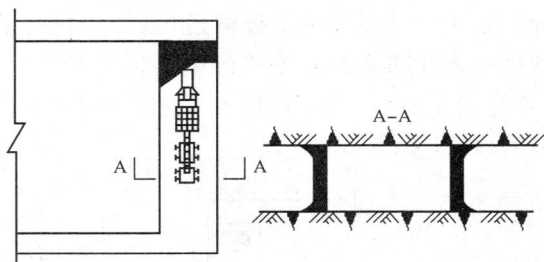

图 9-1　全断面一次掘成

(2)一次扩全长,如图 9-2 所示,先开掘出小开切眼,在设备安装前,沿工作面全长扩至安装所需要的宽度。支护方式采用锚杆、点柱或锚杆与亲口棚混合支护。开切眼内设备安装顺序依次是工作面刮板输送机、液压支架和采煤机。该方式安装工序连续性强,进架与调向可平行作业,有利于提高质量、快速完成安装任务。存在的问题是:支护工作量较大,对设备安装有一定的影响,

所需支护材料多、消耗大,要求能回收支护材料。这种方式适应
于稳定及中等稳定和不稳定顶板条件下。

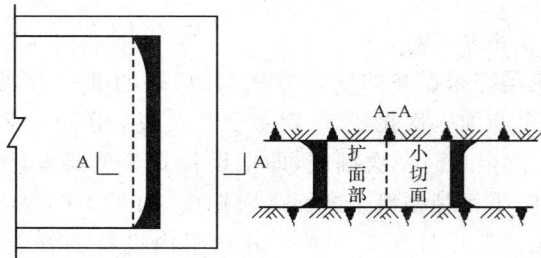

图 9-2　一次扩全长

　　(3)边护帮边安装,即先掘小开切眼,在设备安装时,边扩帮
边安装液压支架,如图 9-3 所示,开切眼内采用梯形亲口棚支护。
扩帮后可采用鸭嘴木棚。工作面设备安装顺序有两种:一种是工
作面刮板输送机、液压支架和采煤机;另一种是在利用采煤机扩
帮的情况下,其顺序为工作面刮板输送机、采煤机和液压支架。
采用边扩帮边安装开切眼准备方式的主要优点是有利于控制顶
板,但存在着施工复杂,对安装速度有一定影响的问题。它可适
应各种类型的顶板。

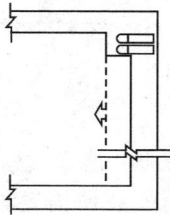

图 9-3　边扩帮边安装

　　4. 开切眼支护
　　开切眼的支护要求必须有足够的强度和稳定性,维护好开切

眼空间,又要为设备的安装创造方便。根据顶板岩石性质,开切眼内支护方式有以下4种:

(1)当顶板坚硬、稳定时均采用锚杆支护方式。其特点是:断面空间大,节省替换棚(柱)的工作量和时间,设备安装方便、速度快。

(2)顶板完整稳定而压力较大时,一般采用锚杆支护或锚杆与点柱配合使用支护。其特点是:支护强度高、稳定性好,在安装液压支架时,须逐架撤收点柱。

(3)顶板松软或分层开采金属网假顶时,采用金属棚支护或锚网与金属棚复合支护。安装液压支架时,沿支架安装方向逐架拆除金属棚,改设跨度较大的一梁二柱金属棚,棚距等于液压支架的宽度。在支架安装地点,根据顶板情况超前设数架,背好顶。当支架到位安装符合要求后升柱支撑顶板,拆除后边的金属棚,以后逐架安装,逐架改棚和拆除。其缺点是设备安装速度慢。

(4)顶板破碎时应采用铺设金属网顶板,用金属棚支护或锚网与金属棚复合支护。在安装支架时,本架顶梁预先挑上长2～2.5 m平行工作面的大板梁,构成超前支护,给下一架安装创造条件。这种方式多应用于边扩帮边安装开切眼。但由于顶板破碎。支护复杂,设备安装速度慢。

二、综采设备安装前的准备

综采设备安装前,需要做好安装与施工组织设计、组织准备、设备准备、装车准备、安装准备等准备工作。

1. 安装与施工组织设计

安装与施工组织设计包括安装方法和所用设备的选择、组装硐室、绞车硐室、调车线的设计、施工组织安排及施工安全措施等。安装方法根据井巷条件分别采用解体入井或整体入井的安装设计,当受到矿井井巷条件和支架外形尺寸的限制,需将支架解体入井时,在工作面进设备的巷道内需预先掘出支架组装硐室,在此组装支架后运入工作面;如果井巷条件允许液压支架整体装车入井并能顺利运进工作面,则无需专门开掘支架组装硐室。组装硐室位置如图 9-4 所示。

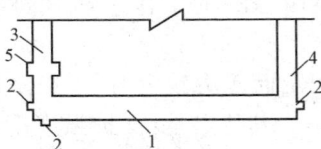

图 9-4　开切眼组装硐室位置示意图
1——开切眼;2——绞车硐室;3——工作面运输巷;
4——工作面回风巷;5——液压支架组装硐室

　　液压支架组装硐室的规格一般为 800 mm×5 000 mm×4 500 mm(长×宽×高)。锚杆或工字钢棚子支护,棚梁上装配起吊用的防爆电动葫芦。绞车硐室为安装牵引绞车而设置。开切眼内一般要开 2～3 个绞车硐室,其规格为 2 000 mm×2 000 mm×2 000 mm(长×宽×高)。在支架组装外设双轨调车经理,调车线每条长度要保证存放 7～10 辆平车。

　　2. 组织准备

　　成立临时指挥机构。由主管矿长负责,生产、机电、运输、供应及综采队等部门人员参加的临时指挥机构。负责制定工作计划,统一指挥调度,及时解决出现的问题,并认真组织和培训安装队伍,搞好工程检查和验收等工作。

　　安装计划的主要内容包括安装方案、安装程序、方法、进度日程及劳动组织、任务分工、各专业配合要求、质量要求、物质准备、作业规程及安全措施。

　　为了完成安装计划,要做到任务、人员、时间三固定及四包,即做到:包任务完成、包质量合格、包设备完好、包安全生产。将安装人员划分成若干个专业小组,实行流水作业和平行作业。各专业组根据三定四包内容,将每日实际进度填入工作面设备安装进度表内,并与计划对照,发现工作进度和时间要求有变化或冲突时,及时协调平衡,搞好配合,使安装工作顺利进行。为提高安装质量,还应组织安装人员认真学习讨论安装计划和安装方法,组织短期培训,使其掌握工作面安装的各种设备的性能、结构、操作方法、安装方法及安装质量标准,使工作面全套安装完毕后一次试运转验收全部合格。

　　3. 井巷准备

　　综采设备从立井进入,为了保证设备和井口提升安全,应注意提升罐笼的配重适当。通常采取料石车或矸石车配重,掌握好提升速度,防止意外事故。载架罐笼到达井底后,用料石车(或矸石车)顶支架车出罐,防止因支架车单独出罐,罐笼突然卸载,提升钢丝绳立即收缩而把空罐提起。料石车要以匀速推顶支架车单独罐笼,并用小绞车限制支架车出罐的速度,以防车辆相互撞击。凡综采设备经过的巷道,必须指定专人按所运设备的最大外形尺寸和《煤矿安全规程》的有关规定,事先进行认真检查,必须达到畅通无阻。为了确保液压支架在井下运输时的安全,要求按支架实际运输时的最大尺寸模拟一木制框架,以保证实际运输时的安全。对工作面巷道设计质量要求严格验收,如发现巷道不通、高度和宽度不够、支护不合乎等情况后,要及时处理。巷道内的浮煤、浮矸、杂物、积水等必须清理干净。运送综采设备的轨道,必须是质量在 18 kg/m 以上的钢轨。当运送物件的单车质量超过 12 t 时,枕木应加密或采取措施,以保证设备运送中的安全。

　　4. 设备准备

　　新到矿的或升井检修后的全套综采设备及新型号、新配套的综采设备,入井前都必须实地先进行组装与试运转,检查配套性能及联合运转情况,都要达到规定要求后才能按顺序装车下井。对安装所用设备和辅助设备如单轨吊、卡轨车、运输绞车、安装绞车、起重设备、配车设备等,均应按质量标准认真检查和验收维修。对装运设备中拆开的液压胶管,一律用塑料堵封。

5. 装车准备

综采工作面大量的设备是液压支架,装车准备主要是根据矿井实际条件确定液压支架的装车方式。运送支架的车辆主要是平板车、材料车和矿车等。要求平板车要有特定的锁紧装置,以固定物件。自制专用车辆宽度和轴距,必须符合巷道宽度和曲率半径的要求。车辆的数量应能同时满足地面装车、运输、安装、空车回程等要求。一般平板车不少于 30～50 辆。根据井下设备安装顺序、车场长度、安装进度要求,按照设备入井时实际需要进行配车。无论是液压支架或是采煤机及工作面刮板输送机都必须注意车辆的入井顺序。设备装车时要根据工作面的要求、排列顺序、进入工作面的路线、巷道及道岔的数量,确定好设备哪一端朝前及各车辆顺序编组编号,使入井的车辆尽量避免在井下频繁调车,最大限度地减少支架调向工作,提高安装效率,加快安装速度。

液压支架的装车方式,一般有整体装车和分部装车两种。整体装车指把车架预先在地面组装好,经过试运后不再拆卸,整架装车运到井下工作面,该方式在地面组装支架的工作条件好,组装质量有保证,组装效率高。但它要求有较大的起重和运输提升设备,井巷断面大,运输线路的弯道和交叉点有足够的宽度,以保证装运设备的车辆顺利通过。分部装车即支架在地面经过组装试运转后,拆开分成几大部件分别装车,运到井下再组装。例如,把四柱支撑掩护式液压支架的底座和四根立柱(活柱完全缩回)、控制阀组、推移千斤顶等作为一个运输部件,装在一辆特制的平板车上,这一部分各个元件都不拆开,并用液压管连接好;另一运输部件包括带四边杆的掩护梁,以及装在箱子里的螺栓和小零件,也装在一辆特制的平板车上;第三个部件是顶梁、前探梁和前梁千斤顶等装在一辆插有支柱的平板车上。每 3 个部件的运输车辆编为一个车组,按所需顺序运至回采工作面的上平巷的组装硐室附近再行组装完整后运往工作面。

6. 安装准备的内容和要求

(1) 安装准备

一是准备好起重运输机具,根据工作面起吊运输的设备、零部件的需要,选好自动葫芦、手动葫芦、钢丝绳、锚链、绞车、各种滑轮、起动横梁、装设备的各种车辆和工具,并认真检查这些设备,保证台台(件件)完好。二是泵站、组装硐室、临时乳化液泵站及管路,根据安装施工组织设计,铺设道轨、安装绞车及变向轮等。

(2) 设备运输、起吊中的安全措施及要求

设备运送时要求车辆连接装置必须牢固可靠,斜坡运输时必须加有保险绳。机车运输时,接近风门、巷口、硐室出口、弯道、道岔、坡度较大等处以及前方有机车可视线不清时,都必须发出警号并低速运行,以防紧急刹车、车辆间相互碰撞或掉道。要求两列车同向运行,其间距不得小于 100 m。在能自溜的坡道上停放车辆,必须用可靠的制动器或阻车器稳住车辆,以防发生跑车事故。在轨道斜坡用绞车拉运设备时,必须配备专职的、操作熟练的绞车司机、把钩工、信号工,对绞车的各部件和制动装置应仔细检查,确保绳套在设备的重心点上,起吊前必须检查绳索是否捆好。要统一信号,吊装指挥应站在所有人员能看到的位置,严禁人员随同起吊设备升降或从起吊设备的下方通过。起吊设备必须是垂直上吊,严禁斜吊,以防起吊歪倒。根据不同起重作业要求,正确选择钢丝绳结扣和绳卡。使用锚链起重时,连接环螺母必须拧紧,严禁使用报废的锚链起吊设备。用千斤顶起重时,千斤顶应放平整,并在其下垫上坚韧的木料,不能用铁板或有油污的木料垫衬,防止打滑。为了预防千斤顶滑脱或损坏而发生危

险,必须及时在重物下垫保险枕木。

综采设备安装必须是在一切准备工作全部就绪的前提下进行,准备工作的质量和速度是关系到工作面设备安装是否顺利,矿井生产会不会受到影响,工作面能否尽快投产的一个重要因素。因此,必须认真做好一切准备工作。

第二节　液压支架的安装

液压支架体积大、部件重,占据通风断面大,一个综采工作面使用的架数又较多,因此,液压支架的下井准备、下井运输和工作面的安装等工作量十分繁重。其安装工期较长,对工程质量的要求也比较严格。

一、液压支架下井安装前的准备工作

(1)液压支架下井安装前,应设置专门的调度指挥机构,建立和培训安装队伍,并制定详细的安装计划,包括拆装搬运的方案、程序、人员分配、完成工期及技术措施等。

(2)检查液压支架的运送路线,即检查运送轨道的铺设质量、各井巷的断面尺寸、架线高度、巷道坡度、转弯方向、转弯半径等,以便设备运送时顺利通行。必要时应做模型车试行,以减少运送过程中的掉道、卡车、翻车等事故发生。

(3)新型支架下井前,必须在地面进行试组装,并和采煤机、刮板输送机、转载机、破碎机、液压支架联合运转;检查支架的零部件是否完整无缺,支架的立柱、各种用途的千斤顶、各种阀件是否动作灵活、可靠,有无渗漏现象等;验证支架与刮板输送机、采煤机的配合是否得当,以便采取相应的措施。

(4)准备好运送车辆、设备、安装工具等。

(5)检查工作面的安装条件,宽度不够要扩帮,高度不够应挑顶或卧底,并清扫底板。

二、液压支架的装车和井下运送

（1）液压支架下井一般应整体运输，当顶梁较长时也可将前梁分开运输。首先将支架降到最低位置，拆下前梁千斤顶；然后，将支架主进、回液管的两端插入本架断路阀的接口内，使架内管路系统成为封闭状态。凡需要拆开运送的零部件应将其装箱编号运送，以防丢失或混乱。

（2）液压支架装车时应轻吊轻放，然后捆紧系牢。不得使软管或其他零部件露出架体外，以防运送过程中损坏。

（3）液压支架运送过程中应设专人监视。在倾斜巷道和弯道搬运时要注意安全，防止出现跑车、掉道、卡车等运送事故。

（4）运送过程中，不得以支架上各种液压缸的活塞杆、阀件以及软管等作为牵引部位，不得将溜槽、工具等相互紧靠，以防碰坏这些部件。

三、液压支架的工作面安装

液压支架一般从工作面回风巷运入工作面。在工作面回风巷与工作面连接处应根据支架结构及安装要求适当扩大其巷道断面，以利于支架转向。当采用分体运输需在连接处安装前梁时，还需适当挑顶以便安装起重设备。液压支架送入工作面的方法主要有 4 种：

（1）利用工作面的刮板输送机运送液压支架

工作面先安装好刮板输送机，此时输送机先不安装挡煤板、铲煤板和机尾传动装置。在输送机溜槽上设置滑板，把液压支架用起重设备移放在滑板上，开动刮板输送机带动滑板至安装地点；再用小绞车将液压支架在滑板上转向，拉至安装处调整好位置，并与刮板输送机连接；然后，接上主进液管和主回液管，升起支架支撑顶板。第一架支架至此安装完毕。按此方法继续安装其他支架，待支架全部运送安装完毕后再逐步装好刮板输送机挡煤板、铲煤板、机尾传动装置等。应注意,利用工作面刮板输送机运送液压支架时会产生振动,使运送平稳性差,在倾斜工作面不能使用。

(2) 利用绞车在底板上拖移液压支架

在工作面上、下出口处,各设置一台慢速绞车。用起重设备将支架吊起后放到底板上并转向(当底板较硬时可直接用绞车拖拽;当底板较软时可在底板上铺设轨道,轨道上设置导向滑板);用绞车将液压支架拖至安装地点;再用两台绞车进行转向,调整好位置;接通液压管路,将液压支架升起支撑顶板。这种运送方法简单,运送支架高度低,运送平稳,适用于各种工作面的运送,但运送设备较多,操作较复杂,运送速度慢。

(3) 利用平板车和绞车运送液压支架

在工作面回风巷与工作面连接处设轨道转盘,并在工作面铺设轨道。当装有液压支架的平板车被拉入转盘后在其上进行转向,使其对准工作面轨道,利用绞车拉入工作面安装地点;然后通过两台绞车卸车并调好支架位置,接好液压管路,升起支架支撑顶板。这种运送方法适应性广,支架在工作面回风巷与工作面连接处转向时不需起吊,所用设备少,运送平稳,但运送高度较高,操作较难,并且要求工作面宽度大,以便平板车退出。

(4) 利用船车和胶轮车运送支架及换车方式

根据目前采用的运送方式,除了上述几种方式以外,又设计了一种船车来运送支架,这种方式简化了液压支架在运送车上的固定,但要在井下设置组装硐室,支架送入硐室后进行组装或换车,整体下井的支架在组装硐室内通过起重设备进行换车,解体运送的支架须在硐室内进行组装,然后换车进行运送。此外,还可利用有轨胶轮车或无轨胶轮车(在近水平工作面也采用铲车)将液压支架送入工作面。

第三节　液压支架的撤出

一、撤出准备

综采设备的撤出是一项既费工又费时的工作。当撤出液压支架时,支架一侧是采空区,支架上面的顶板已受到采动影响,稳定性受到较大的破坏,因此支架的撤出更为复杂。为了提高工作面回撤速度,保证矿井的均衡生产,综采工作面设备的撤出必须充分做好撤出前的准备工作。

准备工作的主要内容:

(1)领导重视,成立由分管综采的副矿级领导干部为组长,生产、机电、运输、通风及调度等有关部门人员参加的领导小组。

(2)制定撤出计划,它包括撤出方案、程序、方法、任务分工、劳动组织、质量要求、安全技术措施、撤出所需设备及材料的准备等。

(3)确定撤出顺序,选择撤出方法:

① 撤出顺序。综采工作面设备撤出的顺序一般为:采煤机→工作面运输机→液压支架。工作面巷道设备可与工作面设备同时或先行撤出。

② 撤出方法的选择。综采工作面设备撤出难度最大的是液压支架,其撤出方法有两种:一是掘进辅助巷道撤出。预先在终采线上开掘平行工作面的辅助巷道,条件允许也可利用现有的采区(盘区)上、下山轨道巷,并开一条或若干条联络巷与工作面相通,从辅助巷道向外撤出液压支架。二是工作面留通道撤出。当工作面采到终采线时,将工作面采直,并达到规定采高,支架前梁与煤壁间留有 1 m 以上宽的通道空间,采取新的顶板控制措施,作为液压支架拆除时的通道。

(4)搞好工程准备。根据撤出方案,在规定地点提前掘出供撤出用的辅助巷道及联络巷,并铺设好轨道。根据撤出需要,在装车点进行挑顶、卧底(或挖地槽),并在需要地点安装拉架和起重用绞车、起重用机具、变向滑轮及必要的信号装置。在工作面设备撤出前,要对工作面所有设备进行一次完好状况检查,影响拆除安全的问题要提前进行处理。设备撤出后,如果是直接运到衔接工作面安装,需要对各种设备逐台进行可靠程度鉴定,摸清设备状态,对需升井检修的设备有计划地安排在搬家期间进行。不需升井的设备存在的问题,应有计划地安排在安装前进行处理。

(5)做好组织准备。确定施工队组,进行专业承包,包任务、包质量、包时间、包安全,做到固定任务、固定人员、固定时间、明确分工、密切配合、责任到人;建立严格的考核制度,如经济承包制、岗位责任制、交接班制等,以保证撤出工作按时、按质、按量、安全顺利地完成。

二、采煤机及工作面输送机的撤出

(1)准备工作。为方便采煤机的撤出,需在工作面输送机尾部做一个长 15 m、宽 1.5 m 的缺口,并铺设轨道,为采煤机的拆卸、装车提供作业空间。待工作面撤出通道做好后,将采煤机放在该缺口内。工作面撤出通道完工后,应将全巷道内的杂物、浮煤、浮矸清理干净。为便于采煤机、输送机的拆卸,凡需解体的螺栓应预先浸油松动。为了防止拆卸过程中小零件的丢失,应配备一定数量的小集装箱。为方便拆运,应配齐所用的一切工具。

(2)采煤机的撤出。先行拆除采煤机牵引锚链、张紧器、电缆拖移装置、喷雾降尘与水冷系统等附属装置,拆除采煤机前后弧形挡煤板、滚筒;然后拆除采煤机截割部、电机部、牵引部、电控箱,并装车运走;最后拆除底托架、行走滑靴、调斜及防滑装置、拆除缺口内的轨道。

(3)输送机的撤出。解脱电缆槽底座与液压支架推移杆的连接装置,拆除铲煤板、挡煤板、电缆、电缆槽、采煤机爬行导轨、齿条等,拆除输送机全部刮板链,拆除机头、机尾部传动装置;然后拆除机尾架、后过渡槽及全部中部槽,拆除前过渡槽、机头架、底座。

三、工作面巷道设备的撤出

工作面巷道设备撤出的顺序与方法,取决于工作面"三机"的拆运路线,如果工作面撤出的设备需经工作面运输巷运走,则应先撤出运输巷的设备,否则,工作面巷道设备可与工作面采煤机、输送机同时平行撤出。工作面巷道设备的撤出一般是由外向里顺序拆除。

四、液压支架的撤出

综采工作面设备拆除难度最大的是液压支架,目前大多是在工作面内安设小绞车,用于支架的调向(由垂直煤壁调成与煤壁平行),然后用工作面上(下)出口处的绞车沿底板把支架拉出。在上平巷设置起吊硐室处装车运走。如果底板松软,可在工作面输送机撤出后,沿工作面铺设临时轨道直接在工作面装车,提拉到上平巷运走。为了简化装车工序、降低装车高度,把支架直接拉上平板车,可沿工作面底板挖地槽,临时在地槽内铺设轨道,装车方便、快速。

为了方便支架的撤运、避免顶板等事故的发生,回撤支架前采取工作面留有通道或预先在终采线处提前掘出一条平行工作面的辅助巷道,进行支架的撤出。

1. 工作面留通道撤出

在工作面至终采线前的最后一班,将工作面采直,支架调成一条直线,使支架前梁端头与煤壁之间形成 1 400～2 500 mm 净宽的空间,作为撤运支架的通道。

对顶板不稳定的工作面,为了保证支架撤出时安全,当工作面采到距终采线 10～12 m 时,开始沿煤壁方向铺设双层交错搭接式金属顶网,一直铺到终采线,并沿煤壁下垂到拆架通道巷高的 1/3～1/2 处以下。当顶板破碎,压力大时,在距终采线 6～7 m处,开始在支架顶梁和金属网之间铺设规格约为 150 mm×100 mm×2 500 mm 的矩形板梁,板梁间距为 500～600 mm,每割一刀煤铺一排板梁,并铺成上、下交错连锁式。

对于工作面顶板稳定的,可采取锚杆支护,形成锚杆通道。

当液压支架停止前移后,继续推移工作面输送机,采煤机割过煤后,距下滚筒 5～20 m 范围内停止采煤机和输送机运转,支设带帽点柱或在支架顶梁上挑木板梁维护顶板,并采取防片帮措施。开始打锚杆眼,铺设金属网,安装锚杆和托板,托板规格为200 mm 的半圆木,沿工作面平行或垂直相互交叉布置,锚杆距700 mm,排距 600 mm。依上述工序周而复始地进行,直至通道符合规格要求,铺设护帮金属网,打帮锚杆至成巷。

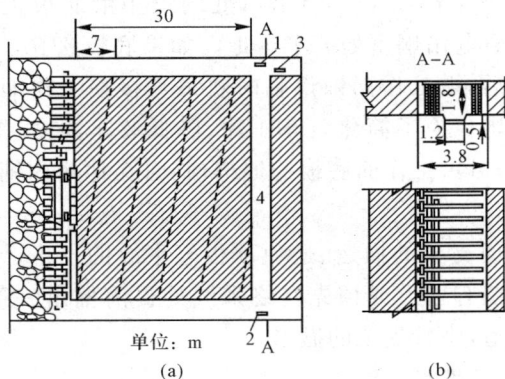

图 9-5　开有辅助巷道的设备撤出

(a) 撤出前的准备;(b) 辅助巷道内的布置

1,2——撤架绞车;3——泵站;4——辅助巷道

2. 开掘辅助巷道撤出（图 9-5）

在工作面终采线 A-A 处，提前掘出一条平行于工作面的辅助巷道 4，并用一梁两柱棚子支护，在靠工作面一侧再打一梁四柱的交错双抬棚。在此巷道内的底板上掘出一条倒梯形地槽（底宽 12 m，深 0.5 m），并在地槽内铺好运输支架的轨道。

为便于撤出，从工作面采到距辅助巷约 30 m 处开始使工作面输送机机尾超前推进，将工作面采成伪斜，伪斜角约为 5°～7°。当工作面和辅助巷采透后，分段拆除输送机中部槽，缩短输送机，并换上临时机尾，工作面和辅助巷全部采透后，此时工作面长度约为全长的 1/2，回采工作面结束，将采煤机拆除。然后从工作面中部向两端拆架。

另外，也可采用在工作面终采线前方掘一条辅助巷，或利用现有采区运输巷（采区轨道上、下山）作辅助巷，然后再根据若干联络巷与工作面贯通，设备经联络巷辅助巷撤出。

3. 液压支架撤出工序

当工作面顶板完整稳定，压力小，撤出通道为锚杆支护形式时，可进行直接撤出。即先将液压支架侧护板缩回，并使支架降柱，用绞车或液压支架千斤顶牵引液压支架沿垂直煤壁方向拉出，再使支架调向 90°后，把支架拖运到装车地点，装车外运。支架撤出后的顶板，可用点柱、丛柱或木垛等方法维护。

工作面顶板中等稳定以下时，可采取掩护式撤出支架，如图 9-6 所示。支架的撤出沿工作面自下而上或自上而下顺序进行，为保证支架拆除时的安全，先用一般方法把如图 9-6 所示掩护式拆除 3、4 两组支架撤出，然后利用绞车把 1、2 两组支架由垂直煤壁调为平行煤壁，并前移靠近第 5 号支架，拆除 5 号架，拆除以后马上前移 1、2 两架，靠近 6 号支架进行第 6 号支架的拆除，依此类推进行剩余支架的拆除。

液压支架的撤出一般是自下而上撤出，当工作面倾角不大，

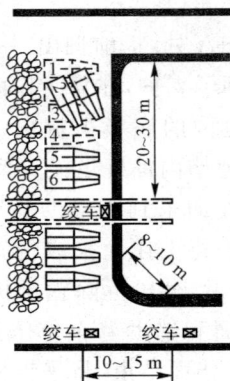

图 9-6　掩护式拆除

顶板完整稳定时也可自上而下或从工作面中部分别向工作面两端背向撤出。支架拆除后的顶板要用点柱或铺设木垛及时维护，并随着支架的撤出，相隔一定距离回收点柱和木垛，使顶板垮落。但为保证支架撤出过程中的通风良好，应在煤壁附近适当留下斜撑。

对于大倾角综采工作面，自下而上撤出液压支架时，应该注意以下几个问题：

（1）由于支架抽出后是上行运输，因而增加运输环节及不安全因素。解决的最好办法是在工作面底板上铺设密集钢轨滑道，支架装在导向滑橇上运输，以减少阻力，并用多台绞车联合牵引。

（2）为了防止在运输支架过程中发生意外，运输支架时人员都要躲在工作面液压支架的空间里，在支架的保护下进行跟运，并及时处理意外故障。

（3）支架撤出后如果其上方顶板垮落，顶板会沿倾斜方向冒落，成上方未撤出、支架顶梁上空顶，支架会因失去支撑而发生下滑、倾倒，给支架拆除工作带来困难和危险。因此，在支架拆除过程中，应随支架拆除沿工作面打两排木垛以及抬棚、点柱、金属网、大板梁等来控制顶板。

4. 液压支架的装车方法

起吊装车如图 9-7 所示,液压支架从工作面拆除运到起吊硐室后,利用起吊硐室的起吊机具(如电动葫芦、起吊绞车等)装车外运。不能整体装车的有关部件拆去,其主体吊装在运输车辆上且应捆绑牢靠后,方可运走。

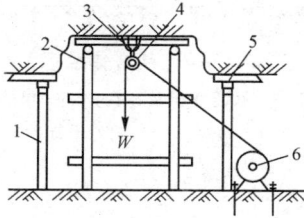

图 9-7 起吊装车

1——单体支柱;2——木支架;3——横梁;4——滑轮;5——构木;5——起重吊车

自吊装车如图 9-8 所示,当液压支架从工作面拆出并拖运到自吊装车架的滑板上后,先用调位千斤顶将支架调整在合适位置,接通液压管路给支架供液压,支架升起,然后用吊装横担上的4个挂钩挂住支架两侧的4个起吊点,再给支架供液降柱,使支架底座吊起。这时,将装支架的平板车由轨道推入到装车滑板的沟槽中,并置于被吊起支架下方的适当位置,然后再升柱,使支架放落在平板车上,摘去吊装挂钩后,支架降到最低高度,捆绑好推到运输轨道上运走。

地槽装车如图 9-9 所示。图 9-9(a)为工作面全长地槽,液压支架在工作面拆除时直接装车。支架与地槽方向垂直,将装支架的平板车停在要拆除支架正前方,用两根导轨,导轨一端横在平板车上,另一端支在拆除支架前方底板上,用绞车牵引,使支架沿导轨被牵引到平板车上,然后利用变向滑轮、单体液压支柱和辅助千斤顶使支架调向 90°,调整好位置,捆绑牢靠后外运。

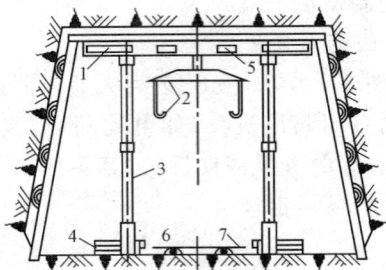

图 9-8　自吊装车

1——横梁;2——吊装横担及挂钩;3——单体液压支柱;

4——底座;5——横撑;6——调位千斤顶;7——滑板

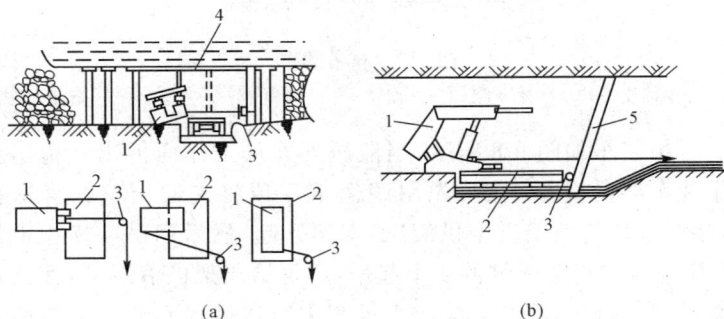

(a)　　　　　　　　　　　(b)

图 9-9　地槽装车

1——液压支架;2——平板车;3——滑轮;4——横木;5——戗木

图 9-9(b)为上平巷支架装卸点卧底,形成一个深度以平板车面与巷道底板等高为准,长 3.5 m,宽 1.3 m,坡度约为 30°的装卸地槽(地槽周围用混凝土浇注牢固)。支架从工作面拆出并运到装车点后,先将装支架平板车推入地槽内,用挡车横木或其他方法将平板车稳定,然后用绞车牵引直接把支架拉上平板车,调整好位置,捆绑牢靠,去掉挡车横木或稳固装置后运走。

平台或斜台装车如图 9-10 所示，在工作面上出口装车点设置平台或斜台，液压支架从工作面拆除拉至装车点后，将装支架平板车推入装车点，并与平台（或斜台）挂环固定，然后开动绞车，将支架经斜台拉上平板车，使其平衡稳定，捆绑可靠后运走。

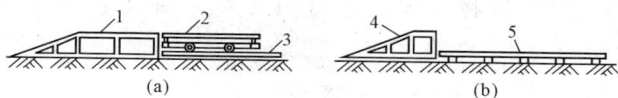

图 9-10　平台、斜台装车

（a）平台装车；（b）斜台装车

1——平台；2——平板车；3、5——轨道；4——斜台

当支架整体装车有困难时，可采用解体装车，如图 9-11 所示。

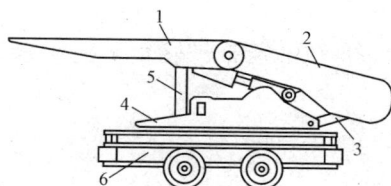

图 9-11　支架解体装车

1——顶梁；2——掩护梁；3——连杆；4——底座；5——垫木；6——平板车

（1）将支架拉入装车站的起装架下，调整支架。

（2）拆除前连杆固定销、操纵阀组架，解除立柱的连接管路，取出立柱的上、下固定销。

（3）将解体架前方横排 4～6 根垫木，操作起吊设施，将支架顶梁吊起，让立柱自动倒在垫木上，将立柱上、下腔油嘴封堵，用小绞车吊起立柱，装入专用车内运走。

（4）调整起吊装置，在顶梁下的柱窝内垫两根约 12～14 cm 粗，80 cm 左右长的短圆木，使解体后的顶梁与底座之间保持一定的空间距离，以保护两者间的管路和阀组等不受挤压，并捆绑好顶梁与底座。

（5）将支架吊起，放置在平板车上，用钢丝绳、螺栓或套板等将支架与平板车固定牢靠后运走。

工作面设备和巷道设备（包括拆除支架时用的乳化液泵）全部拆除完毕后，应将工作面巷道内支架等回收干净，然后将其密闭。

第十章　液压支架的操作工艺

第一节　基本要求

在综采工作面,合理地选择架型是管理好顶板的前提条件,而正确地使用液压支架则是管理好顶板重要的保证。任何性能良好的支架,只有与正确地使用结合起来,才能发挥支护作用,有效地控制工作面矿山压力。

根据各矿生产实践经验,可把使用液压支架的基本要求概括为细、匀、净、快、够、正、平、紧、严9个字,即准备工作要做到细、匀、净,移架操作要做到快、够、正,支架的工作状况要平、紧、严。

一、准备工作

准备工作要做到细、匀、净。

1. 细

在移架操作之前要做好细致的准备工作。

（1）认真检查管路、阀组和移架千斤顶是否处于正确位置。

（2）细心观察煤壁和顶板情况,煤壁有探头煤时要处理掉,底板松软时要预先铺设垫板或为实施其他措施做好准备,为支架的顺利前移创造好条件。顶板破碎时还必须为采取相应的护顶措施准备必要的材料。

（3）各种材料、备件要准备齐全。

2. 匀

移架前要检查支架间距是否符合要求并保持均匀,否则移架时要调整间距。若支架间距过大，就不能有效地支护顶板，还容易发生漏矸，甚至冒顶。支架间距过小，容易出现挤架、卡架，甚至倒架现象，给移架造成困难，严重时会损坏支架。

3. 净

移架前必须将底板上的浮煤、浮矸清理干净，以保证工作面输送机和支架的顺利前移及支架底座平整接底。若底板浮煤、浮矸过多，将会降低支架的实际工作阻力，增加顶板下沉量，甚至会出现顶板离层、破碎、台阶式下沉，给支架带来更大的压力，不易前移，并可能把支架压死。

二、移架操作

移架操作要做到快、够、正。

1. 快

移架及时、迅速，做到少降快拉，移架速度应与采煤机牵引速度相适应，否则会影响采煤机效能的充分发挥，新暴露出的顶板得不到及时支护，采煤机被迫降速或停机。为提高移架速度，应尽量缩短支架升柱和降柱的动作时间，采取擦顶前移或带压前移的方法，加快移架速度，也有利于控制顶板。

2. 够

每次移架步距，除放顶煤综采外，应达到采煤机一刀截深足量，支架移过后应排成一条直线。

3. 正

支架要定向前移，不上下歪斜，不前倾后仰。

三、支架工作状况

支架的工作状况要平、紧、严。

1. 平

要使支架顶梁和底座与顶、底板接触平整，力求顶梁上受力分布均匀，支架垂直顶、底板支撑，保证支架稳定可靠。

2. 紧

要使支架顶梁紧贴顶板,移架后保证有足够的初撑力。

3. 严

架间要靠严,侧护板要保持正常工作状况,防止顶板漏矸或采空区矸石窜入支架空间。

为达到上述要求,应掌握在各种复杂条件下顺利移架的本领。井下地质条件复杂多变,即使在同一煤层、同一采区、同一工作面的推进范围内,经常能碰到各种不同的地质构造,煤层和它的顶、底板岩层也可能发生变化,经常出现局部顶板破碎或底板起伏不平现象。在实际工作中,不能因为地质条件的变化而轻易搬家换面或更换架型,应针对具体情况,采取相应的措施来保证支架顺利工作。

四、液压支架重要部位的操作及要求

1. 立柱机械加长杆的拉出和缩回操作

采煤过程中,随着采煤工作面煤层厚度的变化,立柱机械加长段需要抽出或缩回。下面主要说明立柱机械加长段伸出的操作过程。

(1) 用木柱或单体液压支柱支撑在顶梁与底板之间,稍微降柱,使支撑稳定。

(2) 依次拆卸开口销、销轴、卡环、承压块。

(3) 操作降柱,使加长杆抽出至需要的长度。

(4) 依次安装承压块、卡环、销轴、开口销。

(5) 稍微操作升柱,拆掉木柱或单体液压支柱。

立柱机械加长杆的缩回操作与拉出过程相反,这里不再叙述。

注意事项:在拆卸过程中,左右两根立柱要依次拆卸,不允许两根立柱同时拆卸,以免支撑打滑,造成拆卸后顶梁突然下降发生事故。

2. 平衡千斤顶的操作及要求

（1）基本顶来压时，应向平衡千斤顶活塞杆腔供液，使支架顶梁受拉，这时支架外载合力作用点后移，增强支架的切顶能力。

（2）在中等稳定以下顶板或直接顶较松软的工作面使用、端面顶板需要加强维护时，应向平衡千斤顶活塞杆腔供液，千斤顶活塞杆外伸，使支架顶梁受压，支架外载合力作用点前移，有利于顶梁端部对端面顶板的维护。

（3）在松软底板的工作面直接顶许可的条件下，向平衡千斤顶活塞杆腔供液，使顶梁受拉，支架外载合力作用点后移，减小支架底座前部的比压，可以避免底座前部陷入底板，对移架造成困难。

3. 侧护板的操作及要求

液压支架在工作面布置时，支架下侧的侧护板为活动侧护板，上侧的侧护板为固定侧护板，移架时上方的支架总是以下方的支架为支点，沿下方支架的固定侧护板向前移动。因此，上方支架在降柱时其侧板的上边缘不能低于下方支架固定侧护板的下边缘，以防止出现咬架或倒架现象。

第二节　液压支架输送机防滑及其下滑的处理措施

在综采工作面，普遍存在输送机和液压支架下滑的问题，即使工作面倾角很小（3°～5°），输送机有锚固装置，输送机和支架也经常向下滑移。一般情况下，工作面倾角大时下滑明显，下行顺序推移输送机比上行顺序推移输送机明显。

一、下滑原因分析

输送机在使用过程中，由于本身自重就有下滑的趋势，再加上煤炭向下坡运输和采煤机切割阻力及采煤机牵引运行的综合使用，将会使输送机在推移过程中产生很小的向下滑移。在煤层倾角很小的工作面，如果不仔细观察，这种轻微位移是很难发觉的，但是这微小下滑量却带动推移千斤顶和液压支架的导向腿向下偏斜，当千斤顶顺着这个偏斜方向推移输送机时，又加大了输送机的下滑量，千斤顶和导向腿的偏斜度又随着输送机的下滑而增大，移架时，支架也同样会被迫改变规定的前移方向，而沿着这个偏斜方向下移。如此反复多次，输送机和液压支架的下滑量也就逐渐积累起来，如不及早发现和处理，就会给生产带来极大的不利。

二、下滑事故的预防

目前，综采工作面普遍采用锚固输送机，把工作面调成伪斜的方法防止输送机和液压支架下滑，当煤层倾角较大时，采用上行顺序推移。

（1）利用工作面输送机配用的锚固装置对输送机的机头、机尾进行锚固，以防止输送机沿工作面下滑，进而利用相互制约关系防止液压支架下滑。

（2）工作面煤层倾角较大时，采取上行顺序推移，即采用上行顺序推移工作面输送机和移置液压支架，可有效地防止两者下滑。

（3）调斜工作面，是当前普遍采用且是防止工作面输送机和支架下滑的最有效的工艺措施。工作面调斜如图 10-1 所示：把工作面调成下部超前，上部落后的伪倾斜，工作面实行伪倾斜推进，当工作面推进一刀后，应相应产生一定上移量，从而克服输送机和支架的下滑。伪倾斜较为合理的角度一般取 2°～6°。

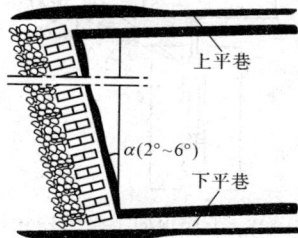

图 10-1　工作面伪斜防下滑

三、下滑事故的处理

（1）调斜工作面或增大伪斜角度。若工作面未采取调斜防滑措施而发生工作面输送机和液压支架下滑时，可把工作面调成伪倾斜。若工作面已调成伪斜仍发生下滑，则可适当增大伪斜角度口，并辅以逐刀上行顺序推移措施处理。增大伪斜角 α 的方法，即在工作面下部多吃一刀煤。若工作面调斜后有上窜现象，则表明伪斜角 α 调大了，则割煤时应在工作面上端多吃一刀煤。

（2）调整输送机和液压支架。在输送机机头后部和中间槽之间，往往安装有 1 m 或 0.5 m 长的调节槽，输送机下滑 0.5 m 后，可更换一次调节槽，这样输送机就可缩架 0.5 m，保证了输送机和转载机的正常搭接关系。液压支架下滑后，在支架前移过程中，可利用其侧护板、防滑装置，由上至下逐架上调。顶板不好时慎用。

（3）用千斤顶向上牵引输送机。在工作面内，每隔 10～15 m（7～10 架）安置一个牵引千斤顶，其两端分别经锚链与工作面输送机和液压支架底座相连接。千斤顶的活塞杆腔通过邻近架的操纵阀与泵站的压力管路接通，在本架支架推移输送机前，先操纵邻架操纵阀，使牵引千斤顶活塞杆收回并拉紧锚链，然后切断其液路，再操纵本架推移输送机，这时锚链斜角拉大，便给输送机一个向上的牵引力，如图 10-2 所示。

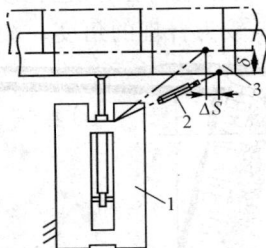

图 10-2　千斤顶向上牵引输送机

1——液压支架；2——牵引千斤顶；3——工作面输送机

第三节　液压支架下陷的处理

在底板松软条件下使用液压支架,支架底座陷入底板不仅会降低支架的支撑强度,而且会给移架带来困难,有时会因液压支架移不动而影响整个工作面的正常生产。因此,在松软底板的煤层中布置综采工作面时,应考虑工作面底板岩层(或煤层)的抗压入强度,工作面涌水量对底板的影响以及正确选择架型等问题。底板抗压入强度最小值应大于支架底座对底板的最大比压值且应考虑工作面涌水对底板强度的影响。松软底板往往遇水后容易膨胀、鼓起,其抗压强度显著降低。因此,松软底板条件的工作面,应适当控制涌水量。资料表明对于综采工作面涌水量不应超过 15 m³/h,所以在综采面还要控制冷却和洒水灭尘的水量,在基本满足冷却、灭尘的前提下尽量减少供水。

液压支架在顶板压力的作用下,如果底座陷入底板,根据不同情况可采取以下几种措施。

一、轻微下陷

移架前,在支架底座下垫块木板,支架即可降柱前移,如图10-3 所示。

二、底座下降稍深

在支架顶梁下打一个斜撑柱,并系上安全绳,以防倒柱伤人。然后降柱提起底座,此时也可将木板垫入,再移架到新的工作位置,如图 10-4 所示。

三、底座陷入较深

(1)借助邻架前梁进行处理,即将锚链或钢丝绳的一头拴在邻架的前梁上,另一头拴在本架底座上,降下邻架的前梁,在本架降柱移架的同时,升起邻架的前梁,把本架底座吊起前移,如图

10-5 所示。

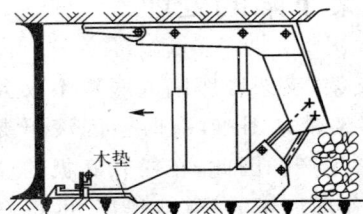

图 10-3　在底座下垫木板移架　　　图 10-4　打斜撑柱提底座前移

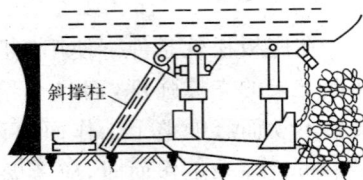

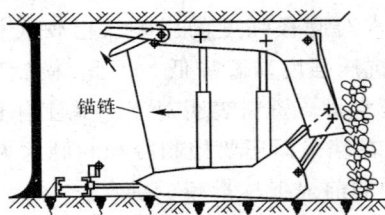

图 10-5　借助邻架前梁提底座

（2）利用邻架前梁悬挂千斤顶提底座。在顶板条件不允许邻架前梁下降时，可在邻架前梁下悬挂一个千斤顶，并让此千斤顶处于活塞杆伸出状态，用钢丝绳或锚链将本架底座和千斤顶连起来，当向千斤顶供液使其活塞杆压缩时，把本架底座吊起，同时降柱移架，如图 10-6 所示。

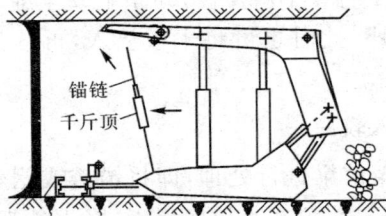

图 10-6　邻架前梁下悬挂千斤顶提底座

（3）利用邻架推移千斤顶的力量移架。支架下陷量过大时，移架时可能会把工作面输送机拉回来。这时可同时操作数架相邻支架的推移千斤顶，先把输送机拉向支架，然后用锚链或钢丝绳将下陷支架的底座与输送机连接可靠。最后除本架（下陷支架）千斤顶不动外，相邻数台支架的推移千斤顶同时推移输送机，使下陷支架前移。但是要求提前铲除下陷支架前方底板上的障碍，以减少阻力，同时要注意输送机的强度，保证不被损坏，如图10-7 所示。

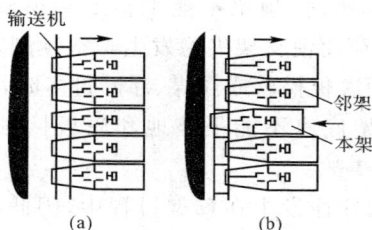

图 10-7　利用邻架千斤顶力量移架

第四节　液压支架倾倒的预防及处理

在生产过程中，有时会遇到液压支架的倾斜歪倒事故，即倒架。倒架事故不仅给移架工作带来很大困难，而且常因倒架区域顶板得不到有效支撑引起局部冒顶事故。如果不及时处理，还会由一架支架倾倒使相邻支架相继倾倒造成事故的继续扩大，严重影响生产。因此，发现有倒架趋势，应及时调架处理，防止倒架事故的发生。如果一旦发生倒架事故，要立即扶起，避免事故的扩大。

一、倒架的原因分析

引起倒架的因素很多，有时往往几种因素同时存在，归纳起

来,主要有以下几个方面:

(1)工作面的采高和煤层倾角大时,支架的稳定性就差,支架的合力作用线落在底座之处,造成支架倾倒。倾角越大,支架重心偏移越远,支架越不稳定。但是,在煤层倾角较小的情况下,如果工作面凹凸不平,人为地使工作面底板坡度发生变化,那么在凹凸不平的范围内也会使支架歪斜、倾倒和挤架。

(2)在工作面采高掌握不好,部分区域采高大于支架最大支撑高度,或工作面局部顶板冒空时,会因支架吃不上劲而歪倒。当顶板破碎起伏不平时,顶梁不能平整地和顶板接触,支架受力不均,产生偏心载荷而使支架失稳发生歪斜倾倒。

(3)当工作面底板松软或浮煤、浮矸过多时,造成支架底座下陷,压力不均,支架底座不能平整地和底板接触,支架稳定性降低,也易发生倒架事故。

(4)倒架事故往往发生在移架过程中,因此必须注意观察移架时支架的工作状态和顶、底板变化等情况。例如,淮北朔里煤矿514掩护支架工作面,由于末端支架的侧护板脱落,造成末端支架与端头支架脱离,移架后掩护梁伸入端头支架掩护梁上达0.5 m,末端支架歪倒,又没有及时扶起,结果歪倒支架由1架发展到20架,顶板恶化,压力增大,最终被迫停产。因此,移架前发现有歪斜情况时,应处理后再移,降柱时也不能降得太多,使支架不能互相依靠,造成降架前移时的倒架事故。

二、液压支架倾倒的预防

(1)严格执行液压支架的操作规定。

(2)正确使用较大倾角工作面支架配用的防倒装置。

(3)及时调整支架支撑状态不符合要求的液压支架。

(4)及时处理煤壁片帮及局部顶板冒落,严防因冒落区扩大而引起支架失稳,发生支架倾倒事故。

三、倒架事故的处理

轻微的歪斜一般无需采取特殊措施,移架时进行几次自调即可将支架扶正。严重倒架时可采取下列措施处理:

(1)用柱子顶。当支架倾斜比较严重时,移架前在支架倾倒方向顶梁下支一根斜撑柱子,并系上安全绳,以防伤人。接架时,支架在此斜撑柱子的作用下将支架摆正,如图 10-8 所示。

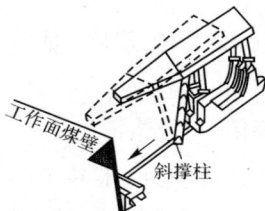

图 10-8　用斜撑柱扶架

(2)用千斤顶扶架。若支架倾倒严重,可用两个或更多的防倒千斤顶扶架,如图 10-9 所示。在支架上方,用千斤顶拉顶梁,在支架下方用千斤顶拉底座。也可采取斜拉的方式扶正支架,如图 10-10 所示。

图 10-9　用千斤顶扶架　　　　　图 10-10　用斜拉千斤顶

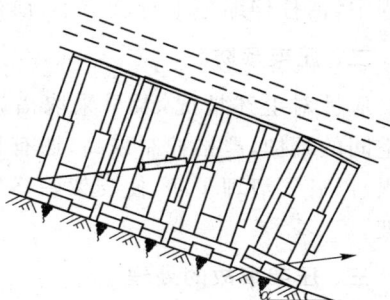

(3)用绞车拉。当支架倒架现象严重而且是多台支架倾倒

时,可用工作面巷道设置的绞车拉进行扶架并逐架拉正。

（4）用采煤机拉架。支架大面积倾倒时,工作面被迫处于停产状态,也可将钢丝绳一端固定在采煤机上,另一端拴在倾倒的支架上,利用采煤机的运行将支架拉正。

第五节　液压支架压架事故的预防及处理

压架即支架被压死,是指液压支架活柱被压缩,没有行程,支架无法降柱前移。

一、造成压架的原因

（1）当工作面煤层顶板坚硬,不易垮落,顶板悬露面积过大,没有及时强制放顶,顶板突然来压时,把支架压死。

（2）因采煤机割煤时没能严格控制采高,造成采高大于支架最大支撑高度,或因顶板局部冒落,底板浮煤、浮矸过多,支架不能有效地支撑顶板,引起顶板突然离层垮落,带来很大的冲击压力,把支架压死。

（3）由于煤层厚度变化和各种地质构造的影响,支架在使用过程中,活柱伸缩量本身就很小,顶板一来压就会把支架压死。

二、压架预防

应针对上述情况,及早采取措施,进行强制放顶或加强无立柱空间的维护,严格控制采高,遇有顶板局部冒顶必须把顶背严,浮煤、浮矸要清理干净,使支架始终处于正常工作状况,避免发生压架。

三、压架事故的处理

压架的处理措施有以下几个方面:

（1）增大支撑办法。用一根或几根备用支柱支在被压死的支柱处顶梁下,同时向备用支柱和被压死的支柱提供压力液,进行反复升柱,在加大支撑力的作用下,顶板逐渐松动,使被压支柱产生少量行程降柱后即可向前移架。在顶板破碎或使用金属网假顶条件下,这种方法效果明显。应特别注意,备用支柱在支架顶梁下方支设时,必须直立于顶梁下,并且在支柱与顶梁间垫上木板,以防滑移,倒柱伤人。

(2)挑顶法。在顶板条件许可时,可采用放小炮挑顶的办法处理压架。爆破要分次进行,每次装药量不宜过大,只要能使顶板松动,立柱稍微升起,即可进行拉架。严禁不打炮眼,将炸药和雷管直接放在支架与顶板空隙中爆破崩顶。要严格执行《煤矿安全规程》关于工作面爆破作业的有关规定。

(3)起底法(卧底法)。在顶板条件不好而不宜挑顶时,可采用起底的方法,即在支架底座的前方向底座下的底板打浅炮眼,少量装药进行爆破,将爆破后崩碎的岩石掏出,使底座下降,立柱有少量行程就可以移架。

(4)松顶松底法。当支架上方的岩石非常破碎或金属网假顶以及底座下有较多的浮煤、浮矸时,可不采用爆破的方法挑顶或起底,而是将顶梁和底座下的破碎矸石、浮煤等挖掉,使支柱有少量行程后即可进行移架。

(5)防压环法。支架上的立柱本身带有防压环装置,当支架被压"死"后,摘去防压环,活柱只要有少量行程,便可立即移架。

第六节　液压支架间距的调整

在综采工作面,由于受地质条件的影响以及割煤和推移输送机过程中,没有严格作业规程规定,使工作面不直、长度发生变化、工作面伪斜、支架下滑等等,使得支架间距经常发生变化。支架间距变宽,引起支架间距顶板悬露,不能有效支撑,致使顶板冒落;支架间距变窄,使得支架发生挤架、卡架、爬架等事故,甚至损坏支架部件。因此,要随时注意对支架间距的调整。调整时,可掌握以下原则:

(1)在工作面不直时,如果支架按垂直输送机的方向布置,就会发生支架间距变窄[图10-11(a)]或变宽[图10-11(b)]的现象。这是为了使支架间距均匀,就按平行于工作面巷道方向调整支架[图10-11(c)]。调整时,可利用支架的侧护板、防滑调架千斤顶、短坑木或千斤顶进行。生产过程中应尽量避免人为的出现工作面不直现象。

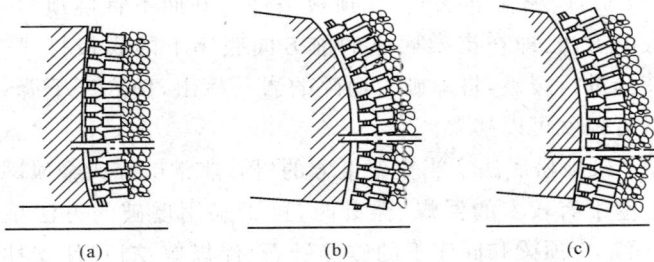

(a)　　　　　　　　(b)　　　　　　　　(c)

图10-11　工作面不直时支架的调整

(2)受地质条件影响,工作面进风巷、回风巷不平行,但工作面与其中之一垂直(一般情况下首先使工作面与进风巷垂直),支架如果分别按平行、进风巷调整,则在工作面中部将会发生变窄[图10-12(a)]或变宽现象。这时为了保持间距均匀,支架的排列必须平行于与工作面垂直的那个巷道,并与煤壁垂直,如[图10-12(b)]所示。

(3)在工作面回风巷和进风巷平行、工作面呈伪斜时,如果支架按垂直输送机方向排列,根据不同伪斜方向,则支架和输送机将会产生下滑和上窜现象,如图10-13(a)、图10-13(b)所示。为避免这两种现象,支架应按平行巷道进行调整并沿走向方向推移支架,如图 10-13(c)所示。

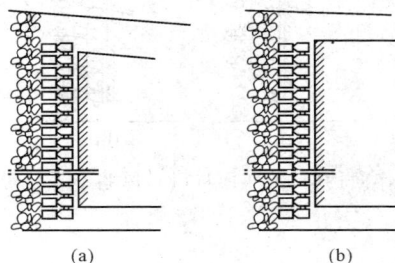

(a)　　　　　　　　　(b)

图 10-12　工作面巷道不平行调整

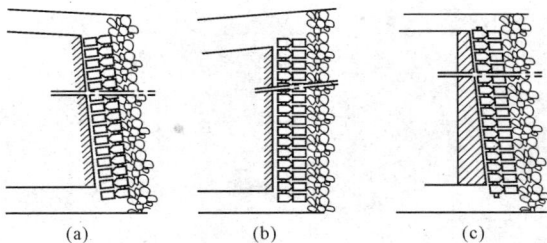

(a)　　　　　(b)　　　　　(c)

图 10-13　两顺槽平行、工作面为伪斜时支架的调整

(4)在工作面回风巷、进风巷互不平行,工作面呈伪斜并与工作面巷道斜交时,应首先调整工作面位置,使其逐渐与一条巷道(最好是进风巷)垂直;垂直未调整好之前,支架的排列仍应平行于一条巷道,而不要与工作面煤壁垂直,并且在安装或调整支架时,也应以这条巷道为基准,以避免出现支架间距过大或过小的现象。

此外,当工作面加长或缩短需增加或减少支架时,均要通过工作面回风巷运送,如图 10-14 所示。

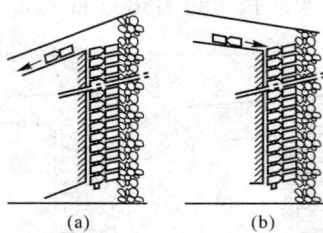

(a)　　　　　　　　(b)

图 10-14　工作面伪斜、工作面进(回)风巷不平行时支架的调整

第四部分　高级液压支架工专业知识和技能要求

第十一章　ZF10000/24/36型支撑掩护式放顶煤液压支架说明书

　　ZF10000/24/36(简称 ZF36)型放顶煤支架是在认真总结国内外放顶煤技术成果,分析研究各种放顶煤支架特点和使用经验的基础上,由×××股份有限公司开采设计事业部开发的新型低位放顶煤支架。该支架的显著特点是:支架的前连杆为双单连杆,比"Y"型连杆抗扭能力大大提高,为提高支架可靠性提供了保证。并且通过优化设计,改善了支架的受力状况,提高了支架的使用寿命。

第一节　支架的适用条件

　　(1)可以用于放顶煤工作面,也可用于单一煤层开采工作面。
　　(2)作用在于每架支架上的顶板压力不能超过 10 000 kN。
　　(3)配套刮板运输机型号前部 SGZ1000/2X700、后部 SGZ1200/2X700。
　　(4)配套采煤机型号 MG500/1330-WD。

第二节　ZF10000/24/36支架的特点及组成

一、支架的特点

　　(1)工作面三机采用大配套,截深为 800 mm,为了保证截深和有效的移架步距,支架的推移千斤顶的行程定为 900 mm,为高产高效创造有利条件。

（2）支架工作阻力大，对顶煤的支撑、破碎能力加强，提高了坚硬煤层顶煤回收率。

（3）此支架在正常采高时，掩护梁水平投影小，即掩护梁较短，背角较大，便于坚硬煤层顶煤的垮落，提高了放煤速度。

（4）采用优化设计，确定支架的总体参数和主要部件的结构尺寸，并利用计算机模拟试验进行受力分析和强度校核，以提高支架的可靠性。

（5）支架的前连杆采用双单连杆，大大提高了支架的抗扭能力。

（6）支架的顶梁为分体顶梁，增强了对顶板的适应性，顶梁采用双侧活动侧护板，满足工作面换向要求。

（7）掩护梁采用箱型结构，双侧活动侧护板，活动侧护板起到封密工作面和调架性能。

（8）放煤机构高效可靠，后部输送机过煤高度高，增加了大块煤的运输能力，尾梁向上向下回转角度大，增加了对煤的破碎能力和放煤效果。

（9）尾梁—插板机构采用小尾梁—插板机构，尾梁—插板运动结构选用 V 形槽结构，运动灵活自如。

（10）支架底座为整体式刚性底座，底座前部用厚钢板过桥连接，后部用箱形结构连接，底座中后部底板敞开，便于浮煤及碎石排出。底座前端为大圆弧结构，防止移架时啃底。

（11）底座中部为推移机构，推移千斤顶采用倒装形式，结构可靠、移架力大，可实现快速移架。推移为长推杆机构，采用整体结构形式。

（12）支架底座前端设计抬底装置，可以实现顺利移架。

（13）液压系统采用大流量操纵阀，提高了移架速度，为工作面实现高产高效提供了有利条件。

（14）支架前、后均配置喷雾降尘系统，可以满足降雾除尘的效果。

二、支架的组成

ZF36型液压支架主要由金属结构件、液压元件两大部分组成。

金属结构件有：护帮板、前梁、顶梁、掩护梁、尾梁、插板、前后连杆、底座、推移杆以及侧护板等。

液压元件主要有：立柱、各种千斤顶、液压控制元件（操纵阀、单向阀、安全阀等）、液压辅助元件（胶管、弯头、三通等）以及随动喷雾降尘装置等。

第三节　支架的主要技术特征

（1）支架

架型	ZF10000/24/36型四柱低位放顶煤液压支架
高度（最低/最高）	2 400/3 600 mm
宽度（最小/最大）	1 430/1 600 mm
支架中心距	1 500 mm
初撑力（31.5 MPa）	7 756 kN
工作阻力（40.6 MPa）	10 000 kN
底板前端比压	1.6～2.6 MPa
支护强度	1.1～1.14 MPa
泵站压力	31.5 MPa
操纵方式	本架操纵
重量	29.3 t
（2）立柱	4根
形式	单伸缩

缸径	280 mm
柱径	260 mm
初撑力(31.5 MPa)	1 939 kN
工作阻力(40.6 MPa)	2 500 kN
行程	1 200 mm
(3) 推移千斤顶	1 根
形式	普通双作用
缸径	160 mm
杆径	115 mm
推溜力/拉架力	306/633 kN
行程	900 mm
(4) 护帮千斤顶	1 根
形式	普通双作用
缸径	100 mm
杆径	70 mm
推力	247 kN
工作阻力(38 MPa)	298 kN
行程	440 mm
(5) 前梁千斤顶	2 根
形式	普通双作用
缸径	180 mm
杆径	115 mm
推力	801 kN
工作阻力(38 MPa)	967 kN
行程	225 mm
(6) 侧推千斤顶	3 根
缸径	80 mm
杆径	60 mm

推力	158 kN
收力	69 kN
行程	170 mm
（7）尾梁千斤顶	2 根
形式	普通双作用
缸径	180 mm
杆径	115 mm
初撑力	801 kN
工作阻力（38 MPa）	967 kN
行程	730 mm
（8）插板千斤顶	2 根
形式	普通双作用
缸径	100 mm
杆径	70 mm
推力	246 kN
收力	158 kN
行程	800 mm
（9）抬底千斤顶	1 根
形式	普通双作用
缸径	125 mm
杆径	90 mm
推力	386 kN
拉力	186 kN
行程	260 mm
（10）拉后溜千斤顶	1 根
形式	普通双作用
缸径	140 mm
杆径	85 mm

推力　　　　　　　　485 kN
收力　　　　　　　　306 kN
行程　　　　　　　　1 000 mm

第四节　防护装置及放顶煤装置

一、防护装置

支架性能的好坏和对工作面地质条件的适应性,在很大程度上取决于防护装置的设置和完善程度,2F36 型支架设有比较完善的防护装置,性能可靠,主要包括侧护板、护帮板和伸缩梁等机构。

1. 侧护板

设置侧护板,提高了支架掩护和防矸性能,一般情况下,支架顶梁和掩护梁设有侧护板。侧护板通常分为固定侧护板和活动侧护板两种,左右对称布置,一侧为固定侧护板,另一侧为活动侧护板,固定侧护板可以是永久性的,也可以是暂时的(也称为双向可调活动侧护板)。暂时性固定侧护板可以在调换工作面方向时,改作活动侧护板,而此时另一侧的活动侧护板则改为固定侧护板。

活动侧护板一般都是由弹簧套筒和千斤顶控制。侧护板的主要作用有:

① 阻挡矸石,即使在降架过程中,由于弹簧套筒的作用,使活动侧护板与邻架固定侧护板始终相接触,能有效防矸。

② 操作侧推千斤顶,用侧护板调架,对支架防倒有一定作用。

本支架顶梁和掩护梁设有双侧活动侧护板。使用时,一侧固定,另外一侧为活动侧护板,顶梁活动侧护板由两个弹簧套筒和两个千斤顶控制。弹簧套筒是由导杆、弹簧、弹簧筒等组成,侧护板是由钢板直角对焊的结构,在运输时把活动侧护板固定。

2. 护帮板

护帮装置铰接在前梁的下部。护帮板在前端,护帮千斤顶与前梁连接。需护帮时可操作护帮千斤顶,使护帮板下部贴紧煤壁。在采煤机到来之前一定要收回护帮装置,使采煤机顺利通过,并防止滚筒割前梁。当前方片帮、梁端距过大时,可先推出护帮板,但在采煤机通过之前必须收回帮护板。当顶板发生冒落或梁端距过大时,护帮板可翻转,可对煤壁上方顶板进行临时支护。

二、放顶煤机构

2F36型支架为低位放顶煤支架,放顶煤机构位于掩护梁的后端,主要包括尾梁、插板、插板千斤顶及尾梁千斤顶等。放煤时,只要将插板收回并摆动尾梁,垮落的顶煤即可从尾梁后部流进输送机。

第五节　液压系统、喷雾降尘系统及其控制元件

一、液压系统

2F36型支架的液压系统由乳化液泵站、主进液管、主回液管、各种液压元件、立柱及各种用途千斤顶组成。操纵方式采用本、邻架操作。采用快速接头和U形卡及O形密封圈连接,拆装方便,性能可靠。

在主进、回液三通到操纵阀之间,装有平面截止阀、过滤器、回油断路阀、截止阀,可根据需要接通或关闭某架液路,可以不停泵维修某架胶管及液压元件,过滤器能过滤主进液管来的高压液,防止脏物杂质进入架内管路系统。

2F36型支架液压系统所使用的乳化液,是由乳化油与水配制而成的,乳化油的配比浓度为5%,使用乳化液应注意以下几点:

（1）定期检查浓度，浓度过高增加成本，浓度太低可能造成液压元件腐蚀，影响液压元件的密封。

（2）防止污染，定期（两个月左右）清理乳化液箱。

（3）防冻，乳化液的凝固点为－3℃左右，与水一样也具有冻结膨胀性。乳化液受冻后，不但体积膨胀，稳定性也受影响，因此，乳化液地面配制和运输时要注意防冻。

二、降尘系统

放顶煤工作面的煤尘要比普通工作面大得多，除了采煤机割煤过程中产生的煤尘以外，在移架和放顶煤过程中都会产生大量的煤尘。目前，综放工作面的含尘量均超过保安规程的指标，已成为制约放顶煤采煤法发展的重要障碍，防尘工作特别重要。放顶煤工作面防尘的重点是减少煤尘量，一般采用以下措施：

（1）煤层预注水，即超前工作面在顺槽里对煤体进行预注水。

（2）喷水灭尘，即支架上带有喷雾洒水装置，当采煤机切割煤或放顶煤时即进行洒水灭尘。

2F36型支架带有完善的前、后喷雾降尘系统，支架前部采用手动和自动控制方式，用来控制采煤机割煤产生的粉尘；后部喷雾采用自动控制方式，用来控制放顶煤所产生的粉尘，它由插板千斤顶来控制喷水阀的关闭，当插板千斤顶收回放煤时，千斤顶小腔的高压液打开喷水阀开始喷水。

2F36型支架喷水系统有如下特点：

（1）管路简单，操作方便。

（2）两条管路都可单独控制，由截止阀任意关闭。

（3）对双喷头采用随动控制系统，可节约水源，并可有效控制粉尘。

第十二章　ZZ4000/15/30 型支撑掩护式液压支架使用说明

ZZ4000/15/30 型支撑掩护式液压支架,是在总结国内外各类支撑掩护式液压支架井下使用经验的基础上,根据×××煤业有限公司煤矿的地质条件的要求而设计制造的,也可以在类似的地质条件下使用。

支撑掩护式液压支架与采煤机、运输机配套使用。液压支架的主要功能是支撑和管理顶板、隔离采空区、防止采空区的矸石进入采煤工作面、自行移架、自动推拉工作面运输机,保证操作人员的安全。它的应用对增加采煤工作面产量、提高劳动生产率、降低成本、减轻工人的体力劳动和保证安全生产起着非常重要的作用。熟悉支架的操作及维修方法,有利于支架正常作业,减少停机时间,提高生产效率。另一方面,液压支架的正确使用还要有与之相适应的配套设备及相适应的地质条件。

第一节　支架适用地质条件、执行标准与配套设备

一、适用地质条件

ZZ4000/15/30 型支撑掩护式液压支架适用一次性采高的缓倾斜长壁采煤工作面:

顶板　　　　　稳定或中等稳定

工作面采长　　120 m(中心对中心)

煤层厚度　　　1.7～2.8 m

煤层倾角　　　≤10°

二、执行标准

《液压支架通用技术条件》(MT312—2000)标准。

三、配套设备

采煤机　　　　MG160/390-WD 采煤机

运输机　　　　SGZ630/220(铸造)

液压支架　　　ZZ4000/15/30 型支撑掩护式液压支架

第二节　支架的主要技术特征

一、型号

ZZ4000/15/30 其含义如下:

形式:支撑掩护式液压支架

Z——产品类型代号液压支架

Z——第一特征代号支撑掩护式

4000——液压支架工作阻力 4 000 kN

15——液压支架最小高度 15 dm

30——液压支架最大高度 30 dm

二、技术参数

(1) 架型　　　　　　　四柱支撑掩护式液压支架

(2) 最小/最大高度　　　1 500/3 000 mm

(3) 最小/最大宽度　　　1 190/1 330 mm

(4) 运输长度　　　　　5 100 mm

(5) 支架中心距　　　　1 250 mm

(6) 初撑力　　　　　　3 200 kN

(7) 工作阻力　　　　　4 000 kN

（8）平均支护强度　　　　0.75 MPa

（9）对底板比压　　　　　1.7 MPa

（10）适用工作面方向　　　右工作面

（11）支架推溜步距　　　　600 mm

（12）推溜力/拉架力　　　 485/306 kN

（13）泵站压力　　　　　　31.5 MPa

（14）操纵方式　　　　　　本架操作

（15）支架质量　　　　　　12 681 kg

第三节　支架的运输和工作面安装

一、支架在地面和井下的运输

1. 地面运输

ZZ4000/15/30型支架采用铁路运输方式。其运输状态是：支架降至最低高度；侧护板收回，用锁紧销固定；推移杆收回，用铁丝固紧于底座上；拆下推移杆上的连接头，装箱发运。所有拆下的胶管应加塑料堵（或帽），并固定在适当位置。

2. 井下运输

支架下井前，应由矿井主管工程师按当地煤矿的安全要求及井下运输条件制定下井方案和计划进程，并提出安全措施，同时注意如下事项：

（1）根据使用本支架矿井的采煤方向，注意支架活动侧护板方向，使之与工作面相适应。

（2）支架如需部分解体，请将液压中拆下的胶管口堵好，并捆扎固定好软管头，以防磕碰。

（3）井下运输时，须使用平车。平车尺寸要适合井下运输条件，平车承载能力应与支架或部件质量相适应；要求前后装匀、左右装正，使重心位置尽可能在平车的中心部位。

（4）巷道的断面尺寸及转弯尺寸应能保证装有支架或部件的平车顺利通过。

二、支架在工作面的安装

支架进入工作面后，须注意如下事宜：

（1）安装时应使支架中心距为 1.25 m，并排列在一条直线上且相互平行，以保证支架与运输机连接准确。

（2）拆除侧护板的固定销等运输辅件，升起支架撑住顶板。

（3）调定泵站压力，调好后接通液压管路，接通时，建议将乳化液放掉少许，冲一下液压系统，以免将脏物带入液压系统中。

工作面全部设备安装完毕后，进行调试和空运转，试生产，经检验合格后方可正式投入生产。

第四节　支架的注意事项

一、主要部件工作温度

（1）主要结构件的工作温度：－50～50 ℃。

（2）立柱、千斤顶、阀类和管路等工作温度：10～50 ℃。

二、主要部件防护等级

液压支架各部件必须在工作温度范围内工作，特别是低于工作温度时，必须在液压元件内加注适合本地区的防冻液。

三、液压元件工作介质

（1）液压支架所用工作介质为乳化液，其成分由 5%乳化油和水组成。

（2）乳化油必须满足"MT76－83《液压支架用乳化油》"标准之规定，即乳化油按对水质硬度的适应性，选取相应的牌号见表12-1。

表 12-1 乳化油的选取牌号表

牌　　　号	M—5	M—10	M—15	M—T
适应水质硬度/mg/L	≤5	>5,≤10	>10,≤15	>15

（3）液压支架用乳化液的水质应符合下列条件：

① 无色、无臭、无悬浮物和机械杂质。

② PH 值在 6~9 范围内。

③ 氯离子含量不大于 5.7 mg/L。

④ 硫酸根离子含量不大于 8.3 mg/L。

（4）乳化液 pH 值范围为：7.5~9。

四、立柱、千斤顶的镀层工作环境

（1）工作温度：10~50 ℃。

（2）空气湿度不大于 95％以上。

（3）空气中水质应符合配制液压支架用乳化液的水质条件。

（4）不得有人为损坏镀层的现象，包括磕碰伤、爆破崩伤等。

五、液压支架用液压元件使用条件

（1）立柱、千斤顶、阀类等液压元件，经修复后，必须做密封性能试验。

（2）安全阀使用条件如下：

① 新的安全阀或修复再用的安全阀，在支架上组装前，必须做密封性能试验，并按要求调定压力值的准确调定；

② 下井一季度或未下井而放置半年，必须对支架上安全阀做密封性能试验和要求调定压力值的调定。

（3）过滤器（包括乳化液箱）必须每月清洗一次。

第十三章　液压支架的井下维修

第一节　液压支架维修质量标准

1. 液压支架架体的完好标准

（1）零部件齐全，安装正确，柱靴及柱帽的销轴、管接头的 U 形销、螺栓、穿销等不缺少。

（2）各结构件、平衡千斤顶座无开焊或裂纹。

（3）侧护板变形不超过 10 mm，推拉杆弯曲每米不超过 20 mm。

2. 液压支架立柱和千斤顶的完好标准

（1）活柱不得炮崩或砸伤，镀层无脱落，局部轻微锈斑面积不大于 50 mm²，划痕深度不大于 0.5 mm，长度不大于 50 mm，单件上不多于 3 处。

（2）活柱和活塞杆无严重变形，用 500 mm 钢尺靠严，其间隙不大于 1 mm。

（3）伸缩不漏液，内腔不窜油。

（4）双伸缩立柱的活柱动作正确。

（5）推拉千斤顶与挡煤板、防倒千斤顶与底座连接牢固。

3. 液压支架各胶管的完好标准

（1）阀的完好标准

① 密封性能良好、不窜液、不漏油，动作灵活可靠。

② 截止阀、过滤网齐全，性能良好。

③ 安全阀定期抽查试验,开启压力不小于 $0.9\,P_H$(P_H 为额定工作压力),不大于 $1.1\,P_H$;关闭压力不小于 $0.85\,P_H$。

(2)胶管的完好标准

① 排列整齐合理,不漏液。

② 接头可靠,不得用铁丝代替 U 形销。

第二节 液压支架的维修

为使支架可靠地工作,减少非生产停歇时间,充分发挥设备性能,延长使用寿命,除了严格遵守操作规程外,还必须加强日常维护保养和及时检修,并贯彻执行预防为主的方针,有计划地进行定期检修、维护,以防事故的发生。

一、经常检修、维护的项目

(1)检查各运动部分是否灵活,有无卡阻、停滞现象。

(2)检查液压系统各部件有无漏液、窜液现象。

(3)检查所有液压软管有无卡扭、压埋、堵塞和损伤。

(4)检查支架的连接销轴是否在正确位置,销轴的定位零件是否完好无缺,连接螺栓是否松动。

(5)检查各受力部件是否有严重的塑性变形和损坏,焊缝有无开裂。

(6)检查推移千斤顶与支架、运输机的连接部件是否完好,有无裂缝和损坏。

(7)注意支柱和千斤顶的动作是否平稳,速度是否正常,在动作时有无异常的声响和自动下降的现象。

二、液压系统常见故障、原因及排除方法。

液压系统常见故障、原因及排除方法见表 13-1。

表 13-1　　　　　液压系统常见故障、原因及排除方法

部位	故障现象	可能原因	排除方法
乳化液泵站	(1) 泵不能运行	(1) 电气系统故障; (2) 乳化液箱中乳化液流量不足	(1) 检查维修电源、电机、开关、保险等; (2) 及时补充乳化液、处理漏液
	(2) 泵不输液、无流量	(1) 泵内有空气、没排净; (2) 泵主要零件损坏或堵塞; (3) 密封件损坏松动或漏液,吸入空气; (4) 配液口漏液	(1) 使泵通气,经通气孔注满乳化液; (2) 更换损坏零件,清洗吸液管路; (3) 更换密封件或拧紧密封,更换距离套; (4) 拧紧螺丝或更换密封件
	(3) 达不到所需工作压力	(1) 活塞填料损坏; (2) 接头或管路漏液; (3) 安全阀调值低	(1) 更换活塞填料; (2) 拧紧接头,更换接头和管子; (3) 重调安全阀
	(4) 液压系统有噪音	(1) 泵吸入空气; (2) 液箱中没有足够的乳化液; (3) 安全阀调值太低,发生反作用	(1) 密封好吸液管、配液器、接口; (2) 充乳化液; (3) 调安全阀
	(5) 工作面无液流	(1) 泵站或管路漏液; (2) 安全阀损坏; (3) 截止阀漏液; (4) 蓄能器充气压力不足	(1) 拧紧接头、更换损坏的管路及密封件; (2) 更换安全阀; (3) 维修或更换截止阀; (4) 更换蓄能器或重新充气
	(6) 乳化液体有杂质	(1) 乳化液箱未盖严实; (2) 过滤器太脏、堵塞; (3) 水质和乳化油问题	(1) 增加乳化液,乳化液箱密封严; (2) 清洗过滤器或更换; (3) 分析化验水质、乳化液

续表 13-1

部位	故障现象	可能原因	排除方法
立柱	(1) 不能升架或慢升	(1) 截止阀未打开或打开程度不够； (2) 泵的压力低或流量小； (3) 操纵阀漏液或窜液； (4) 操纵阀、液控单向阀、平面截止阀堵塞或窜液； (5) 过滤器堵塞； (6) 管路堵塞； (7) 液压系统漏液； (8) 立柱变形或内外泄漏； (9) 顶梁被邻架卡住或进入邻架下方	(1) 打开截止阀或将其打开到位； (2) 检查泵、截止阀是否打开及泵压和管路； (3) 上井检修、更换片阀； (4) 检查、更换上井检修； (5) 更换清洗； (6) 查清排堵或更换； (7) 检查更换密封件或液压元件； (8) 更换上井拆检； (9) 检查支架是否卡死,调节邻架,松开本架
	(2) 不能降架或慢降	(1) 截止阀未打开或打开程度不够； (2) 管路中漏液或堵塞、挤压； (3) 立柱、液控单向阀下腔回路未打开； (4) 操纵阀手柄不到位； (5) 顶梁处自卡或被相邻架卡住； (6) 立柱损坏； (7) 控制阀缺少乳化液	(1) 打开截止阀或将其打开到位； (2) 检查压力是否过低,排除堵、漏、挤压； (3) 检查压力是否过低,更换上井检修单向阀； (4) 清理手柄转动位置遗物或更换； (5) 解除自卡或调节邻架； (6) 检查损坏的立柱,更换； (7) 检查流量及通往液控单向阀的管路
	(3) 立柱自降	(1) 安全阀泄液或调压过低； (2) 液控单向阀不能自锁	(1) 更换密封件或安全阀,重新调定卸载压力； (2) 更换液控单向阀,上井检修
	(4) 支架达不到初撑力和工作阻力	(1) 泵压低,初撑力小； (2) 升柱时间短； (3) 安全阀调压低,达不到工作阻力； (4) 安全阀、液控单向阀损坏或失灵； (5) 立柱损坏	(1) 调节泵压,排除供液系统堵漏； (2) 延长升柱时间； (3) 按要求调安全阀开启压力； (4) 更换安全阀、液控单向阀,并检查其功能； (5) 检查立柱是否损坏,若有问题,及时更换

部位	故障现象	可能原因	排除方法
千斤顶	(1) 不能移架	(1) 进液平面截止阀关闭; (2) 系统工作压力太低; (3) 液压管损坏或被挤压; (4) 推移千斤顶损坏; (5) 本架被邻架卡住; (6) 顶板或底板台阶阻碍支架前移; (7) 液控单向阀未打开	(1) 打开平面截止阀; (2) 检查泵站供压是否正确,及泵站和所有截止阀是否打开; (3) 检查推移千斤顶系统管路是否损坏或挤压; (4) 检查推移千斤顶,如已损坏,要更换新的; (5) 检查支架是否被卡死,必要操作或降低邻架松开本架; (6) 降架清理台阶或使用抬底座功能; (7) 检查该系统压力
	(2) 不能操作抬底座功能	(1) 平面截止阀关闭; (2) 系统压力太低; (3) 液压管路损坏或被挤压; (4) 抬底千斤顶损坏; (5) 支架未能脱离顶板降架	(1) 打开截止阀; (2) 检查泵站是否启动,打开所有截止阀及泵站压力是否正确; (3) 检查抬底千斤顶进回液胶管是否损坏或扭转; (4) 检查抬底千斤顶(如已损坏,更换抬底千斤顶); (5) 降架并试图操作抬底千斤顶等支架前移后操作其功能
	(3) 不能操作顶梁上摆功能	(1) 平面截止阀关闭; (2) 系统压力太低; (3) 液压管路损坏或被挤压; (4) 顶梁被邻架卡住; (5) 顶梁被邻架侧护板卡住; (6) 液控单向阀(或双向锁)未能打开; (7) 平衡千斤顶损坏(掩护式支架用)、立柱损坏(支撑掩护式支架用)	(1) 打开截止阀; (2) 检查泵站是否启动,打开所有截止阀及泵站压力是否正确; (3) 检查抬底千斤顶进回液胶管是否损坏或扭转; (4) 检查支架是否被卡死,必要时操作或降低邻架松开本架; (5) 检查支架是否被卡死,必要时操作或降低邻架松开本架或收回侧护板; (6) 检查系统压力,如液控单向阀(或双向锁)已损坏,更换新件; (7) 检查平衡千斤顶或立柱是否损坏,如已损坏,更换新件

部位	故障现象	可能原因	排除方法
千斤顶	（4）不能操作顶梁前端下摆功能	（1）平面截止阀关闭； （2）系统压力太低； （3）液压胶管损坏或被挤压； （4）液控单向阀（或双向锁）未能打开； （5）顶梁被邻架卡住； （6）顶梁被邻架侧护板卡住； （7）平衡千斤顶损坏（掩护式支架用），立柱损坏（支撑掩护式支架用）	（1）打开平面截止阀； （2）检查泵站是否启动，打开所有截止阀及泵站压力是否正确； （3）检查系统管路是否损坏或扭转； （4）检查系统压力，如液控单向阀（或双向锁）已损坏，更换新件； （5）检查支架是否被卡死，必要时操作或降低邻架松开本架； （6）检查支架是否被卡死，必要时操作或降低邻架松开本架或收回侧护板； （7）检查平衡千斤顶或立柱是否损坏，如已损坏更换新件
	（5）不能操作前梁或尾梁（放顶煤支架）上、下摆动功能	（1）平面截止阀关闭； （2）系统压力太低； （3）高压胶管损坏或被挤压； （4）液控单向阀未能打开； （5）前梁或尾梁（放顶煤支架用）被邻架卡住； （6）顶梁或尾梁（放顶煤支架用）被邻架侧护板卡住； （7）前梁千斤顶损坏，尾梁千斤顶损坏（放顶煤支架用）	（1）打开平面截止阀； （2）检查泵站是否启动，打开所有截止阀及泵站压力是否正确； （3）检查系统胶管是否损坏或扭转； （4）检查系统压力，如液控单向阀已损坏，更换新件； （5）检查该部件是否被卡死，必要时操作或降低邻架松开本架； （6）检查该部件是否被卡死，必要时操作或降低邻架松开本架或收回侧护板； （7）检查前梁千斤顶或尾梁千斤顶是否损坏，如已损坏，更换新件

部位	故障现象	可能原因	排除方法
千斤顶	(6) 不能操作伸缩梁或插板伸出、收回功能	(1) 平面截止阀关闭; (2) 液压胶管损坏或被挤压; (3) 单向锁(或双向锁)未能打开; (4) 系统压力太低; (5) 伸缩梁或插板(放顶煤支架用)被卡住	(1) 打开平面截止阀; (2) 检查系统胶管是否损坏或扭转; (3) 检查系统压力,如单向锁(或双向锁)已损坏,更换新件; (4) 检查泵站是否启动,打开所有截止阀及泵站压力是否正确; (5) 清理前梁或尾梁内部遗留物,清理插板下部大块焊,两个伸缩梁千斤顶不同步,两个尾梁千斤顶不同步(放顶煤支架用),将各自千斤顶收回或伸出,重复操作几次
	(7) 不能操作前梁或尾梁上、下摆功能	前梁、尾梁(放顶煤支架用)千斤顶损坏	检查前梁或尾梁千斤顶是否损坏,若已损坏,更换新件
操纵阀	(1) 不操作时有液流声或活塞杆受力	(1) 钢球与阀片密封不好,内部窜液; (2) 阀片上 O 形圈损坏; (3) 钢球与阀座处有脏物	(1) 更换上井检修; (2) 上井更换 O 形圈; (3) 多动作几次,仍无效时更换清洗
	(2) 操作时液流声大且立柱或千斤顶动作缓慢	(1) 阀柱端面不干、与阀垫密封不严,进、回液腔相通; (2) 阀垫、中阀套处 O 形圈损坏	(1) 上井更换损坏元件及密封件; (2) 上井更换密封圈
	(3) 阀体向外渗液	(1) 接头和片阀间 O 形圈损坏; (2) 连接片阀的螺栓松动; (3) 轴间密封不好,手把端套处渗液	(1) 上井更换 O 形圈; (2) 拧紧螺栓; (3) 升井,拆换密封件
	(4) 操作手把折断	(1) 重物碰击而折断; (2) 与阀片垂直方向重压手把; (3) 手把制造质量差	(1) 更换、严禁重物撞击; (2) 上井更换,操作时严禁猛推重压; (3) 上井更换
	(5) 手把不灵活、不自锁	(1) 手把处聚集煤粉矸石过多; (2) 压块弯损; (3) 手把摆角小于 $180°$	(1) 清洗干净; (2) 上井更换压块; (3) 手把摆角要足够

部位	故障现象	可能原因	排除方法
液控单向阀	(1) 不能闭锁液路	(1) 钢球与阀座损坏； (2) 钢球与阀座间有杂物,不密封； (3) 轴向密封损坏； (4) 与之配套的安全阀损坏	(1) 上井更换检修； (2) 重复充液几次仍不消除,上井检修更换； (3) 上井更换密封件； (4) 更换安全阀
	(2) 闭锁腔不能回液,立柱千斤顶不回缩	(1) 顶杆折断、变形,顶不开钢球； (2) 控制液路阻塞不通液； (3) 顶杆处损坏,向回路窜液； (4) 顶杆与阀套或中间阀卡塞,使顶杆不能移动	(1) 上井更换检修； (2) 拆检控制液管,保证畅通； (3) 上井更换检修； (4) 上井检修、清洗
安全阀	(1) 达不到额定工作压力即开启	(1) 未按要求额定压力调定安全阀开启压力； (2) 弹簧疲劳,失去要求特性； (3) 调压螺帽松动	(1) 上井重新按要求调试； (2) 上井更换弹簧； (3) 上井按要求调试
	(2) 到关闭压力而不能及时关闭	(1) 调座与阀体等有整卡现象； (2) 弹簧特性失效； (3) 密封面黏住； (4) 阀座、弹簧座错位	(1) 上井检修、更换； (2) 上井更换弹簧； (3) 上井检修、清洗、更换； (4) 上井检修
	(3) 渗漏现象	(1) O 形圈损坏； (2) 阀座不能复位	(1) 上井检修、更换； (2) 上井检修、更换
	(4) 超过额定工作压力而安全阀不开启	(1) 弹簧力过大、不符合要求； (2) 阀座、弹簧座、弹簧变形卡死； (3) 杂质脏物堵塞,阀座不能移动,过滤网堵死； (4) 误动调压螺栓	(1) 上井重新调试或更换弹簧； (2) 上井检修,更换损坏元件； (3) 上井检修、清洗； (4) 上井重新调试

部位	故障现象	可能原因	排除方法
其他阀类	(1) 截止阀关闭不严或不能开关闭	(1) 阀座磨损； (2) 密封件损坏； (3) 手把紧，转动不灵活	(1) 更换阀座； (2) 更换 O 形圈； (3) 拆检
	(2) 回油断路阀失灵，造成回液倒流	(1) 阀芯损坏，不能密封； (2) 弹簧力弱或阀芯折断，不能复位密封； (3) 杂质脏物卡塞，不能密封	(1) 上井检修、更换； (2) 上井检修、更换损坏元件； (3) 上井检修、清洗

第三节　立柱和三阀的测试

立柱和三阀(操纵阀、液控单向阀、安全阀)经拆卸、检修重新组装后,必须进行测试。测试时,要求其具备如下试验条件:

(1) 用符合《液压支架用乳化油》(MT76—1983)中规定的乳化油与中性水按 5∶95 质量比配制的乳化液,经过滤精度为 0.125 mm 的过滤器,并不设磁性过滤装置进行试验。

(2) 工作液温度为 10～50 ℃。

(3) 压力表精度 1.5 级,直读式压力表量程为试验压力的 140%～200%。

一、立柱的测试

1. 空载动作测试

在空载工况下,使立柱全行程往复动作 3～5 次,要求其不得有涩滞、爬行、卡鳖、外漏现象,对于双伸缩立柱还要求其升、降顺序必须是先二级缸后活柱。

2. 最低启动压力测试

将立柱水平放置,在无背压的情况下分别使两腔升压,测试其开始移动时的压力,要求开始伸出时的压力不大 3.5 MPa;开始缩回时的压力不大于 7.5 MPa。对于双伸缩立柱,还要使二级缸内保持在泵压之下,一级缸活塞杆腔进液,要求二级缸从最大长度开始缩回时的压力不大于 7.5 MPa。

3. 密封性能测试

（1）低压密封性能测试

为立柱上腔供入 1 MPa 的低压液,使其保持 3 min,不得出现降压或渗漏现象;然后使活柱外伸约 2/3 行程长度,为其下腔供入 1 MPa 低压液,保持 3 min,不得出现渗漏现象;最后使低压保持 4 h,不得出现降压现象。

（2）高压密封性能测试

为立柱上腔供入泵压的 110% 的压力液,使其保持 3 min,不得出现降压或渗漏现象;然后使活柱外伸约 2/3 行程长度,为其下腔供入为安全阀工作压力的 110% 的压力液,保持 3 min,不得出现渗漏现象;最后使高压保持 4 h,不得出现降压或渗漏现象。

4. 强度测试

为立柱下腔提供 1.15 倍泵站工作压力的压力液,活柱、二级缸全部外伸,并保持 3 min,不得出现渗漏现象,各零部件的变形不影响装配和使用;然后使活柱、二级缸分别外伸约 2/3 行程,为其轴向加载至工作阻力的 1.5 倍,并保持 3 min,不得因零部件的变形影响装配和使用。

二、操纵阀的测试

做操纵阀测试时,要求其测试系统稳压缸容积为 4～8 L,连接软管长度不大于 1 m。

1. 灵活性测试

在泵站工作压力情况下,将操纵阀手把分别扳到中间位置各

3～5 次,要求动作灵活、位置准确、能自锁,不得有卡整现象。

2. 密封性能测试

(1) 将操纵阀手把放在零位(中间位置),敞开回液孔和所有工作腔门,在泵站工作压力和 1.96 MPa 压力分别供入进液孔的情况下稳压 2 min,总渗漏量不得大于 6 mL。

(2) 将操纵阀手把依次扳到各工作位置,并将工作孔堵死,敞开回液孔,在泵站工作压力和 1.96 MPa 压力分别供入进液孔的情况下稳压 2 min,总渗漏量不得大于 6 mL(对于平面密封回转式操纵阀总渗漏量不得大于 40 mL;对于有卸压孔的操纵阀可按设计要求定)。

(3) 将操纵阀手把扳到零位,堵死所有的工作孔,敞开进液孔,在泵站工作压力和 1.96 MPa 压力分别供入回液孔的情况下稳压 2 min,总渗漏量不得大于 6 mL。

3. 强度测试

(1) 将操纵阀手把放在零位,敞开所有工作孔和回液孔,为进液孔供 47.04 MPa 的压力液,并稳压 5 min,各零件不得有损坏现象。

(2) 将操纵阀手把分别扳到各工作位置,并将工作孔堵死,为进液孔供 47.04 MPa 的压力液,并稳压 5 min,各零件不得有损坏现象。

三、液控单向阀的测试

做液控单向阀测试时,也要求其测试系统中稳压缸容积为4～8 L。

1. 密封性能测试

(1) 堵死与安全阀相接的门,在安全阀工作压力和 1.96 MPa 的压力分别供入工作孔(A 孔)的情况下稳压 2 min,进液孔(P 孔)及其他密封部位不得有渗漏现象,然后再为工作孔提供 1.1 倍的安全阀工作压力,并保持 4 h,进液孔及其他密封部位不得有渗漏现象。

（2）为液控孔（P_1 孔）分别提供 1.96 MPa 和泵站工作压力的压力液，并稳压 2 min，进液孔及其他密封部位不得有渗漏现象。

2. 灵活性测试

（1）在为工作孔供入相当于安全阀工作压力的情况下，以额定卸载压力卸载 3 次，不得出现卡螫现象。

（2）堵死与安全阀相接的门，为进液孔连续提供泵站压力，当进液孔卸载后，单向阀关闭，压力不低于泵压的 90%。

四、安全阀的测试

1. 弹簧式安全阀的测试

（1）开启、关闭压力的调定

① 开启压力的调定。在流量为 20～30 mL/min 的情况下进行调定，其开启、溢流压力应在其额定工作压力的 95%～105% 之间。经放置较长时间的安全阀首次开启，压力大于额定工作压力的 110% 时，应重新调定。

② 关闭压力的调定。在溢流量为 20～30 mL/min 的情况下测定，其关闭压力应不低于额定工作压力的 90%。

（2）密封性能的测试

安全阀分别在额定工作压力的 90% 和 1.96 MPa 压力下，稳压 2 min 和 4 h，不得出现渗漏现象。

（3）压力—流量曲线的测试

在溢流量为 100 mL/min 的情况下绘制压力—流量曲线，要求曲线长度不小于 100 mm，曲线上任一压力值应在调定工作压力的 90%～100% 之间，压力波动值不大于调定压力的 10%。

2. 充气式安全阀的测试

（1）漏气测试

按规定的压力充气后，将阀投入中性水中 6 h，检查其是否漏气。

（2）开启、关闭压力的测试

在流量为 40 mL/min 的情况下进行测试，其开启压力应为额定工作压力的 90%～110%；在第一次测试 4 周后，再重新测试一次，要求其开启压力不低于额定工作压力的 90%；在溢流量为 40 mL/min 的情况下测试，要求其关闭压力不低于开启压力的 90%。

（3）密封性能的测试

密封性能的测试同弹簧式安全阀。

（4）压力—流量特性曲线的测试

压力—流量特性曲线的测定同弹簧式安全阀。

第十四章　综采工作面特殊地质构造的液压支架的操作

第一节　综采工作面过断层液压支架的操作

断层是综采工作面常见的地质构造之一,在综采采区和工作面设计时,应尽量探明断层的数量、要素及其对综采生产的影响程度,采取相应对策妥善处理。

一、工作面过断层的方法

(1) 搬家跳采。当工作面为中部、端部遇到落差较大、走向较长的垂直断层或斜交断层时,为躲过断层影响区,可在工作面前方重新掘开切眼,将工作面设备搬迁到新开切眼后继续向前推进。

(2) 开掘绕道。当工作面端部遇到难以通过的断层时,在探明断层影响范围后,开掘绕道缩短工作面长度,甩掉断层影响区。

(3) 放弃综采。当综采工作面设计因断层等地质构造影响难以实现综采,或综采工作面开采过程中发现难以通过的断层时,可以放弃使用综采开采。

(4) 直接硬过。当断层落差小于采高的 2/3,断层影响范围小于 30 m,断层处围岩的硬度系数 $f < 10$ 时,工作面可以直接通过断层。

(5) 工作面过断层参考方案见表 14-1。

表 14-1　　　　　　　　　　工作面过断层参考方案

围岩条件、类别		断层落差/m	影响长度/m	断层位置	处理断层参考方案
$f \leqslant 10$	平行断层	＞采高 ＜2/3 采高	＞20 ≤20	中、端部中部	重新划分工作面开采或做绕巷处理，可直接硬过
	垂直断层	＞支架支撑上限≤2/3 采高	＞20 ＜20	中、端部中部	重掘开切眼搬家跳采或绕巷处理，可直接硬过
	斜交断层	＞2/3 采高 ＜1/2 采高	＞20 20～30	中、端部中部	搬家跳采或绕巷处理，可直接硬过
$f \leqslant 6$	平行断层	＞2/3 采高 ≤1/2 采高	＞30 ＜30	中部中、端部	重新划分工作面开采，可直接硬过
	垂直断层	＞支架支撑上限≤2	＞30 ＜30	中、端部中部	搬家跳采或绕巷处理，可直接硬过
	斜交断层	＞采高 ＜2/3 采高	＞30 ＜30 20～30	中、端部 端部中部	搬家跳采或绕巷处理，可直接硬过

二、综采工作面过断层措施

综采工作面通过断层时，由于断层处岩石破碎，很容易造成工作面冒顶，在处理断层处岩石时，如果方法不当，容易损坏液压支架、采煤机、输送机。又由于工作面通过断层加大了工作面走向或倾斜方向的倾角，液压支架容易发生倒架事故。为了防止过断层时发生上述事故，应采取下列措施：

（1）调整工作面与断层线的夹角

工作面与断层线夹角小，则断层在工作面的暴露范围大，顶板难以维护；工作面与断层线夹角大，则通过断层带的时间长，但暴露面积小,顶板易维护。一般认为,对于中等稳定以上顶板,工作面与断层线夹角以 $20°\sim30°$ 为宜;对于不稳定顶板,工作面与断层线夹角可到 $30°\sim45°$。

（2）处理断层处的岩石

当断层岩石硬度系数 $f<4$ 时,可用采煤机直接截割,但采煤机牵引速度应控制在 $2\sim3$ m/min。当断层岩石硬度系数 $f>4$ 时,则采用打浅眼、少装药、放小炮的方法预先挑顶或卧底。打眼时要选择好炮眼的位置和角度,爆破时要在支架前悬挂挡矸胶带,防止崩坏液压支架立柱及千斤顶。

（3）液压支架通过断层

过断层时,液压支架要下俯斜或上仰斜移动,俯斜或仰斜的角度以 $10°\sim12°$ 为宜,最大不要超过 $15°\sim16°$。如果断层处煤层在工作面推进方向的上方,则用截割或爆破的方法挑顶或卧底,使支架按选定的仰斜坡度逐步通过断层。如果断层在工作面推进方向的下方,则可用截割或爆破的方法卧底,尽量不要挑顶,使支架按选定的俯斜坡度通过断层。液压支架过断层时应随时注意支架的工作状态,防止歪斜倒架,及时采取防倒措施。

（4）断层处顶板控制

① 在断层区域内移架的措施:采用隔一架移一架的移架方式,随采煤机前滚筒割煤立即移架,掩护式或支撑掩护式液压支架可采用带压擦顶前移。

② 超前打锚杆锚固顶板,打木锚杆锚固煤壁,防止煤壁片帮。

③ 顶板破碎时采取架走向梁、挑顺山梁等进行超前支护。

三、综采工作面过断层示例

（1）当工作面使用节式支架,煤层厚度 $2.1\sim3.6$ m,断层落差 $0.3\sim2.4$ m 时。

① 通过落差小于 1 m 的断层,如图 14-1 所示。将工作面采高降至 $1.6\sim1.7$ m,过断层时将支架前探梁及时上挺,每进一刀

煤,输送机上提 200～300 mm,进 3～4 刀后支架顶梁便可接触顶板,通过断层。

图 14-1 液压支架通过落差小于 1 m 的断层

② 通过落差大于 1 m 的断层,如图 14-2 所示。将采高降至 1.5～1.6 m,采用多留底煤办法,接近断层带时,使支架上挺,顶板破碎时,可超前掘小硐,用 2 m 长的木板梁,一头插在顶梁上,另一头插入煤壁,并用立柱支撑,当工作面推进约 14 m 后,即可通过落差为 2.4 m 的断层。

③ 通过落差大于 1 m 的向下断层,如图 14-3 所示。在断层前加大采高达 2.6 m 左右,在支架顶梁上插入木板,并在木板梁上铺双层金属网,使支架达到最大支撑高度,为过断层做准备。快见断层时,采煤机向下截割煤,同时将采高缩小至 1.5～1.6 m,逐渐采下坡,直至采过断层。

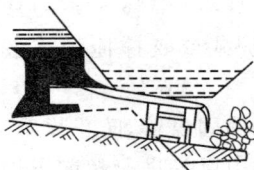

图 14-2 液压支架通过落差大于 1 m 的断层

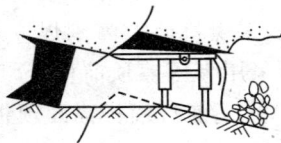

图 14-3 液压支架通过落差大于 1 m 的向下断层

(2) 支撑掩护式液压支架工作面,煤层厚度 2.4～3.3 m,断层落差 0.9～1.8 m,通过断层方法如图 14-4 所示。在距断层面 5 m 时,支架前方开始挑顶,加大上坡角度,以利支架进入断层下盘。顶板破碎时,需先架设前高后低的倾斜棚。在移架时,应在顶梁和前探梁下打斜撑柱,使底座上抬前移。输送机可用手拉葫芦抬起,前移成需要坡度。

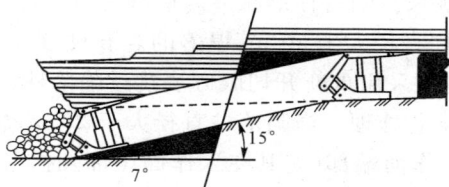

图 14-4　支撑掩护式液压支架过断层

　　(3) 掩护式液压支架工作面,采高 2.4~5 m(采高 2.8 m),断层落差 1~4.9 m,通过断层的方法如图 14-5 所示。在距断层线 16~22 m 处为起点,将支架降到最低采高 2.3 m,然后在工作面上、下端头分别画出 16°向下的腰线,作为工作面两端头支架顶梁前移的轨迹,使支架的顶梁逐渐脱离顶板,工作面俯斜向前推进,直至通过断层。

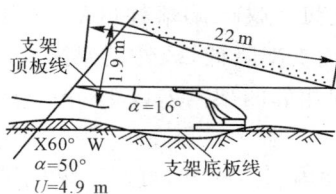

图 14-5　掩护式液压支架过断层

第二节　工作面过其他地质构造液压支架的操作

一、过岩溶陷落柱

　　在有陷落柱存在的采区内,进行采区和综采工作面设计时,要认真考虑陷落柱这一重要因素。根据陷落柱的数目、形状、大小和分布状况,以及陷落柱内岩石的硬度,选择合理的巷道布置与处理方法,采取相应措施通过陷落柱。

1. 工作面过陷落柱的方法

(1)搬家跳采。陷落柱形状多为椭圆形、似圆形(有时也有长条形),当陷落柱直径大于 30 m,塌落的岩石硬度 $f>6$ 且又位于工作面中部时,可采用重新开切眼方法跳过陷落柱开采。

(2)开掘绕巷处理。当陷落柱直径大于 20 m,岩石硬度系数 $f>6$,且位于工作面端部(尤其在工作面尾部)时,可开掘绕巷,缩短工作面,甩掉陷落柱开采。

为保持开采过程中不同区段的工作面长度一致,避免随时增减液压支架,应使绕巷平行或垂直于工作面。

(3)平推硬过。当陷落柱直径小于 30 m 且位于工作面中部,陷落柱内的岩石较松软,易进行采煤机切割或爆破处理,则可考虑平推硬过,但需要采取相应的管理措施。

2. 通过陷落柱的措施

(1)在临近陷落柱 5~8 m 时,逐步起吊输送机,降低采高,沿顶板开采,留适当底煤。进入陷落柱区后,采用浅截深多循环的作业方式。陷落柱内支架降低,区外支架高。高支架向低支架过渡时要采用等差,即相邻两架高差以 150~300 mm 为宜,以防液压支架挤架、咬架。

(2)如果陷落柱内岩石松软,可用采煤机浅截深截割;岩石较硬时,可用爆破处理,用采煤机将矸石装入工作面输送机。爆破时,要用胶带(旧胶带)挡柱液压支架的立柱和推移千斤顶,以防崩坏。陷落柱区内的顶板管理参考破碎顶板的管理方法。

(3)陷落柱区内可能会有突然涌水或瓦斯涌出,因此应提前预测。工作面接近陷落柱区时,应采取相应措施,防止意外事故发生。

二、综采面过岩浆侵入带

煤层中岩浆侵入体,有直立状的脉状岩墙和层状的岩床两种状态。工作面开采遇岩浆侵入体后,应根据资料进行综合分析,查明是岩墙还是岩床,根据具体情况进行处理。

(1)若侵入体是沿倾向或斜交分布、宽度超过 5 m 的岩墙时,工作面要重新开切眼,搬家跳采。若是处于工作面中部、宽度不超过 5 m 的岩墙,可采取超前工作面,用爆破方法清除岩墙,使其成为工作面一条空巷,直接通过。清除的空间,应与工作面采高一致。

(2)侵入体是沿工作面走向分布的较大的岩墙,应开掘巷道设法避开,或者缩短工作面,重新划面开采。

(3)侵入体为岩床,并使煤层厚度变薄,且小于液压支架的最小支撑高度时,通常应立即搬家、弃采。煤层厚度及采高满足支架最小支撑高度时,可以以侵入体为顶(底)板进行回采。若厚煤层有岩床侵入时,应视侵入体的分布、厚度及位置,重新划分厚煤层的分层开采高度、层数或决定区段一次采全高。

(4)侵入体为串球状,其最大范围不超过 5 m,球状体轴径不超过 5 m,如对煤层破坏不严重,可以采取直接通过的方式;对于大片或比较连续的侵入,应重新掘巷以避开侵入体。

三、过古河流冲蚀带

煤层受古河流原生及后生冲蚀后,使煤层呈现厚度不等的条状冲蚀薄化带,若工作面开采范围内大面积受古河流冲蚀变薄,不适宜综采时,应改用普采或其他方法开采。如工作面只是局部受古河流冲蚀的影响,可采取下列措施:

(1)冲蚀带在工作面中部,煤层厚度普遍小于液压支架的最低支撑高度,顶、底板岩石硬度系数 $f>6$,影响工作面的长度和宽度均大于 30 m,应另掘开切眼,跳过冲蚀带。

（2）冲蚀带在工作面端部，且煤层厚度小于液压支架最小支撑高度，顶、底板岩石硬度系数 $f > 6$，影响工作面长度和宽度大于 30 m，采取掘绕巷，甩掉受冲蚀影响范围不可采地段，缩短工作面长度及走向推进长度。

（3）冲蚀带影响长度和宽度都小于 30 m，或虽然大于 30 m，但冲蚀带内只有小范围煤层厚度小于液压支架最小支撑高度，顶、底板岩石硬度系数 $f < 6$ 时，工作面可直接通过，利用采煤机截割较软的顶、底板岩石，保证液压支架能顺利地通过冲蚀带。

四、过褶曲构造

由于褶曲带受水平作用力的挤压影响，使煤层变薄或增厚，倾角变化、顶、底板不平，出现波浪起伏，顶板变得破碎，因此过褶曲时应采取下列措施：

（1）控制工作面坡度。一般沿工作面推进方向的坡度控制在 16°左右为宜，若采煤机有调斜功能，可调至 20°。沿工作面倾斜方向的坡度可大于 12°，若使用无链牵引采煤机，或带防滑装置时可达 25°。

（2）由于褶曲带煤层底板起伏变化，为防液压支架下滑和倒架，应采取前章中所述防倒、防滑的有关措施。

（3）由于褶曲带顶板破碎，若不易管理时应及时采取破碎顶板管理措施进行处理。仰斜开采时，为防止煤壁片帮，应在煤壁内打木锚杆以加固煤壁。

第三节　综采工作面过空巷液压支架的操作

综采工作面开采过程中通过年久失修的或废弃的巷道，称为空巷。按空巷与工作面相对应的空间位置，可分为本层空巷、上层空巷和下层空巷 3 种。

一、空巷的特征

空巷多受采动影响,均有程度不同的变形与破坏。有些空巷废弃后易形成水、瓦斯和其他有害气体的积聚。工作面与空巷接通后极易造成工作面通风系统紊乱,甚至风流短路。

二、过空巷的原则

由于空巷受采动影响,支护变形,支柱插底,巷内有未回收的残留杂物,会给工作面生产带来极为不利的影响,因此过空巷时,首先要使空巷内有新鲜风流以冲淡积聚的气体,其次要排放积水,回收空巷内杂物。对年久失修的空巷,应事先修复,加大支护密度。当空巷位于本煤层时,修复空巷的高度应与工作面采高相一致。空巷位于工作面顶板岩层时,采取架木垛、打密集的办法做成假顶,使上覆岩层压力均匀传递到工作面支架上。空巷位于底板岩层中,应把空巷填实封严,以防止支架通过时下陷。

三、过空巷的方法

1. 过本层空巷

(1) 首先使空巷沟通新鲜风流,冲淡积聚的气体,排放积水,回收空巷内杂物。

(2) 在工作面超前压力之前,对空巷进行修复,修复巷道内原有的支架,加强支护强度,架设与工作面垂直的抬棚。空巷维护高度要与工作面支架及采高相适应。

处理空巷的底鼓区域,清理底煤,保持足够的维护空间。若空巷与工作面斜交,工作面下部先通过空巷;如果空巷与工作面平行,最好先调整工作面推进方向,使之与空巷有一定的夹角,逐段通过空巷,如图 14-6 所示。当支架移架时,顶梁及时托住抬棚梁,如顶板破碎,可在前探梁上放 1～3 根顺山梁,托住几架抬棚。

(3) 通过本层空巷时,应加强组织,缩短工期,加快工作面推进速度,以避免工作面压力增大,造成压架等事故。

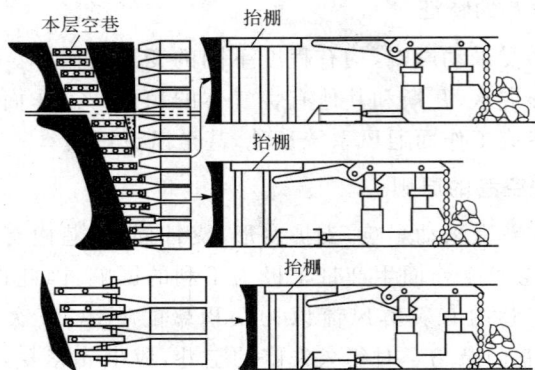

图 14-6　工作面过空巷

2. 过穿层石门

工作面通过穿层石门时,应预先在石门中加强维护。在顶板中的一段石门,要用木垛填实,使上覆岩层的压力均匀传递到工作面支架上。否则,当工作面通过时,由于下部采空影响,将引起石门处岩层下沉、垮落而冲击工作面。位于工作面底板中的一段石门也要用木垛或矸石填实,使工作面支架的压力能传递到石门底板的坚硬岩层上,防止石门段与工作面相交的底板岩石下陷、垮落。在石门中架设木垛的范围,根据顶、底板岩石性质和石门周围岩层变形破坏程度而定,一般取 5～10 m。石门与工作面相交的部分,可采取过本层空巷的办法通过。

3. 钻过上层空巷

当空巷能提前处理时,首先进行有毒有害气体和积水的探测排放,然后对空巷进行强制放顶,若厚煤层空巷放顶,可预先在空巷底板铺设金属网、荆笆或其他护顶材料。

不能提前处理的上部空巷,应准确预报出空巷情况,利用钻孔提前疏放空巷内的积水等。

工作面通过时,煤帮必须支设临时支护或在支架上挑梁,必要时加铺金属网等护顶材料。为避免通过时增加管理上的困难，应保持工作面与空巷相交角度，必要时可采取人工破煤，使工作面逐段通过空巷区。

4. 跨过下层空巷

当上层工作面与下层空巷间距较小或为同一煤层开采时，可采用"压巷"法。对下层空巷进行强制放顶，使上层破碎的煤体或岩石严密充填巷道，做必要的人工处理后，变过下层空巷为过本层空巷。也可在下层空巷内打方木木垛或打具有较高工作阻力的联合支架，底板要坚实，巷道顶部铺设垂直于上层工作面的厚木板或两面相平的圆木，并撑紧背牢。厚煤层工作面要适当降低采高，预留煤皮假底。

第四节　综采工作面移架工作作业标准液压支架的操作

一、作业前的准备

（1）开启架间喷雾装置，观察水量、水质、喷雾效果是否符合要求，及时疏通和更换不合格的喷头。

（2）检查架前端、架间有无冒顶和片帮危险，支架有无歪斜、倒架、咬架，架间距离是否符合规定，顶梁与顶板接触是否严密，支架是否成一直线或甩头摆尾，以及顶梁与掩护梁的工作状态。

（3）检查支架清煤情况，浮煤厚度不准超过规定要求，保证推移畅通。

（4）检查液压件，高低压液管有无损伤、挤压、扭曲、拉紧、破皮断裂，阀组有无滴液，支架有无漏液卸载现象，操作手把是否齐全、灵活可靠并置于中间停止位置，管接头有无断裂，是否缺 U 形销子。泵站供液后，检查操纵阀和安全控制阀是否有窜漏液和不灵活现象。

（5）检查结构件，如顶梁、掩护梁、侧护板、千斤顶、立柱、推移杆、底座箱等是否开焊、断裂、变形，有无连接脱落，螺钉是否松动、压卡、歪扭等。

（6）检查支架各立柱的卡块、串杆销、推移装置及各部千斤顶连接等是否齐全可靠。

（7）检查电缆槽挡煤板有无变形，槽内的电缆水管、照明线、通讯线敷设是否良好，挡煤板、铲煤板与刮板输送机连接是否牢固，中部槽口是否平整，采煤机能否顺利通过。

（8）照明灯信号闭锁是否安全、灵活、可靠。

（9）有无立柱伸缩受阻及前梁不接顶现象。

（10）铺网工作面的网铺质量是否影响移架，联网铁丝接头能否伤人。

（11）坡度较大的工作面，端头支架及刮板输送机防滑锚固装置是否符合质量要求。

二、正常移架

（1）机组割煤过后及时移架，根据实际情况采取相应的移架措施和步距。

（2）人员应站在支架前后立柱间，准确操作应动的手把，同时注意观察动作部位情况与移架顺序。

（3）放下防片帮板，收回侧护板，先降后柱，再落前柱和前梁，确认支架已离顶卸载，停止顶梁下落，再扳动推移手把，把支架向前移到相应的位置，支架到位后，推移手把回零位。

（4）升前柱和前梁，随后升后柱，确认支架达到初撑力要求后，打出侧护板和防片帮板。所有手把停止动作后，都要及时打到零位。

（5）移架时，尽可能要少降快移，支架不得歪斜、咬架。移架后，支架成一直线，其前、后偏差和支架中心距要符合质量标准化要求。

（6）顶梁与顶板接触后，手把应继续给液一段时间，确认达到支撑要求，再回零位，以保证支架初撑力。前梁与顶梁上部不许空顶，不准出现点接触、线接触，要保证面接触，以达"满吃劲"。

（7）支架工应随工作面采高变化，及时调整立柱加长段，支架支撑高度不得超出允许支撑范围，过高可能失效和"定型"，过低可能成"死架"，支架应垂直顶、底板，前、后和左、右歪斜不准超出规定范围。

（8）无特殊端头支架时，应移到巷道两帮，有端头支架时，一般移到端头支架处。

三、过断层、空巷、顶板破碎及煤墙片帮严重时的移架

（1）视情况可超前移架，及时支护，移到作业规程规定的最小控顶距。

（2）一般采用待压移架法，少降前梁轻带负荷移架，即同时打开降柱子及移架手把，及时调整降柱手把，使破碎矸石滑向采空区，移架到规定步距后立即升柱。移架后，再给液保证支架初撑力。

（3）梁端有冒漏征兆或在冒顶下移架，应及时汇报班组长，根据情况，采用必要措施管理后，再移架。

（4）过断层时，应按作业规程规定严格控制，防止压死支架。

（5）过下分层巷道或溜煤眼时，除超前支护外，必须确认下层空巷，溜煤眼已充实后方准移架，以防通过时下塌造成事故。

四、坡度较大的工作面移端头支架

（1）必须两人配合操作，一人负责前移支架，一人操作防倒、防滑千斤顶。

（2）移架前将三根防倒、防滑千斤顶全部放松。

（3）先移第三架，再移第一架，最后移第二架。

第十五章 "三机"配套原则

综采工作面的"三机"是指采煤机、液压支架和刮板输送机，是综采工作面的主要设备。其选型首先必须考虑配套关系，选型正确先进、配套关系合理是提高综采工作面生产能力和实现高产高效的必要条件。

第一节 "三机"选型原则

一、采煤机的选型原则

（1）采煤机能适合的煤层地质条件，其主要参数（采高、截深、功率、牵引方式）的选取要合理，并有较大的适用范围。

（2）采煤机应满足工作面开采生产能力的要求，其生产能力要大于工作面的设计能力。

（3）采煤机的技术性能良好，工作可靠，具有较完善的各种保护功能，便于使用和维护。

采煤机的实际生产能力、采高、截深、截割速度、牵引速度、牵引力和功率等参数在选型时必须确定。

实际生产能力主要取决于采高、截深、牵引速度以及工作时间利用系数。采高由滚筒直径、调高形式和摇臂摆角等决定。滚筒直径是滚筒采煤机采高的主要调节变量，每种采煤机都有几种滚筒直径供选择，滚筒直径应满足最大采高及卧底量的要求。截深的选取与煤层厚度、煤质软硬、顶板岩性以及移架步距有关。截割速度是指滚筒截齿齿尖的圆周切线速度，由截割部传动比、滚筒转速和滚筒直径确定,对采煤机的功率消耗、装煤效果、煤的块度和煤尘大小等有直接影响。牵引速度的初选是通过滚筒最大切削厚度和液压支架移架追机速度验算确定的。牵引力是由外载荷决定的,其影响因素较多,如煤质、采高、牵引速度、工作面倾角、机身自重及导向机构的结构和摩擦系数等,没有准确的计算公式,一般取采煤机电机功率消耗的 10%～25%。滚筒采煤机电机功率常用单齿比能耗法或类比法计算,然后参照生产任务及煤层硬度等因素确定。

二、液压支架的选型原则

(1)液压支架的选型就是要确定支架类型(支撑式、掩护式、支撑掩护式)、支护阻力(初撑力和额定工作阻力)、支护强度与底板比压以及支架的结构参数(立柱数目、最大和最小高度、顶梁和底座的尺寸及相对位置等)及阀组性能和操作方式等。

(2)选型的依据是矿井采区、综采工作面地质说明书。在选型之前,必须将所采工作面的煤层和顶、底板及采区的地质条件全部查清;然后依据不同类级顶板选取架型;最后依据选型内容结合国内现有液压支架的主要技术性能直接选定架型及其参数所对应的支架型号。

三、刮板输送机的选型原则

(1)刮板输送机的输送能力应大于采煤机的最大生产能力,一般取 1.2 倍。

(2)要根据刮板链的质量情况确定链条数目,结合煤质硬度选择链子结构形式。

(3)应优先选用双电机双机头驱动方式。

(4)应优先选用短机头和短机尾。

(5)应满足采煤机的配合要求,如在机头机尾安装张紧、防滑装置,靠煤壁一侧设铲煤板,靠采空区一侧附设电缆槽等。在选型时要确定的刮板输送机的参数主要包括输送能力、电机功率和刮板链强度等。输送能力要大于采煤机生产能力并有一定备用能力。电机功率主要根据工作面倾角、铺设长度及输送量的大小等条件确定。刮板链的强度应按恶劣工况和满载工况进行验算。

第二节 "三机"配套选型要求

"三机"的合理配套从采煤机、液压支架和刮板输送机的选型原则中可以看出,综采设备的合理配套是很复杂的系统工程。

1. 满足生产能力要求

采煤机生产能力要与综采工作面的生产任务相适应,工作面刮板输送机的输送能力应大于采煤机的生产能力,液压支架的移架速度应与采煤机的牵引速度相适应,而乳化液泵站输出压力与流量应满足液压支架初撑力及其动作速度要求。

2. 满足设备性能要求

输送机的结构形式及附件必须与采煤机的结构相匹配,如采煤机的牵引机构、行走机构、底托架及滑靴的结构,电缆及水管的拖移方法以及是否连锁控制等。输送机的中部槽应与液压支架的推移千斤顶连接装置的间距和连接结构相匹配。采煤机的采高范围与支架的最大和最小结构尺寸相适应,而其截深应与支架推移步距相适应。

3. 满足安全和工作方便要求

(1) 从安全角度出发,工作面无立柱空间愈小愈好。

(2) 为防止移架后支架前柱与电缆相碰和采煤机司机的人身安全,前柱与电缆槽之间必须留有间隙 $X=150\sim240$ mm。

(3) 梁端距 T 一般为 $150\sim300$ mm,用来防止滚筒切割顶梁。

(4) 推移千斤顶行程应比采煤机截深大 $100\sim200$ mm。

（5）保证过煤高度 $C>250\sim300$ mm，以便煤流顺利从底托架下通过。

（6）过煤空间 Y 最小值为 90 mm 至 $200\sim250$ mm 之间，前者适于底板清理良好及采煤机机身短的场合。

此外，当煤层倾角大于 160° 时（大采高支架工作面倾角大于10°），输送机必须设置防滑锚固装置，而支架必须带防倒、防滑及调架装置。

4. 实际工作中如何做到选型正确先进、配套合理

依据上述"三机"的选型原则及配套关系的分析可以看到，其选型工作是一项复杂的系统工程，涉及地质学、岩石力学、采矿学、机电和机械等多门学科，同时又是提高综采工作面矿井效率和效益的前提所在。目前的选型设计还是以"经验类比"为主，虽然基本上能够满足生产需要，但在某些环节上还存在着严重的不合理现象。如移架循环时间长，不能满足采煤机牵引速度的要求，有些选型设计参数是符合要求的，但在实际使用中无法达到或实现。如液压支架初撑比一般为 $0.5\sim0.8$，而实际应用中仅为$0.25\sim0.4$。这说明，综采工作面"三机"配套不能停留在简单的"经验类比"上，而应开发研制综采设备选型的专家系统，避免在选型设计中受决策者个人偏见或感情色彩的影响。同时还要对系统中的主要环节进行动态优化设计，使其设计参数与实际运行参数得到统一。现行国内、外高产高效综采工作面装备能力的配比关系主要是：刮板输送机与采煤机的功率配比应为 1：1，最好为 $1.2\sim1.4$：1，这样才能把输送机的事故减少到最低限度。综采设备的能力应以工作面生产能力为基础，采煤机、工作面刮板输送机、运输巷可伸缩带式输送机的生产能力一般按工作面生产能力分别乘以系数 1.2，1.3，1.4 来确定。需要说明的是：上述各种配套关系不是唯一的。也就是说，采煤机、液压支架、刮板输送机的选型完全可以用性能和能力相似的同类产品所代替。而在

实际生产中,即使采用相同综采设备的不同工作面或不同矿井,其实际生产能力和全员效率可能有较大差距,这主要是由于矿井的开采条件、组织管理水平存在着客观的差距。如果客观条件不具备,即使选择生产能力很高的配套设备,也远不能达到提高生产能力的目的。高产高效综采工作面的三机选型应从实际出发,因地制宜,具备什么档次的开采条件,就选用相应档次的配套设备。新建矿和旧矿井的改造还应区别对待,现有设备的充分利用也是不可忽视的问题。综采发展的原则不是要增加综采工作面数量,而是应该提高综采工作面单产,减少辅助作业环节,提高集中生产化的程度。

附　录

常用液压元件图形符号
（GB/T 786.1—1993 摘录）

名　称		符　号	名　称		符　号
管路	连接管路		电气控制	单作用电磁铁	
	交叉管路			双作用电磁铁	
	柔性管路			单作用可调电磁操纵器	
人力控制	（一般符号）			双作用可调电磁操纵器	
	按钮式			电动机	
	拉钮式		直接压力控制	加压或卸压控制	
	拉－按钮式			差动控制	
	手柄式			内部压力控制	
	踏板式			外部压力控制	
	双向踏板式				

续表

名　称	符　号	名　称	符　号
机械控制	顶杆式		双向变量液压泵	
	可变行程控制式		单向定量马达	
	弹簧控制式		双向定量马达	
	滚轮式		单向变量马达	
先导控制	液压先导控制（加压控制）		双向变量马达	
	液压二级先导控制（加压控制）		摆动马达	
	电磁—液压先导控制（加压控制）		单作用单活塞杆缸	详细符号　简化符号
	液压先导控制（卸压控制）		双作用单活塞杆缸	详细符号　简化符号
	电磁—液压先导控制（卸压控制）		双作用双活塞杆缸	详细符号　简化符号
泵、马达和缸	单向定量液压泵		单作用伸缩缸	
	双向定量液压泵		双作用伸缩缸	
	单向变量液压泵			

名　称	符　号	名　称	符　号
不可调单向缓冲缸		先导型减压阀	
可调单向缓冲缸		溢流减压阀	
不可调双向缓冲缸		定差减压阀	
可调双向缓冲缸		定比减压阀	减压比：1:3
直动型溢流阀（内部压力控制）		直动型顺序阀	
直动型溢流阀（外部压力控制）		先导型顺序阀	
先导型溢流阀		平衡阀（单向顺序阀）	
直动型减压阀		卸荷阀	

泵、马达和缸　压力控制阀　压力控制阀

续表

名　称	符　号	名　称	符　号
可调节流阀	详细符号　简化符号	单向阀	详细符号　简化符号
不可调节流阀		液控单向阀	详细符号　简化符号
可调单向节流阀		二位二通换向阀	常闭　　　常开
截止阀		二位三通换向阀	
减速阀		二位三通换向阀（带中间过渡位置）	
普通型调速阀	详细符号　简化符号	二位四通换向阀	
温度补偿型调速阀		二位五通换向阀	
单向调速阀		三位三通换向阀	
		三位四通换向阀	

流量控制阀　方向控制阀

名　称		符　号	名　称		符　号
方向控制阀	三位四通换向阀中位滑阀机能		方向控制阀	三位六通换向阀	
			辅助元器件	蓄能器	
				过滤器	
				冷却器	
				加热器	
				压力继电器	
				位置开关	
				压力计	
				液位计	
	三位五通换向阀			温度计	

参 考 文 献

[1] 蔡有章. 液压支架工[M]. 北京:煤炭工业出版社,2006.

[2] 刘富. 采掘机械液压传动[M]. 北京:煤炭工业出版社,2010.

[3] 游涓. 机械制图[M]. 北京:煤炭工业出版社,2008.

[4] 张明安,于水. 煤炭企业岗位标准化作业标准[M]. 北京:煤炭工业出版社,2004.

[5] 张万钧. 液压支架与泵站[M]. 北京:煤炭工业出版社,1994.

[6] 周英. 采煤概论[M]. 北京:煤炭工业出版社,2006.